지구과학 교사들의

아이슬란드

지질답사여행

맑은샘

아이슬란드 지질답사 여행을 발간하며

인구 32만 명으로 한반도 절반 크기의, 얼음왕국이라는 이름을 가진 나라, 아이슬란드. 최근 몇 년간 TV에 자주 소개되어 많은 사람이 방문하고 싶어 하는 신비한 여행지로 새롭게 떠오르고 있다. 그렇다면 태곳적 신비를 간직한 미지의 여행지 아이슬란드에서는 과연 무엇을 만날 수 있을까?

아이슬란드는 작은 나라이기에 멀리 이동하지 않아도 다양한 자연의 아름다움을 가진 흥미로운 풍경을 어디서나 쉽게 볼 수 있다. 여행 중 가끔 만나는 작은 마을이라도 나름의 역사와 문화로 여행자들에게 마음의 여유와 여행의 생동감을 안겨준다.

이곳은 얼음 왕국답게 빙하 호수에 떠있는 빙하를 쉽게 만날 수 있다. 또한 빙하가 녹아 만들어진 웅장한 폭포에서 쏟아지는 거대한 물보라는 햇빛을 받아 선명하고 화려한 무지개를 만들거나 희미하게 빛나는 물안개를 만들어 계절마다 다른 느낌의 폭포를 경험하게 한다.

이름 없는 해안이라도 바다를 바라보며 걷노라면 깎아지른 절벽에 앉아 있는 수백만 마리의 바닷새들의 노랫소리가 감동을 불러일으킨다. 접근하기 힘든 서부 피오르의 거친 해안 지형은 여행자에게 두려움과 망설임을 갖게 하지만, 특이하고 아름다운 풍경은 영혼을 감동시키며 훼손되지 않은 자연의 아름다움을 선사한다.

겨울 해변, 어렵게 바다를 헤치고 떠오른 태양은 스치듯 곧바로 내려가며 온 세상을 노란색으로 물들여 신비감을 더한다. 무엇보다도 아름답고 신비로운 느낌에 빠지게 하는 것은 햇빛이 얼음에 투과하여 만든 빛의 향연과 하늘을 휘감으며 색색의 물감을 칠한 듯 요동치는 오로라이다.

지구과학의 살아있는 박물관인 아이슬란드는 북아메리카판과 유라시아판이 나누어지는 대서양 중앙 해령의 경계에 위치하여 다양한 지질 현상과 살아 있는 지구를 느낄 수 있는 곳이다.

갈라지는 두 판의 거대한 협곡 사이를 비행하듯 잠영하며 판의 경계를 실감할 수 있는 싱그베들리르의 실프라, 폭발적으로 지하의 물을 몇 분마다 30미터 높이의 공중으로 뿜어 올리는 생기 넘치는 간헐천이 있는 게이시르, 웅장함을 뽐내며 누군가 자로 잰 듯 반듯하게 깎아내린 것 같이 수직으로 발달한 주상절리가 지천으로 널려 있는 곳이다.

또한, 빙하를 산산 조각내고 성층권까지 화산재를 날려 보낼 정도의 격렬한 폭발을 일으켰던 살아 있는 화산과 용암을 만날 수 있는 곳이며, 자연이 수만 년의 시간을 들여 만든 빙하를 바로 눈앞에서 만져 보고 그 위를 걸어볼 수 있는 특별한 체험을 할 수 있는 곳이기도 하다. 이곳이 바로 아이슬란드이다.

태초의 신비로움을 간직한, 얼음과 불의 나라 아이슬란드.
이곳의 자연이 주는 아름다움을 전하기 위해 16명의 교사가 아이슬란드 지질여행을 떠난다.

2018년 10월
대표저자 박진성

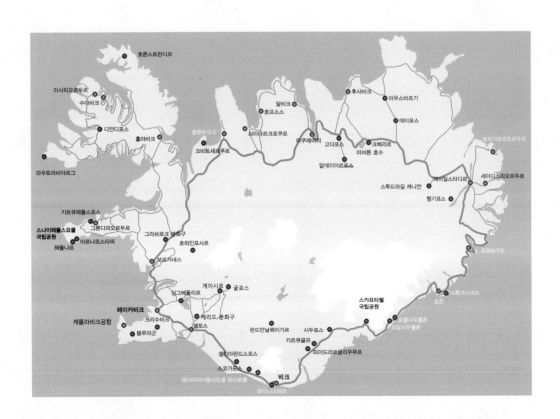

일러두기

이 책을 저술하며 가장 신경 쓰인 부분이 아이슬란드어였다. 아이슬란드어는 단어의 발음이 어려워 쉽게 임에 와 닿지 않는데다가 같은 명칭을 저마다 다른 표기법으로 표기하여 이곳의 지명을 표기하는 것이 무척이나 어려웠다. 더군다나 아이슬란드어는 현 외래어 표기법에서 다루지 않고 있기 때문에 더욱더 혼란스러웠다.

본 저서에서 아이슬란드 지명은 일반적으로 알려진 영어식 발음이 아니라 낯선 발음일지라도 현지 발음대로 표기하고자 노력하였다. 따라서 기존에 다른 매체에서 언급되었던 영어식 지명과는 다름을 이해해주기 바란다.

CHAPTER 06

서부 피오르 지역

CHAPTER 07

서부 아이슬란드

부록

CHAPTER 01

캐피탈 지역

Capital Region

캐피탈 지역 *Capital Region*

이사피오르두르

WESTFJORDS

쇠이다우르크로쿠르

아쿠레이리

NORTH-WEST ICELAND

NORTH-EAST ICELAND

에이일스타디르

EAST ICELAND

WEST ICELAND

그룬다르탕기

레이캬비크

케플라비크

SOUTH ICELAND

CAPITAL AREA

셀포스

비크

이 지역은 수도 레이캬비크와 지방 자치 단체 7곳을 통칭해서 부르는, 아이슬란드에서 가장 큰 도시권이다. 면적은 아이슬란드 전체의 1%도 되지 않지만, 인구는 200,850명으로 아이슬란드 전체 인구의 60% 이상을 차지한다.

아이슬란드 남서부에 위치한 이곳은 산과 대서양을 파노라마처럼 볼 수 있는 놀라운 경치를 지닌 곳으로 아이슬란드 행정 및 경제 활동의 중심지이다. 캐피탈 지역의 중심지는 아이슬란드의 수도 레이캬비크이며 레이캬비크는 세계에서 가장 북쪽에 위치한 수도이자, 유럽에서 가장 서쪽에 위치한 수도이다.

유네스코가 2011년에 지정한 문학의 도시 레이캬비크는 아이슬란드의 주요 문화 기관의 본거지이기도 하다. 이곳은 예술계가 매우 빠르게 번영하고 있으며 다양한 문화 행사가 있는 역동적이고 창의적인 도시로 유명하다. 항구에 유명한 컨벤션 센터인 하르파는 레이캬비크의 멋진 콘서트 홀, 컨퍼런스 센터를 모두 갖추어 세계적인 행사와 문화에서 중심적인 입지를 다지고 있다.

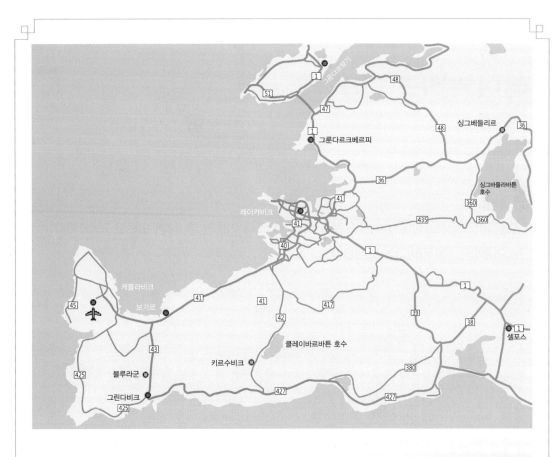

REYKJAVÍK
레이캬비크

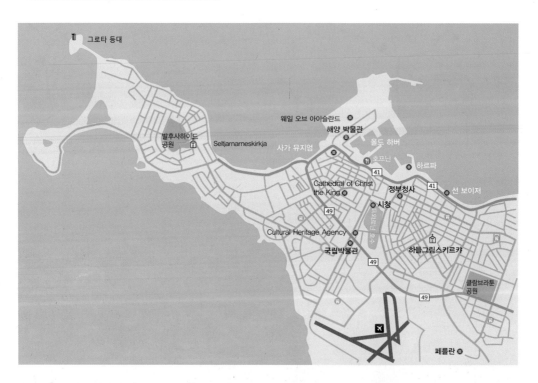

🚶 가는길

• 케플라비크 국제공항에서 41번 도로를 따라 약 49㎞ 이동한 후 49번 도로로 좌회전하여 1.5 ㎞ 이동하면 레이캬비크에 도착한다.

아이슬란드의 수도이자 가장 큰 도시인 레이캬비크는 아이슬란드 남서쪽 해안에 위치하며 북위 64°08′ 위도를 가진 세계 최북단의 수도이다.

인구가 약 35만 명(2018년 3월 기준)인 아이슬란드에서 그 1/3인 12만 명 정도가 레이캬비크에 거주하고 있다. 남쪽에서 난류인 멕시코 만류가 흘러들어 겨울에도 기온이 높은 편으로, 연중 ⁻3~11℃를 나타낸다. 레이캬비크는 AD 874년에 노르웨이 사람인 잉골뷔르 아르나르손Ingólfur Arnarson 이 처음으로 정착하여 살기 시작한 아이슬란드 최초의 영구 거주지이다. 19세기까지 도시의 급격한 발전은 없었으나 1786년에 공식적인 무역 타운으로 설립된 이후, 수십 년 동안 꾸준히 성장했다. 지역 및 국가 차원에서 상업 활동이 활발해져 인구가 증가하고, 정부 활동의 중심지로 변모했다.

규모가 작아 걸어서 시내 관광이 가능한데, 이 도시의 아기자기한 골목마다 그려진 아름다운 벽화는 또 하나의 숨어있는 볼거리이다. 곳곳에 예술적인 감각이 살아있는 레이캬비크에서는 건물의 색과 구조만 봐도 특별함을 느낄 수 있다. 하루 정도면 시내 관광이 가능하지만 가는 곳마다 볼거리가 많아 여러 번을 봐도 매번 감탄이 나올 정도로 전혀 지루하지 않다. 일정이 짧아 아이슬란드에 오래 머무를 수 없다면 레이캬비크에서만 관광을 해도 후회하지 않을 것이다.

Tip

케플라비크 국제공항에서 레이캬비크 가는 길

렌터카 케플라비크 국제공항 ↔ 레이캬비크 시내 구간은 차로 약 40분(약 50㎞)이 소요되며 렌터카를 이용하려면 예약하는 것을 추천한다. 공항에 다양한 렌터카 회사가 있고 무료 셔틀버스를 이용해 렌터카 회사 사무실로 이동할 수 있으므로 차량 픽업은 간단한 편이다.

버스 공항에서 이용 가능한 버스는 '플라이버스Flybus'와 '플라이버스 플러스Flybus+'이다. 버스가 24시간 내내 약 30분마다 운행(약 45분 소요)되기 때문에 공항에 도착하는 시간에 구애됨 없이 언제든 이용할 수 있다. 버스 내에서 와이파이 사용이 무료이며 티켓은 홈페이지를 통한 예약도 가능하지만, 공항에서 구입하는 것도 어렵지 않다. 플라이버스는 예약시간이 지났다고 해서 걱정할 필요 없다. 예약 날짜와 시간대만 맞는다면 탑승할 수 있다. 공항에서 시내 BSÍ 터미널 및 호텔/숙소까지 약 45분 정도가 소요된다.

플라이버스Flybus	플라이버스 플러스Flybus+
공항 → 레이캬비크 시내 BSÍ 터미널	공항 → 레이캬비크 시내 호텔/숙소 운행
가격 : 성인 2,950 ISK, 만 15세까지 50% 할인, 만 12세 미만 무료	출발 하루 전날 flybus로 연락하여 픽업장소 예약할 것. 문의 : main@re.is 또는 +354-580-5400
＊ 참고 : 픽업 예약시간 30분전부터 탑승 가능, 정시까지 픽업장소에서 대기할 것	
가격정보	https://www.re.is/flybus/

에어포트 다이렉트 Airport Direct 공항에서 직행으로 숙소까지 운행하는 직행 미니버스로 터미널에 들르지 않고 입국장에서 나오자마자 승차할 수 있으므로 탑승시간이 잘 맞는다면 시간 절약에 좋다. 가격은 기본 편도 2,900 ISK(호텔까지 연결시 950 ISK 추가비용 발생) 나이에 따라 할인가가 적용되며 버스 내 와이파이 사용은 무료이다. 0시 15분~17시 15분까지 한 시간마다 매시 15분에 출발하며 밤 시간대에는 운행하지 않으니 정확한 시간대에 예약해야 한다.

가격 및 정보 사이트	https://airportdirect.is/transfer/economy

하들그림스키르캬 Hallgrimskirkja

아이슬란드에서 가장 크고 높은 교회인 하들그림스키르캬는 74.5m의 높이를 자랑하는 레이캬비크의 대표적인 건물이다. 아이슬란드의 대표적 건축가인 그뷔드욘 사무엘손 Guðjón Samúelsson이 설계하였으며, 1945년부터 1986년까지 무려 41년이라는 기간에 걸쳐 완공되었다. 디자인이 특이한 이 교회의 외관을 처음 보는 사람들은 모두 우주선이나 미사일 형태라고 생각하기 쉽다. 그러나 외관은 아이슬란드 현무암의 주상절리에서 모티브를 따서 디자인되었다고 하는데 나름 독특하고 아름다운 모습이다. 자연과 조화를 이루는 미래 지향적 건축물은 자연을 훼손하지 않는 북유럽 건축의 특징을 그대로 보여준다.

하들그림스키르캬 교회는 아이슬란드 레이캬비크를 한눈에 볼 수 있는 곳으로 레이캬비크 동서남북 어느 장소에서나 볼 수 있다. 이 지역은 건물들의 높이가 전체적으로 낮은데 비해, 하들그림스키르캬 교회가 유난히 높기 때문이다. 차를 주차하고 처음 외관을 접하면 크기가 거대하고 장엄하여 위압감을 준다. 하들그림스키르캬 앞에는 한 바이킹의 동상이 있는데 이 바이킹의 이름은 레이퓌르 에이릭손 Leifur Eiríksson 이라 한다. 에이릭손은 아이슬란드 태

생으로 캐나다 뉴펀들랜드 지방을 최초로 탐험한 탐험가이다. 세인트로렌스만을 최초로 탐험했던 자크 카르티에Jacques Cartier보다 무려 500년이나 일찍 뉴펀들랜드에 입성한 사람이다.

교회 문을 열고 내부로 들어가면 끝에 교회의 제단이 보인다.

유럽의 다른 가톨릭 성당의 웅장한 제단을 생각하고 있다가 단순하지만 경건함이 느껴지는 루터교 제단을 보면 신선함을 느끼게 된다. 교회 출입구 위에는 커다란 파이프 오르간이 설치되어 있다. 1992년에 완공된 이 오르간의 무게는 25t, 높이는 15m이며, 5,275개의 파이프로 구성되어 있다. 이 오르간은 예배뿐만 아니라 콘서트나 뮤지컬 음악을 녹음할 때도 사용된다.

하들그림스키르캬에서 엘리베이터를 타고 종탑 꼭대기에 올라가면 레이캬비크의 아름다운 전경을 볼 수 있다. 엘리베이터 탑승권은 1층 로비 교회 상점에서 구매할 수 있다. 엘리베이터를 타고 8층까지 올라간 후 내려서 또 한 계단을 올라가면 종탑의 꼭대기에 도달한다. 이 전망대에서는 74m 높이에서 360° 방향으로 펼쳐진 아름다운 레이캬비크의 시내 모습을 한눈에 내려다 볼 수 있다.

💬 하들그림스키르캬 전망대

홈페이지 http://en.hallgrimskirkja.is

참고로 교회 주차장은 무료로 운영된다. 레이캬비크 시내를 관광할 때는 이곳에 주차하고 걸어 다니면 된다.

입장료(2018년 기준)	개관 시간
성인 : 1,000 ISK 어린이 : 100 ISK (7~14세) 티켓은 1층 교회 상점에서 판매	겨울(10월~4월) 09:00-17:00, 타워 마감시간 16:30 여름(5월~9월) 09:00-21:00, 타워 마감시간 20:30 ＊ 매주 일요일 10:30~12:15에는 타워 운영하지 않음.

하르파Harpa

하르파는 레이캬비크의 콘서트홀이자 컨퍼런스 센터로 사용되고 있는 이 지역의 랜드마크인 건물이다.

이 건물은 덴마크의 건축 사무소 헤닝 라르센 아키텍츠와 덴마크의 예술가 올라퍼 엘리아슨이 합작하여 설계하였는데, 2013년 유럽 연합의 현대 건축상을 수상할 만큼 아름답고 특징적인 구조를 가진 건축물이다.

하르파는 아이슬란드 현무암 주상절리에서 영감을 얻은 독특한 유리 외관이 눈을 사로잡는다. 보는 각도나 위치에 따라 다른 느낌을 주며 유리창의 색도 달라 보여 묘한 느낌을 준다. 한쪽 외관은 유리 패널로 된 수많은 벌집 모양을 하나하나 이어 붙인 것 같기도 하고, 다른 한쪽은 각기 다른 형태를 이어 붙여 기하학적인 패턴을 만들어 낸다.

유리로 되어 있는 외관은 시간의 흐름에 따라 시시각각 변화하여 다른 색을 보여주기 때문에 마치 보호색을 가진 살아있는 동물 같이 느껴지기도 한다. 변화되는 색이 정말 화려해서 유리 조각 하나하나가 생동감이 느껴진다. 로비에서 보면 건물 외관은 현무암의 주상절리

하르파 Harpa

를 연상시키며, 붉은 색의 대공연장은 마치 마그마 중심부의 불 속에 들어와 있는 느낌이 들
도록 디자인되어 있다.

로비에서 본 외벽

대연회장

레이캬비크 해안가에 위치하며 하들그림스키르캬에서 도보로 15분이면 이동할 수 있다.
콘서트 예매 가능 시간과 사무실 운영 시간은 평일, 주말마다 다르지만 매일 오전 8시부터
밤 12시까지 오픈하므로 입장은 크게 걱정할 필요가 없다.

Tip

개장 시간	08:00~24:00
사무실 운영 시간	평일 09:00~17:00 / 주말 Closed
콘서트 예매 가능 시간	평일 09:00~18:00 / 주말 10:00~18:00
입장료(전망대 및 빙하와 얼음 동굴 전시회를 포함한 가격)	성인 : 490 ISK 어린이 : 무료 (0~15세)
홈페이지	https://en.harpa.is/
하르파샵 기념품 가게에는 독창적이고 예쁜 물건이 많지만 가격은 제법 만만치 않다.	

페를란Perlan

레이캬비크의 페를란은 1991년 오스큐흘리드Öskjuhlíð 언덕에 있던 기존의 온수 저장 탱크를 새로 바꾸면서 그 위에 반구형의 구조물이 설치된 것이다. 이곳은 언덕 위에 있어 레이캬비크 풍경이 한눈에 들어온다.

유리돔 전망대는 사가 박물관Saga Museum과 기념품 가게 등의 다양한 용도로 사용하며 꼭대기층에는 360° 회전하는 레스토랑(11:30~21:00까지 운영)이 있다. 2018년 11월에 세계 최고 화질과 입체 음향으로 몰입도 높은 경험을 할 수 있는 360° 최첨단 돔 플라네타륨(천문관)이 개관될 예정이다.

전망대에는 레이캬비크반도의 남쪽 케일리르Keilir 화산으로부터 북쪽의 스나이페들스네스Snæfellsnes반도 끝에 있는 스나이페들스요쿨Snæfellsjökull까지 지평선상의 관심 지점의 이름을 알려주는 16개의 정보 표지가 있다.

정보 표지 옆에는 지질학적으로 의미 있는 지점의 암석 표본이 전시되어 있어 레이캬비크 남쪽 용암 지대의 용암이 굳어진 암석과 도시의 동쪽 산맥에서 온 부드러운 화산암, 북쪽 지역에 있는 딱딱한 현무암 주상절리 기둥을 직접 만져볼 수 있다.

도심 중심부에 위치한 국립박물관에서 약 4㎞ 떨어져 있어 도보로 가기엔 힘이 든다. 렌터카가 없다면 버스나 투어를 알아보는 것을 추천한다. 레이캬비크의 다운타운인 하르파에서 페를란으로 출발하는 무료 셔틀버스가 30분 간격으로 운행한다.

🖥 Tip

개장 시간	09:00~19:00
입장료(전망대 및 빙하와 얼음 동굴 전시회를 포함한 가격)	성인 : 490 ISK 어린이 : 무료 (0~15세)
홈페이지	www.perlanmuseum.is/en/

뢰이가베구르 거리 *Laugavegur Street*

아이슬란드에서 가장 오래된 쇼핑 거리 중 하나로 색색의 건물들과 다채로운 벽화로 볼거리가 많다. 레이캬비크에서 가장 번화가이기도 한 이곳은 카페, 레스토랑, 서점 등 각종 상점으로 가득하다. 아이슬란드에서 가장 많은 상권이 모여 있기 때문에 아마 아이슬란드에서 가장 많은 사람을 볼 수 있는 곳이 바로 뢰이가

베구르 거리일 것이다. 거리의 끝에는 패스트푸드점인 서브웨이가 있는데 아이슬란드 물가에 비해 저렴하게 느껴지는 편이니 자금이 부족하다면 이곳에서 한 끼 식사를 하는 것도 좋다.

아이슬란드 정부청사 *Prime Minister's office of Iceland*

아이슬란드 최초의 교도소였던 건물이지만 현재 정부청사 및 총리실로 사용되고 있다. 하들그림스키르캬 교회에서 하르파 콘서트홀로 가는 길에 위치하고 있다. 정부청사 앞에는 프리드릭 동상이 있어 길을 가다 쉽게 찾을 수 있다.

아이슬란드 정부청사 Prime Minister's office of Iceland

레이캬비크 시청 City Hall of Reykjavik

레이캬비크 시청 Reykjavík City Hall

레이캬비크 시청은 티요르닌 Tjörnin 호수 북쪽 해안에 위치하며 멀리서 보면 마치 물 위에 떠 있는 것처럼 보인다. 사진과는 달리 낮에 실제로 본 모습은 조금 실망스럽게도 시멘트로 만들어진 공장 같은 느낌이 든다. 레이캬비크 시청에서는 '레이캬비크 시티 카드'를 구입할 수 있다.

티요르닌 호수 Tjörnin lake

레이캬비크 중앙에 있는 작은 호수로 시청과 박물관 옆의 시내 중심가에 위치하기 때문에 접근이 쉽다. 레이캬비크 도시의 초기 개발이 티요르닌 호수를 중심으로 이루어져 주변에 주요 건물들이 많다. 장난감처럼 알록달록한 집들과 시청사로 둘러싸인 아름다운 호수에서는 오리나 백조를 쉽게 볼 수 있으며, 아이들이 새들에게 먹이를 주는 모습을 종종 볼 수 있다. 겨울에는 호수 대부분이 얼어붙어 아이들이 축구와 스케이트를 즐긴다. 근처에 뢰이가베구르 거리, 국립의사당, 총리관저 등이 도보가 가능한 거리에 있어 쇼핑이나 관광 도중에 가볍게 둘러볼 수 있는 곳이다. 호수 주위로 조성된 보행로는 산책과 조깅을 즐기기에 좋다.

 Caution

최근에 먹이를 구하려고 호수로 날아오는 갈매기가 급증하여 다른 새들의 먹이를 가로채고 있다. 새끼오리가 갓 태어난 6~7월에는 호수에서 먹이 주는 것을 금지하고 있으니 주의하자!

동화 속 그림 같은 플키르 교회가 마치 호수를 지키듯 서 있다.

선 보이저 *Sun Voyager*

선 보이저는 빛과 희망을 상징하는 태양을 향한 꿈의 보트로 묘사되며 이 구조물에서 작가는 약속, 희망, 진보와 자유의 꿈을 전하고자 했다. 종종 관광객들은 선 보이저가 바이킹 배라고 오해하기도 하지만, 본질적으로는 꿈과 희망을 상징하는 것이라고 한다. 선 보이저의 특징적인 모습과 주변 경관으로 인해 이곳은 사진 찍

기 좋은 장소로 꼽히며 실제로 관광객들이 많이 찾는 곳이기도 하다.

올드 하버Old Harbour

레이캬비크 북쪽에 위치한 항구로 조용하고 아름다운 곳이다. 하르파 콘서트홀에서 걸어서 10분이면 갈 수 있다. 주변에 있는 '호프닌'이라는 레스토랑이 맛집으로 알려져 있다. 올드 하버에서는 고래 관광 등 여러 가지 투어 티켓을 판매하고 있다. 그러나 날씨에 따라 운행이 중단될 수 있으니 꼭 날씨를 확인하고 예약해야 한다.

해양 박물관Maritime Museum

아이슬란드의 어류 산업과 해안 문화의 발전을 보여주는 박물관으로 매일 오전 10시부터 오후 5시까지 운영한다. 17세 이하, 67세 이상은 무료이며 성인은 1,600 ISK이지만 학생증이 있으면 900 ISK이다. 또한 레이캬비크 시티 카드가 있다면 무료 관람이 가능하다.

 Tip

레이캬비크 시티카드 정보

시청 운영 시간	평일 08:00~16:15, 주말휴무

박물관 무료입장이 가능하고 교통수단과 레스토랑을 할인받을 수 있는 카드로 24시간, 48시간, 72시간 중 선택하여 구입이 가능하며 6세에서 18세 이하는 이보다 저렴한 어린이 카드를 구입하면 된다.

레이캬비크 시티 카드	레이캬비크 시티 어린이 카드
대상 : 18세 이상 24시간 3,700 ISK 48시간 4,900 ISK 72시간 5,900 ISK	대상 : 6세~18세 이하 24시간 1,500 ISK 48시간 2,500 ISK 72시간 3,300 ISK

 **Accommodation**

프레야 게스트 하우스 Freyja Guesthouse & Suites

주소 39, Freyjugata, Reykjavík, Iceland
전화번호 +354-615-9555
홈페이지 www.freyjaguesthouse.com

레이캬비크 도심에 위치하는 숙소이다. 호텔 정보
사이트에서 높은 평점을 자랑하는 만큼 청결도와
위치가 훌륭하다. 사전 예약으로 공항 픽업 서비스
를 이용할 수 있으며 자전거를 무료로 대여할 수 있
다. 하들그림스키르캬 교회 바로 근처에 있어 레이
캬비크의 어느 관광지든 접근이 용이하다.

스쿠기 호텔 Skuggi Hotel by Keahotels

주소 Hverfisgata 103, 101 Reykjavík, Iceland
전화번호 +354-590-7000
홈페이지 www.keahotels.is

2015년에 준공한 100개의 객실을 보유하고 있는 호
텔이다. 도심에서 가까워 접근성이 좋으며 호텔인
만큼 무료 조식, 무료 Wi-Fi, 무료 신문 제공 등 다
양한 서비스를 제공한다.

스톰 호텔 Storm Hotel

주소 4 105, Þórunnartún, Reykjavík Reykjavík,
Iceland
전화번호 +354-518-3000
홈페이지 www.keahotels.is

레이캬비크 중심부 뢰이가베구르 쇼핑가에서
350m 떨어진 곳에 위치한다. 무료 Wi-Fi가 제공되
며 편의 시설로 공용 테라스와 로비 라운지가 마련
되어 있다. 하들그림스키르캬 교회가 도보로 10분
거리에 있다. 북유럽 스타일의 객실에는 차/커피 메
이커와 40인치 LED TV가 비치되어 있고 객실 바닥
은 나무로 마감되어 있다.

게스트하우스 갈타페들 Guesthouse Galtafell

주소 Laufásvegur 46, 101 Reykjavík, Iceland
전화번호 +354-699-2525
홈페이지 www.galtafell.com

1916년에 지어진 건물로 한때 대사관으로 사용한 곳으로 뢰이가베구르 쇼핑가에서 도보로 5분 이내의 거리에 있어 도심 접근성이 좋다. 취사시설이 갖추어져 있고 시설이 깨끗하다.

 Food

호프닌 Hoffnin

주소 Geirsgata 7C, 101 Reykjavík, Iceland
전화번호 +354-511-2300
홈페이지 www.hofnin.is/en/

올드 하버에 있는 아늑한 분위기의 레스토랑으로 음식의 플레이팅이 잘 되어 있어 보기만 해도 눈이 즐거우며 정성을 들여 만든 것이 느껴진다. 오늘의 메뉴로 선보이는 생선 요리는 메뉴판에 적혀있는 가격보다 저렴하게 먹을 수 있어 좋다.
영업시간 매일 11:30~22:00

누들 스테이션 Noodle Station

주소 Laugavegur 103, 101 Reykjavík, Iceland
전화번호 +354-551-3198

TV프로그램 〈꽃보다 청춘〉에서 배우 조정석이 갔던 곳으로 유명하다. 소고기 국수, 닭고기 국수, 일반 국수가 있으며 아이슬란드 음식이 맞지 않아 조금 칼칼한 음식이 먹고 싶다면 소고기 국수를 추천한다.
영업시간 평일 11:00~22:00, 주말 12:00~22:00

스바르타 카비드 Svarta Kaffid

주소 Laugavegur 54, 101 Reykjavík, Iceland
전화번호 +354-551-2999
레이캬비크의 클램 차우더 맛집이다. 클램 차우더는
1,650 ISK로 가격은 비싸지만 아이슬란드 물가에
비하면 적당한 편이다. 한 번 먹어보면 그 맛을 잊
을 수 없어 계속 생각이 난다.
영업시간 평일 11:30~23:00

그릴마르카두린 Grillmarkadurinn

주소 Lækjargata 2a, 101 Reykjavík, Iceland
전화번호 +354-571-7777
홈페이지 www.grillmarkadurinn.is/en/
레이캬비크 중심지에 있는 레스토랑으로 지하 1층으
로 향하는 원통형 계단 위의 독특한 조명과 검은색
유니폼을 차려입은 직원들이 식당의 고급스러움을
더해준다. 가격대가 좀 있는 편이지만 분위기 있는
곳에서 맛있는 식사를 원한다면 추천하는 곳이다.
영업시간 평일 11:30~02:00

BLUE LAGOON
블루 라군

이사피오르두르

아쿠레이리

에이일스타디르

레이캬비크

블루라군

비크

🪧 가는길

• 케플라비크 국제공항에서 41번 도로로 8.3㎞ 이동 후 우회전하여 43번 도로로 약 8㎞ 이동
하면 도착한다. 총 22㎞, 20분 정도 소요된다.

• 레이캬비크에서 41번 도로를 따라 약 45㎞를 이동 후 좌회전하여 43번 도로를 따라 2.3㎞
이동하면 도착한다. 총 49㎞, 45분 정도 소요된다.

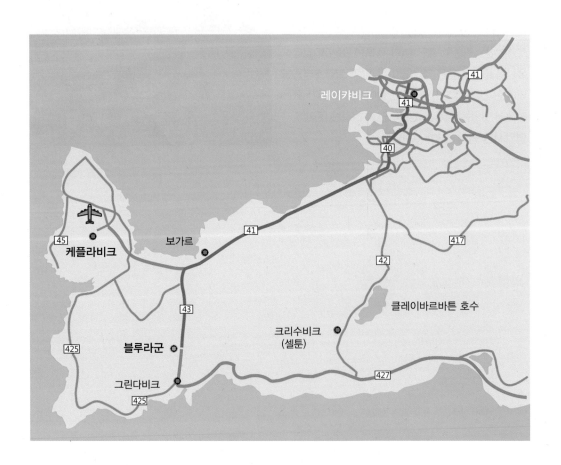

레이캬비크

41

41

40

45

케플라비크

보가르

41

417

42

클레이바르바튼 호수

43

크리수비크
(셀툰)

블루라군

425

427

그린다비크

425

케플라비크 국제공항 남쪽에 위치한 블루 라군은 죽기 전에 꼭 가야 할 세계의 휴양지로 소개될 만큼 세계 최고의 아름다운 온천이다. 케플라비크 국제공항에서 버스를 타고 이동할 수 있으며 20분 정도가 소요된다. 레이캬비크에서도 버스가 운행되며 이동 시간은 약 50분이 소요된다.

블루 라군은 화산활동으로 인한 지열을 이용해 만든 온천 시설로 인공적인 건축물에 자연경관이 어우러져 눈을 뗄 수가 없는 곳이다. 블루 라군의 에너지원인 지열은 주변 지역의 난방과 전기 생산까지도 책임진다. 한 해 방문자가 약 40만 명으로 아이슬란드 관광 수입의 70%를 차지하며, 예약 없이는 거의 입장이 불가능하기 때문에 특히 성수기에는 꼭 예약해야 한다. 세계 최대의 해수 온천지로 뛰어난 경관을 자랑하는 블루 라군은 1976년 지열 발전소를 건설하는 과정에서 지하 2,000m에서 뜨거운 물을 끌어 올리다가 우연히 형성된 곳이다.

블루 라군에 도착해 건물 입구로 들어가기 전 주차장 쪽에 짐 보관소가 있다. 공항에서 바로 이곳으로 온 사람들 혹은 바로 공항으로 가서 출국할 사람들을 위한 시설로 가방 한 개에 3유로를 지불하면 사용할 수 있다. 입장권은 컴포트, 프리미엄, 럭셔리 3종류가 있으며 티켓은 예약도 가능하다. 입장권 종류에 따라 이용 가능한 서비스가 다르고 그만큼 가격도 다르다. 수건, 수영복, 목욕가운, 슬리퍼는 추가 요금이 들어간다.

블루 라군의 온천수는 평균 온도 약 36~40℃로 너무 뜨겁지 않아 여유롭게 수영을 즐길 수 있고 다양한 광물질을 풍부하게 포함하고 있어 피로 해소와 각종 피부병 및 건성 피부 개선에 효과가 좋다. 지속적인 온천수 공급으로 약 40시간 정도면 블루 라군 전체의 온천수가 교체된다고 한다. 이 온천수에 몸을 한참 담그고 있으면 머릿결이 뻣뻣해지므로 입장 전 미리 헤어팩이나 컨디셔너를 바르면 도움이 된다.

지열발전에 사용한 물을 온천수로 재활용한 곳으로, 청색 물감에 우유를 탄 듯 뽀얀 물빛이 끝없이 광활하게 펼쳐진 몽환적인 모습에 바로 감탄사가 나온다. 물속에는 실리카 성분이 많이 녹아있어 피부에 진흙 팩을 하는 사람들을 많이 볼 수 있다.

온천 주변에는 검은색의 화산암이 초록빛 이끼에 뒤덮여 아름답게 조화를 이루고 있다. 차가운 바람을 맞으며 따뜻한 온천욕을 하는 기분은 말로 표현하지 않아도 누구나 알 것이다. 2018년 3월 1일부터 입장료가 비싸져서 가격 부담이 더 커졌지만, 그만큼의 가치가 있다. 7~8월 성수기에는 사람이 너무 많으므로 그 기간을 피해서 가는 것을 추천한다.

블루 라군 정보

주소 Nordurljosavegur 9, 240 Grindavík, Iceland

전화번호 +354-420-8800

홈페이지 https://www.bluelagoon.com

운영 시간 (연중무휴)

- ·1월 1일~5월 2일: 08:00~22:00,
- ·5월 26일~6월 29일 : 07:00~23:00
- ·6월 30일~8월 20일: 07:00~24:00,
- ·8월 21일~10월 1일 : 08:00~22:00
- ·10월 2일~12월 31일: 08:00~21:00

입장료

COMFORT	PREMIUM	RETREAT SPA
14세 이상 : 9,990 ISK 2~13세 : 무료 블루 라군 입장 실리카 머드 마스크 수건 사용 음료 1잔	14세 이상 : 12,990 ISK 2~13세 : 무료 COMFORT 기본 포함 목욕 가운 사용 슬리퍼 제공 해초 마스크 LAVA 레스토랑 테이블 예약, 식사할 경우 LAVA 레스토랑에 서 스파클링 와인 제공	14세 이상 : 71,000 ISK 13세 이하 입장불가 럭셔리 라운지 입장 리트릿 라군 개인 탈의실 블루 라군 ritual : 실리카, 해초 및 미네랄로 마사지, 스킨케어 용품, 음료 1잔

Food

실리카 호텔 Silica Hotel

주소 Norðurljósavegur 9, 240 Grindavík

전화번호 +354-420-8800

용암 경관의 중심부에 위치한 이 호텔은 블루 라군에서 도보로 10분 거리에 있다. 매일 09:00~22:00까지 전용 온천 시설인 실리카 라군에 무료입장이 가능하며 모든 투숙객에게 블루 라군 프리미엄 입장 티켓 1장을 무료로 제공한다. 아름다운 풍경과 조화로운 디자인으로 건축된 아름다운 숙소로 발코니에서 멋진 광경을 감상할 수 있다.

SELTÚN(KRYSUVIK) GEOTHERMAL AREA

셀툰 지열지대

🪧 가는길

•레이캬비크에서 남서쪽으로 41번 도로를 주행하다가 좌회전하여 42번 도로로 21㎞ 주행하면 도착한다. 총 36㎞, 약 40분 소요된다.

대서양 중앙 해령이 지나는 레이캬네스Reykjanes에서 화산활동이 여전히 활발하다는 것을 보여주는 것이 셀툰(다른 이름으로 크리수비크) 지열 지대이다.

셀툰 지열 지대는 레이캬네스 남쪽의 균열지역 중간에 있는 지열 지대로 온천 주위의 지형은 녹색, 노란색 및 빨간색으로 색칠되어 있다.

이곳은 진흙탕과 온천 속에서 강하게 끓어오르는 스팀 벤트Steam Vents의 지열 에너지를 경험할 수 있는 곳이다. 수증기 기둥들이 하늘 높이 올라가고 부글부글 끓고 있는 진흙탕들이 리드미컬한 교향곡을 연주한다.

진흙 온천 mudpots

주차장에서 단지 몇 분 거리에 지열 지대가 위치한다. 몇 개의 활동 중인 스팀 벤트, 진흙이 녹아있는 진흙 온천^{mudpots}으로 구성된 이곳은 지역 전체에서 끊임없이 수증기가 솟아오르고 달걀이 썩는 듯한 이산화황의 자극성 냄새가 코를 찌른다. 길을 따라 걷노라면 이곳 지형이 잘 설명된 표지판을 쉽게 발견할 수 있는데, 이 표지판에는 지열 지역의 지질학 정보와 교육적인 내용이 잘 설명되어 있다.

방문객들은 잘 만들어진 목재 데크 산책로를 따라 거대한 스팀 벤트 사이를 걸으며 구불구불한 길을 따라 위로 올라갈 수 있다. 언덕에 도착하여 위에서 내려다보면 지역 주변의 바다와 지열 지대 및 호수가 모두 환상적인 장관을 이룬 모습을 볼 수 있다.

현재는 잠잠한 것 같지만 1999년 10월 25일 이곳에서 거대한 폭발이 일어나 지름 43m의 거대한 벤트^{Vent}가 생성되기도 하였다.

진흙 온천과 유황 매장지 옆에는 몇 개의 호수가 있는데, 그라이나바튼^{Graenavatn} 호수와 그 주변에 좀 더 작은 호수인 게스트스타다바튼^{Gestsstadavatn}이다. 이 호수들은 화산 폭발에 의해 형성된 작은 폭발 분화구이다. 깊이 45m인 그라이나바튼 호수는 호열성 조류^{thermal algae} 및 햇빛 흡수에 의한 산란 때문에 풍부하고 진한 녹색으로 빛난다.

그라이나바튼 호수에서 500m 정도 더 이동하면 도로의 양쪽에는 인접해 있는 2개의 작은 호수인 아우군^{Augun}(눈)이라고 불리는 호수가 있다. 이곳 역시 화산 폭발 때문에 형성된 폭발 분화구이다.

그라이나바튼 호수

그라이나바튼 호수 근처에 있는 작은 호수인 아우군 Augun

 Caution

끓는 물이 솟아오르는 지열 벤트는 위험하다. 이들 위를 밟거나 손을 대지 않는다. 마음대로 다니지 말고 항상 지정된 탐방로를 따라 이동해한다.
크리수비크에는 노선버스가 없으므로 자동차가 필요한데 도로의 일부는 비포장 상태이다.

KLEIFARVATN

클레이바르바튼 호수

이사피오르두르

아쿠레이리

에이일스타디르

레이캬비크

클레이바르바튼

비크

🪧 가는길

- 레이캬비크에서는 41번 도로를 따라 약 11km를 직진한 후 좌회전하여 42번 도로로 16km를 주행하면 된다.
- 남쪽의 크리수비크에서는 42번 도로를 타고 북쪽으로 5㎞ 주행하면 도착한다.

클레이바르바튼 호수는 레이캬네스반도에서 가장 큰 호수로 대서양 중앙 해령 균열지역에 위치한다. 면적은 약 10㎢, 깊이는 97m로 아이슬란드에 있는 가장 깊은 호수 중 하나이기도 하다.

이 호수의 독특한 특징은 호수물이 흘러나가는 강이 보이지 않는다는 것이다. 따라서 수위는 강물이 아닌 지하수로만 변한다. 2000년 이래 두 차례에 걸친 대규모 지진으로 인해 호수 바닥에 균열이 생겨 호수물이 빠져나가 수량이 20%나 감소했다. 그러나 시간이 흘러 점차 균열이 다시 메워지고 호수의 수량은 이전 수준으로 돌아왔다.

호수 주변의 검은 화산재와 화산 퇴적층이 만든 독특한 화산 지형 덕분에 사진작가에게 특별하고 아름다운 최고의 환경을 제공한다. 또한, 중형 고래 크기의 괴물이 호수에 살고 있다는 이야기가 전해진다.

클레이바르바튼 호수의 오로라

ÞRÍHNÚKAGÍGUR

스리호누카기구르
화산투어

🪧 가는길

- 레이캬비크에서 1번 도로를 따라 약 15㎞를 주행한 후 우회전하여 417번 도로로 계속 12㎞를 직진하면 도착한다. 총 거리는 약 27㎞로 25분 정도 소요된다.
- 417번 도로가 분기되는 지점에서 우회전하지 않고 직진해야 한다. 주차장에 도착한 후 가이드와 3㎞를 걸어야 도착할 수 있다.

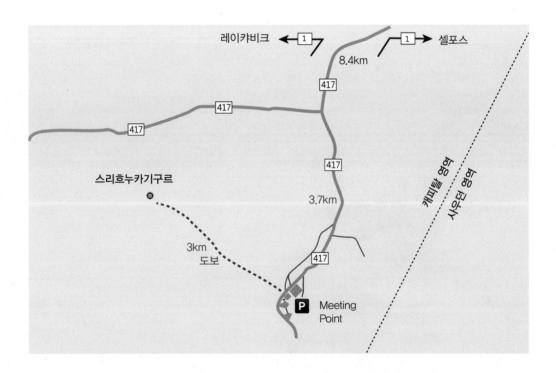

지구상의 어떤 곳에서도 볼 수 없는, 몇 천 년 전에 뜨거운 마그마가 화염을 토해내던 화산 내부로 직접 들어간다는 상상을 해보자.

화산이 휴면 상태가 되었을 때 일반적으로 마그마의 저장소인 마그마 체임버Magma chamber는 냉각되고 응고되지만, 어떤 이유인지 스리흐누카기구르 화산은 내부에서 마그마가 굳지 않고 빠져나가 상상할 수 없을 정도로 아름다운 공간을 남겼다.

스리흐누카기구르 분화구에 도착하면 리프트 바구니를 타고 내려가면서 마그마 체임버의 아름다움을 느낄 수 있다. 지구 중심으로 향하는 여행은 아래로 198m를 내려가게 되는데 약 6분이 소요된다.

4천 년 전에 머물러 있던 마그마가 화산 폭발로 인해 빠져나가 생성된 마그마 체임버의 공간은 그 규모가 엄청나다. 이 공간은 자유의 여신상이나 레이캬비크의 상징적인 하들그림스키르캬 교회 같은 거대한 기념물들이 쉽게 들어갈 수 있는 정도의 공간이다. 실내 바닥은 세

스리흐누카기구르 화산 마그마 체임버 내부 사진

개의 농구 경기장을 설치할 수 있을 만큼 충분히 넓다.

천천히 내려가는 동안, 마그마 체임버의 아름다움을 바로 느낄 수 있다. 스리흐누카기구르 화산에서 발생한 화산 폭발로 인한 엄청난 열과 압력은 이 바위에 놀라운 색과 질감을 갖게 하였다. 놀랍도록 아름다운 형형색색의 황색, 푸른색, 붉은색과 자색, 주홍색의 바위들은 자연이 만들어냈다고는 믿기 힘들 정도이다.

마그마 체임버* 바닥으로 내려가면 이곳에서 30분 동안 탐험할 수 있다. 머리 위부터 용암으로 형성된 바위의 가장 미세한 부분까지 모든 부분이 사진 찍을 가치가 있기 때문에 누구나 사진을 촬영하고자 하는 욕구가 생긴다.

 Tour

화산 마그마 체임버 내부 투어

업체 비지트 레이캬비크, 가이드 투 아이슬란드
홈페이지 marketplace.visitreykjavik.is/book-holiday-trips/inside-the-volcano
운영 날짜 5월 15일~10월 15일
투어 출발 매일 여러 번 출발. 8시 첫 투어와 오후 마지막 투어
소요 시간 6시간(화산 내부는 약 35~40분)
필요한 체력 수준 보통. 오르막길이 아니지만 표면이 부분적으로 고르지 않음
걷는 거리 약 3km. 도보로 50분 정도 소요
최소 연령 제한 12세
가격 42,000 ISK
레이캬비크에서 숙소까지 픽업, 안전장치 포함

----

* **마그마 체임버**Magma chamber 다량의 마그마가 모여 있는 지하의 공간인 마그마 체임버는 지각에서 마그마가 축적되는 부분이다.

셀툰 지열지대의 모습. 멀리 클레이바르비튼 호수 보인다.

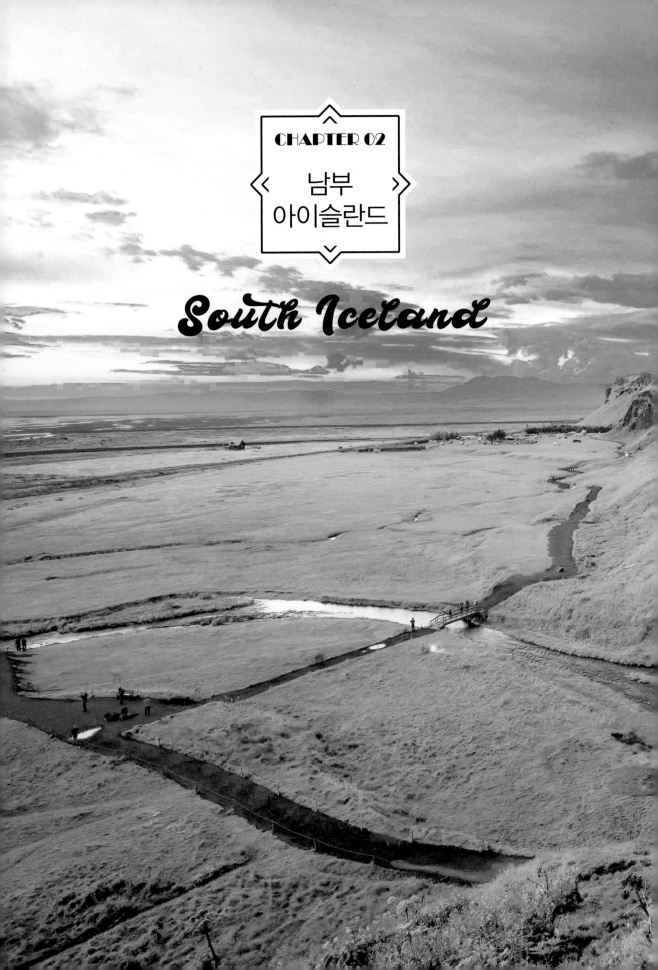

CHAPTER 02

남부
아이슬란드

South Iceland

남부 아이슬란드 *South Iceland*

골든 서클과 함께 남부해안을 둘러보는 여행은 아이슬란드에서 놓칠 수 없는 관광 코스이다. 특히 아이슬란드 남부의 해안선 그 자체로도 감탄을 자아낼 만하지만 검은 모래로 이루어진 해변과 함께 거대한 빙하, 아름다운 여러 폭포 등 다양한 자연환경을 즐길 수 있어 관광객에게 인기가 많은 곳이다.

남부 아이슬란드는 아이슬란드의 8개 지역 중 하나로 수두르란드Suðurland라고도 한다. 서쪽의 레이캬비크와 동쪽의 요쿨사우를론Jökulsárlón 빙하와 중앙의 하이랜드Highland를 경계로 하고 있다. 남부의 인구는 2007년을 기준으로 약 23,000여 명이며, 이곳의 가장 큰 도시는 셀포스Selfoss로 6,000여 명이 살고 있다. 다른 지역보다는 많은 인구가 살고 있지만 레이캬비크에 비하면 매우 적은 인구가 사는 셈이다. 특유의 멋진 자연환경으로 유명하지만, 요쿨사우를론과 마르카르플리오트Markarfljot강 사이에 있는 동부 쪽에는 어마어마한 충적토, 빙하로 인해 형성된 퇴적물들, 검은 모래 해변과 용암대지가 좁고 길게 뻗어 있다.

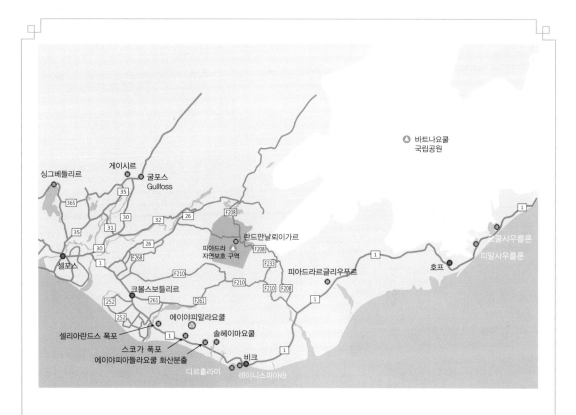

하이랜드를 포함해서 지형적으로 매우 흥미롭고 아름다운 광경을 자랑하는 곳이기도 하며 싱그베들리르ᚦingvellir, 스카프타페들Skaftafell 국립공원을 포함한다. 스카프타페들은 현재 바트나요쿨Vatnajökull 국립공원의 일부이다. 남부의 중앙 하이랜드는 규모가 큰 빙하와 가장 활동적인 화산들이 분포하고 있을 뿐만 아니라 굉장히 아름다운 산악지대로서 하이킹으로도 유명하다.

남부 해안에는 유럽에서 가장 규모가 큰 바트나요쿨 빙하가 동쪽에 있고, 서쪽으로는 에이야피아늘라요쿨Eyjafjallajökull과 미르달스요쿨Myrdalsjökull 등 총 3개의 빙하가 있다. 가장 유명한 화산은 헤클라, 카틀라, 베스트만섬 등이다.

남부의 1번 도로는 세상에서 가장 아름다운 국도로 선정되기도 하였으며 '세상에서 가장 아름답지만 가장 고독한 길'이라는 별칭이 있기도 하다. 이 도로를 따라 남쪽으로 가다보면 셀리아란드스포스, 스코가포스 등 크고 작은 폭포들이 저마다 다른 모습을 지녀 각기 다른 매력을 뽐내고 있다. 남쪽의 땅끝 지역에 있는 디르홀라이Dyrhólaey에는 파도의 침식작용에 의해 코끼리 모양의 바위가 형성되어 있다. 특히 디르홀라이와 레이니스피아라Reynisfjara를 연결하는 검은 해안과 바다가 이루는 조화가 절경을 이룬다.

골든 서클 *Golden Circle*

골든 서클이란 아이슬란드 남부의 인기 있는 관광 명소의 경로를 의미한다. 싱그베들리르 국립공원, 게이시르, 굴포스 세 지역이 이곳에 속하며 골든 서클과 관련된 여러가지 투어 프로그램이 많이 운영되고 있다.

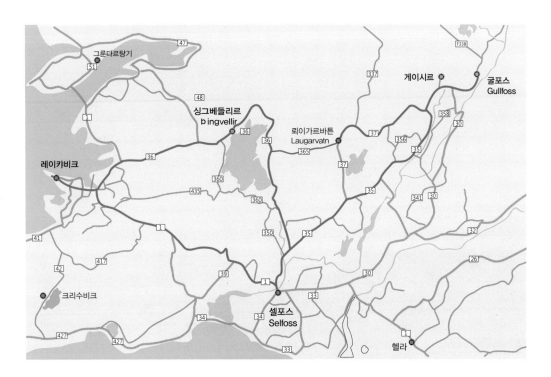

레이캬비크에서 출발하여 굴포스, 셀포스로 순환하여 돌아오는 경로는 약 230㎞의 거리로 멈추지 않고 운전한다면 약 3시간 정도가 걸린다. 어느 곳을 관광할지, 얼마나 오래 머무를지에 따라 다르겠지만 싱그베들리르 국립공원, 게이시르, 굴포스 세 곳만 간단하게 둘러본다면 최소 6시간 정도면 관광이 가능하다.

아이슬란드에 처음 방문하는 사람은 반드시 골든 서클 투어를 해야 한다고 말할 정도로 유명한 관광 명소로 꼽히며, 실제로 아이슬란드 여행 상품을 찾아보면 대부분 일정에 골든 서클을 포함하고 있다.

골든 서클 투어는 프로그램이 다양하고 많지만 보통 오전 8시~오후 2시 사이에 출발하고 오후 8시 이전에는 돌아오는 코스로 되어 있으며, 백야 관람 투어도 있다. 투어마다 시간대와 경로가 거의 비슷해 오전 9시부터 오후 7시 정도까지는 가는 곳마다 사람이 붐빈다고 느낄 것이다. 또한, 원하는 시간 동안 충분히 관광을 즐기기 어려울 수 있기 때문에 렌터카를 빌리는 것을 추천한다. 패키지여행이나 아이슬란드 골든 서클 투어 프로그램은 당일 일정이 많지만 자유여행으로 방문하는 사람들은 이곳에서 1박을 하며 여유롭게 둘러보기도 한다. 특히 겨울철에는 밤에 오로라를 만날 기회가 있기 때문에 여행 일정이 여유롭다면 이곳에서 하룻밤 지내는 것도 좋다. 단, 여름철에는 밤에도 어두워지지 않는다는 것을 주의하자.

굴포스 Gullfoss

ÞINGVELLIR NATIONAL PARK

싱그베들리르 국립공원

🚏 가는길

- 싱그베들리르 국립공원은 레이캬비크에서 49번 도로에 진입하여 1번 도로를 따라 10㎞를 주행한 후 우회전하여 36번 도로로 30㎞를 이동해야 한다. 총 40㎞, 40분 정도 이동하면 도착한다.

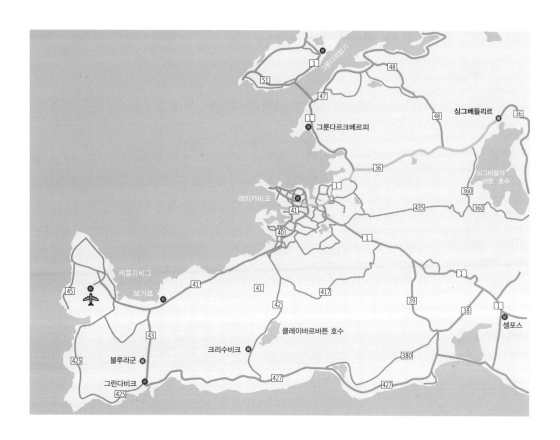

싱그베들리르 국립공원은 1928년 지정된 아이슬란드 최초의 국립공원이자 2004년에 유네스코 세계문화유산으로도 지정된 곳이다.

왕과 영주가 지배하던 스칸디나비아에서 벗어나 아이슬란드 땅에 정착한 바이킹들은 왕을 두지 않는 대신 의회를 만들기로 결정했다. 싱그베들리르는 아이슬란드 각지로 연결되는 길의 교차점이자 식수와 장작, 말 등의 가축을 위한 목초지가 풍부했기 때문에 의회 장소로 선정되어, 정착민들은 싱그베들리르 들판의 로그베르그Lögberg-Law Rock에서 서기 930년 첫 회합을 가졌다.

이후 930년~1798년에 이르기까지 야외 의회인 알싱Althing이 해마다 열려 새로운 법이 제정되고, 결혼 계약이 만들어졌다. 이 알싱을 통해 서기 1000년 즈음에는 기독교가 국교로 받아들여졌다.

싱그베들리르 국립공원을 조성할 당시 이 지역에 3개의 농장이 있었으나 현재 국립공원에는 아무도 거주하지 않는다. 공원 경관에는 농작물과 건초를 보관할 수 있는 작은 거주 영역, 헛간, 양 우리 등 초기 농경지와 연관된 구조물들의 흔적이 남아 있다.

공원 중앙에는 넓게 탁 트인 땅에 농장의 양과 소, 의회에 참석한 사람들의 말을 위한 방목지가 자리하였다. 이곳에는 여름 농장 또는 여름 방목장, 예배당과 양조장 등으로 이루어진 6개의 농장 유물이 남아 있다. 1850년대부터 보호 건축물이 된 오늘날의 싱그베들리르 교회는 11세기 초에는 훨씬 넓은 부지에 자리 잡고 있었다. 싱그베들리르 인근 농장은 고전적 아이슬란드 건축 양식 중에서 상대적으로 현대적 건축물이며, 오늘날에는 아이슬란드 대통령의 별장으로 사용되고 있다.

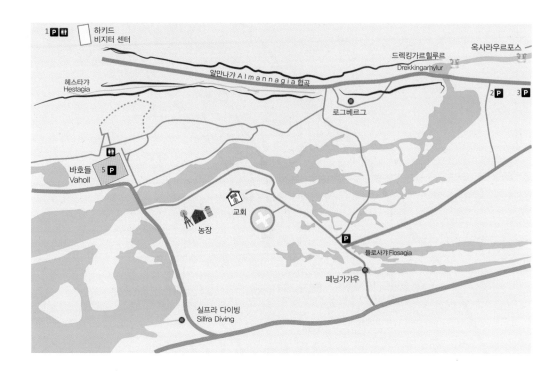

지리적으로 활화산 지대가 속해 있는 싱그베들리르 국립공원 지역은 지금도 계속 지각운동이 일어나고 있다. 싱그베들리르는 지질학적으로 유라시아판과 북아메리카판이 접하고 있는 판의 경계로도 유명하다. 두 판은 현재에도 1년에 2㎝씩 서로 멀어지고 있다. 벌어진 틈 사이로 호수와 폭포들이 생겨 장관을 이루는데 여름에는 판Plate 사이에 형성된 골짜기 해저를 보기 위해 많은 다이버들이 몰린다.

싱그베들리르 국립공원의 주차장은 관광 장소마다 여러 곳이 있다. 싱그베들리르의 시작점이라고 할 수 있는 대표 주차장은 비교적 넓은 편이지만 사람이 붐비는 때에는 주차 공간이 부족해 길에 주차하기도 한다.

Trekking

싱그베들리르 트레일

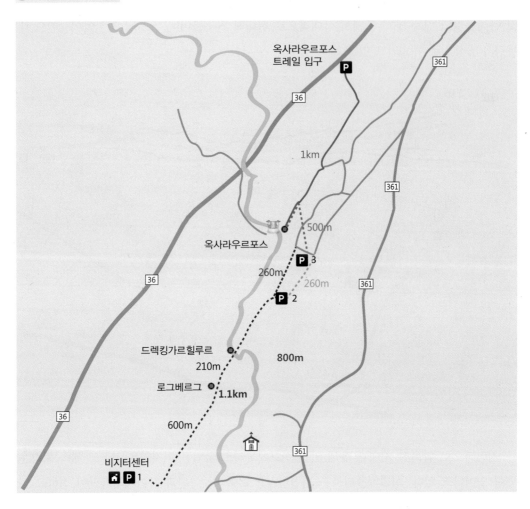

싱그베들리르 지역은 활발한 지각운동의 증거를 눈으로 직접 볼 수 있는 장소이다. 전체 지형이 완만하고 트레일을 잘 갖추고 있어 산책하기 좋은 장소이므로 꼭 걸어보길 권한다.

기본적인 트레일인 1번 주차장이 있는 하키드 비지터센터에서 골짜기를 따라 만들어진 길로 트레킹을 시작한다. 비지터센터에서 옥사라우르포스를 보고 돌아오는 코스로 왕복 3.5㎞의 거리를 1시간 정도면 다녀올 수 있다. 처음 들어가는 입구부터 길을 잘 만들어 놓아 걷기는 수월하다.

트레일은 북아메리카판과 유라시아판이 갈라져 단층으로 주저앉아 생긴 지구대를 따라 길을 만들었는데, 양쪽으로는 절벽이 형성되어 있어 보는 곳마다 장관이다. 절벽을 따라 약 500m를 걸으면 처음으로 두 갈래 길이 나온다. 계속 직진하면 옥사라우르포스로 가는 길이고 오른쪽 길은 싱바들라키르캬 교회를 볼 수 있는 포토존이다. 더 내려가면 2번 주차장을 거쳐 교회에 도달할 수도 있다. 이곳에서 계속 50m 정도 직진하면 로그베르그에 도착할 수 있다.

로그베르그Lögberg

로그베르그는 Law Rock이라는 의미이며, 옛날에 아이슬란드 국회가 열린 장소였다. 천 년 동안 계곡 주변의 지형적 변화가 컸기 때문에 정확한 위치는 알 수 없다. 두 군데 유력한 장소가 있는데 그중 하나는 현재 아이슬란드 국기가 보이는 곳이고, 또 하나는 바위 절벽 앞쪽의 알만나갸Almannagja 지역이다. 이 지역은 930년부터 국회 장소로 사용되다가 노르웨이에

복속국이 된 1262년부터는 더 이상 사용되지 않았다.

드렉킹가르힐루르Drekkingarhylur

이곳은 비지터센터에서부터 약 850m 거리에 있으며, 로그베르그에서 직진하여 약 200m 정도 더 가면 작은 폭포와 물웅덩이를 만날 수 있다. 이곳이 드렉킹가르힐루르이다.

드렉킹가르힐루르는 17~18세기에 18명의 여성들이 혼인 외의 관계로 임신을 하였을 때 물에 빠뜨려 익사시켰던 장소이

다. 안내판을 보면 다양한 처형에 대한 내용이 있다.

다시 직진하여 700m 정도 걷다보면 돌 모양으로 잘 다져놓은 예쁜 길을 만난다. 이 길이 다시 나무 데크로 바뀌는데 그 길을 그대로 걸어가다 좌회전을 해서 조금만 들어가면 옥사라우르포스라는 폭포가 보인다. 옥사라강에서 흘러내리는 이 폭포는 벼랑 위에서부터 북아메리카판과 유라시아판의 갈라진 틈으로 물이 쏟아진다.

옥사라우르포스 Öxarárfoss

옥사라우르포스는 옥사라강 상류의 폭포로 로그베르그, 드렉킹가르힐루르를 지나 850m를 더 가면 도착한다. 비지터센터에서 약 1.7㎞ 거리에 있다. 아이슬란드는 압도적인 크기의 폭포가 워낙 많아 옥사라우르포스의 실물을 보면 약간 실망감이 들기도 하지만, 여행의 첫 시작이라면 아름다움을 느낄 수 있는 작은 폭포이다.

옥사라우르포스에서 떠나 경사 없이 평탄한 길 약 1.7㎞를 편도 20분 정도 걷다 보면 싱바들라키르캬에 도착할 수 있다. 만약 판의 분리된 경계인 '페닝가갸우' 또는 판의 경계를 잠영하여 구경하는 실프라 다이빙 SilfraDiving을 가려면 차를 타고 이동하여 교회 아래의 주차장이나 실프라 다이빙 주차장에 차를 주차하는 것이 빠르고 편할 수 있다.

싱그바들라키르캬Thingvallakirkja

싱그바들라키르캬는 'church of thingvellir'라는 의미이다. 최초의 건물은 천 년 경 아이슬란드가 기독교화 되었을 때 노르웨이 왕 올라프Olaf 1세가 지었으나, 현재 남아 있는 건물은 1859년에 지어진 건물이다.

페닝가갸우Peningagjá

판의 이동으로 생긴 단층 균열 안에 물이 차서 호수처럼 만들어진 곳이 있는데, 물이 매우 깨끗하고 투명하다.

이곳은 플로사갸Flosagja라는 다른 이름을 가지고 있다. 페닝가갸우는 동전 틈새coin fissure라는 뜻으로 실제로 이곳 틈새 사이에 사람들이 집어넣은 동전이 가득하다. 1907년 덴마크 왕의 방문 기념으로 다리가 세워졌는데, 그 뒤로부터 방문객들이 백 년이 넘도록 동전을 던지고 있다.

실프라 Silfra

실프라는 전 세계에서 가장 좋은 수중 시야를 자랑한다고 해도 과언이 아닐 정도로 수질 상태가 좋다. 실프라는 랑요쿨Langjökull 빙하에서 녹아내린 물이 수십 년이 넘도록 암반 사이에서 정화를 거치면서 푸르고 투명한 물이 된 것이다. 실프라의 수온은 연중 2~4℃이며 물의 상태는 다이빙 도중 마셔도 될 만큼 깨끗하다.

부유물질 하나 없어 보이는 투명한 물속 시야 이외에도 실프라가 전 세계적으로 유명한 다이빙 포인트인 이유는 바로 거대한 두 대륙의 판이 마주하는 곳이기 때문이다. 사진의 오른쪽이 북아메리카판American continental plate이고, 왼쪽이 유라시아판Eurasian continental plate이다. 두 대륙의 판은 지금도 매년 2㎝씩 서로 멀어지고 있으며, 이 협곡 사이에 빙하수가 녹아 고여 실프라가 형성되었다.

이곳은 해양 생물을 볼 수 없는 바위들로 가득한 황량하기만 한 수중환경이지만 다이빙을 하며 거대한 협곡 사이를 비행하듯 떠다니는 것만으로도 매우 행복한 순간이 될 수 있다. 실프라의 다이빙 입수와 출수는 철 사다리를 이용해 안전하게 할 수 있다.

Tour

실프라 다이빙 SILFRA DIVING

홈페이지 https://www.dive.is/

투어 업체 Reykjavik Excursions

투어 소요 시간 약 6시간(10:30 출발)

투어 가능 연령 18세 이하 참여 불가

가격 34,999 ISK

포함사항 다이버 가이드, 휴식시간 가벼운 스낵 제공, 모든 용품들과 장비(물이 몸에 닿지 않는 드라이 수트 포함) 제공

주의사항

① 두꺼운 양말과 따뜻한 옷, 다이빙에 필요한 자격증 필요

② 다이빙 협회로부터 발부된 이에 상응하는 PADI 자격증 필요

③ 투어에 참여하기 위해서는 드라이 수트 다이빙 경험이 최소 10회 이상 있어야 한다. 오픈워터Open Water 다이버 라이센스가 있다면 2일간 드라이 수트 교육을 받으면서 바다와 실프라에서 다이빙을 할 수 있고, 스쿠버 라이센스가 없다면 실프라 스노클링 투어 참여가 가능하다. 단, 다이빙 사이트까지 왕복 교통 및 다이빙 가이드 외에 식사 제공이 되지 않아 음료는 물론 간식까지 직접 준비해 가야 한다.

 **Science Plus**

싱그베들리르 국립공원의 지질

▶ 싱그베들리르 국립공원 전경

사진의 왼쪽(서쪽)에는 북아메리카판, 오른쪽(동쪽)에는 유라시아판이 존재하는 데 그 사이 두 판이 분리되는 곳이 바로 싱그베들리르 지구대* 이다. 사진은 비지터센터에서 옥사라우르포스로 가는 초입 부분으로 남서쪽에서 북동쪽을 바라보고 촬영한 것이다. 멀리 지구대 끝에 아르만스페들Armannsfell산이 보인다. 이 산은 거대한 순상화산체의 하나로 싱그베들리르 지구대는 남서쪽에서 북동쪽으로 뻗다가 바로 이 산 근처에서 끝난다.

▶ 탐방로 입구

왼쪽의 높은 절벽과 오른쪽의 낮은 지역은 정단층에 의해 오른쪽 땅덩어리가 침강하면서 골짜기가 만들어진 것이다. 이 골짜기 즉, 단층 계곡을 따라 탐방로가 만들어졌다.

왼쪽 절벽이 하반, 오른쪽이 상반이며 상대적으로 상반이 중력에 의해 미끄러져 내려간 전형적인 정단층 지형이다. 현재 왼쪽 절벽은 해발 140m, 오른쪽은 100m로 높이 차이는 약 40m이다. (Gudmundsson, A., 2017)

* **지구대**graben 단층 운동의 결과, 단층 사이에 함몰된 낮은 지대가 길게 연속적으로 나타나는 지형을 말한다.

왼쪽 절벽(하반)이 북아메리카판, 오른쪽 절벽(상반)이 유라시아판이다.

이곳은 전형적인 정단층을 관찰할 수 있는 현장으로 오른쪽 급한 절벽 부분이 상반이고 왼쪽 비스듬하게 기울어진 땅덩어리가 하반이다. 상반이 상대적으로 미끄러지면서 침강했기 때문에 원래 평탄했던 정상부가 약 11° 기울어진 경사면으로 바뀌었다.

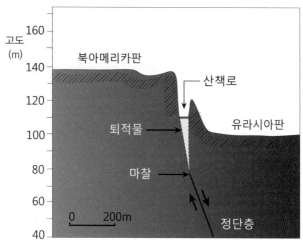

싱그베들리르 단층대(Gudmundsson, A., 2017)

▶ 판운동의 경계부 - 싱그베들리르

싱그베들리르 국립공원의 핵심지역은 '알만나갸Almannagja 단층대'에 속해 있다. 이 단층대는 북아메리카판과 유라시아판의 경계지역으로, 앞에서 언급한 공원의 탐방로가 북아메리카판의 단층선을 따라 길게 조성되어 있다. 전망대를 기준으로 바라보면 탐방로 서쪽이 북아메리카판, 동쪽이 유라시아판이다.

이 정단층은 상대적으로 서쪽 절벽에 대해 동쪽 절벽이 급경사로 떨어지면서 암괴의 경사가 11° 정도 높게 되었다. (Gudmundsson, A., 2017)

싱그베들리르 지구대는 아이슬란드 '서부 화산 지대'의 한 부분이며 그 중에서도 '헹길 화산계Hengill Vocanic System'에 속한다.

▶ 장력 균열 tension fracture – 북동쪽에서 바라본 싱그베들리르 지구대

멀리 탐방로 입구 쪽에서는 두 암괴의 높이 차이가 없고 정상부도 둘 다 평탄하다. 정단층이 한쪽 지각 덩어리가 다른 한쪽 지각 덩어리로부터 떨어져 상대적으로 아래로 침강한 것이라면, 장력 균열은 양쪽에서 잡아당기는 힘 즉, 장력에 의해 양쪽 땅덩어리의 높이나 형태변화 없이 단순히 그 사이에 균열이 발달한 것이다. 싱그베들리르 지구대에는 순수한 장력 균열도 다수 존재한다. 단층 절벽의 경우 양쪽 벽의 높이 차이가 나는데 반하여 장력 균열은 단층곡과는 달리 균열 양쪽 벽의 높이가 같은 것이 특징이다. 장력 균열 지대의 대표 지역은 플로사갸Flosagja이다.

▶ 단층곡과 열곡

싱그베들리르 열곡대는 규모가 큰 단층곡과 여러 개의 작은 열곡들로 구성되어 있다. 이곳에서 가장 규모가 큰 단층곡은 알만나갸Almannagja 단층곡으로 공원의 주요 탐방로는 이 단층곡을 따라 개설되어 있다. 열곡은 지구대 곳곳에서 관찰된다.

▶ 싱그바들라바튼Thingvallavatn 호수

싱그베들리르 국립공원 입구 전망대에서 호수 쪽을 바라본 경관이다. 이 호수는 싱그베들리르 지구대 남쪽에 자리 잡고 있다. 아이슬란드 최대 담수호로서 호숫물의 90%는 균열된 틈에서 스며 나온 지하수이며 나머지는 강수로부터 공급된 것이다. 호수 평균 수심은 약 34m, 최대 깊이는 114m이다.

▶ 용암류 누층과 냉각절리

단층 절벽 단면에서는 하나의 두께가
0.5~2m 정도인 몇 개의 용암 누층을 발견
할 수 있다. 이들 각 용암층의 경계부에는
용암이 냉각될 때 형성된 냉각절리cooling joint
가 끼어 있어 쉽게 그 층을 구분해 낼 수 있
다. 이 용암층은 주로 용암의 점성이 작은
파호이호이 용암*으로 되어 있다.

▶ 지구 최대 활단층 지대 – 싱그베들리르

싱그베들리르 열곡대Rift Valley는 전형적인
활단층 지대로서 이곳 단층 골짜기 벽들은
상당히 불안정한 상태로 존재한다. 기존 열
곡들은 지각판의 분리운동이 진행됨에 따
라 계속 벌어지고 있는데 그 속도는 1년에
약 2cm 정도에 달하는 것으로 조사되었다.
주변에는 이곳뿐만 아니라 완전히 새로운
열곡이 형성되기도 한다.

사진은 2000년과 2008년에 발생한 지진에 의해 형성된 것으로, 길이 15m, 깊이 10m 규
모이며, 현재 공원 입구 전망대 근처에 위치한 싱그베들리르 지구대에서 가장 젊은 균열이다.

---

* **파호이호이 용암**pahoehoe lava 현무암질 용암의 한 종류로 SiO₂ 성분이 적어 점성이 낮고 유동성이 높은 용암으로 화산체
　의 경사가 낮은 순상화산이나 표면이 매끄럽고 넓은 용암대지를 만든다.

판구조론 Plate Tectonics

판구조론은 지구상에서 일어나는 지각변동인 화산대, 지진대를 설명하는 이론이다. 약 10여 개로 나누어져 있는 암석권의 조각들이 장시간에 걸쳐 움직이면서 각각 분리, 충돌 현상을 일으켜 지구표면의 다양한 지형을 만든다는 이론이다.

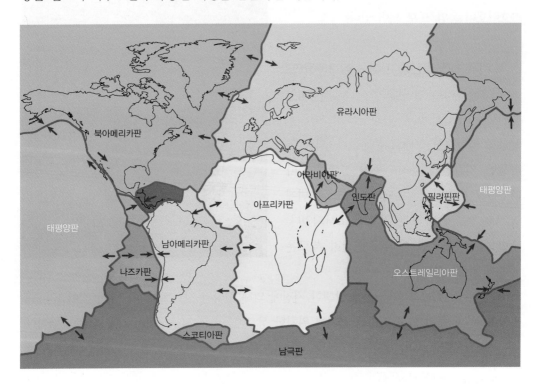

지구 표면을 구성하는 10여 개의 조각을 판plate이라 하며 이중 대표적인 것이 북아메리카 판과 유라시아판인데 이 두 개의 판은 대서양 한가운데서 접하고 있다. 이 두 판이 분리되는 경계선을 따라 해저에는 '대서양 중앙 해령'이라고 불리는 해저 산맥이 발달해 있는데, 이들 해저산맥 중 일부의 끝부분이 해수면 위로 드러난 것이 바로 '아이슬란드'이고 그 현장이 '싱 그베들리르 국립공원'이다.

판과 판이 분리되는 것은 두 판이 서로 맨틀 대류에 의해 멀어지기 때문이다. 두 판 사이 의 틈을 따라 깊은 땅속에서 마그마가 지속적으로 상승하여 새로운 지각을 만든다. 이때 장력이 발생하여 판의 경계에는 '단층 작용'이 일어나 깊은 골짜기가 길게 발달하게 된다. 이 같은 단층 기원의 골짜기를 '열곡ʳⁱᶠᵗ ᵛᵃˡˡᵉʸ'이라 부른다. 싱그베들리르 국립공원은 바로 이 열곡대에 해당한다. 이와 비슷한 현상이 나타나는 곳으로는 '동아프리카 열곡대'가 있다.

▶ 싱그베들리르 지역의 판운동

싱그베들리르 지역은 북대서양 열곡대 내에 레이캬네스흐리구르–랑요쿨Reykjaneshryggur-Langjökull의 일부분으로, 지각 상승과 화산 활동의 긴밀한 연관성을 보여주는 해저 확장으로 설명할 수 있다. 싱그베들리르와 동아프리카 열곡대East Africa Rift Valley는 떨어져 있는 두 개의 주요 판이 서로 멀어지는 것을 관찰할 수 있는 곳이다.

양쪽으로 벌어지는 힘은 정단층에 의해 중심부가 가라앉은 지구대Rift Valley를 형성한다. 따라서 계곡 바닥은 계곡 벽이 당겨지면서 가라앉은 선형의 골짜기를 만든다. 싱그베들리르의 지구대 계곡 벽은 연간 약 7mm의 속도로 멀어지고 있으며, 지난 9,000년 동안 멀어진 거리는 약 70m였다. 바닥은 현재 1년에 약 1mm의 속도로 가라앉고 있으며, 지난 9,000년 동안 총 40m의 침강이 있었다.

▶ 아이슬란드식 분출

용암이 주로 지각에 생긴 균열을 따라서 분출하는 분화로서 단순히 열하분화fissure eruption이라고도 한다. 대량의 현무암질 용암을 조용히 분출하는 것이 특징이며, 용암은 거의 물처럼 흐르면서 넓게 퍼진다. 이 분출이 대규모로 반복되면 콜롬비아 대지나 데칸고원과 같은 거대한 용암대지가 형성된다. 1783년 아이슬란드에서는 32km의 균열에서 열하 분출된 약 7.5km³의 현무암질용암이 일련의 용암류를 이루면서 양쪽으로 흘러나갔는데 이에 연유하여 이러한 분출 양상을 아이슬란드식 분출이라 한다. 하와이식 분화와 유사하나, 다른 점은 비폭발이며 1회 분출량이 많다는 것이다.

GEYSIR
게이시르

🪧 가는길

- 레이캬비크에서 게이시르를 향해 가는 길은 북쪽의 싱그베들리르 국립공원을 둘러 가는 길 과 남쪽의 크베라게르디^{Hveragerði}를 경유하여 가는 길이 있는데 거리나 소요 시간은 비슷하다.
- 골든 서클이 목적이라면 싱그베들리르를 경유하여 가게 되는데 이때는 레이캬비크에서 36 번 도로에 진입하여 약 55km를 이동 후 365번 도로를 약 30km 이동하면 도착할 수 있다. 싱 그베들리르 국립공원에서는 거리가 60.3km로 52분 정도 소요되며 전체 소요시간은 1시간 30분 정도이다.

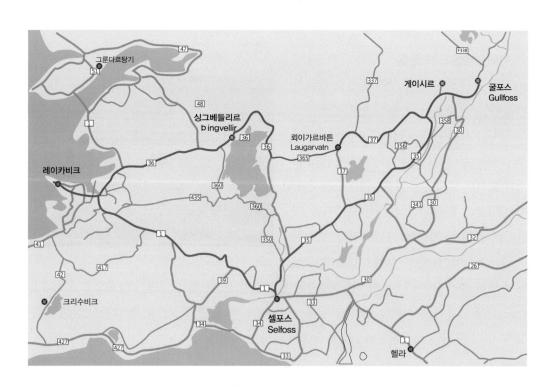

게이시르의 주요 볼거리들

골든 서클에서 가장 인기 있는 관광 명소는 진흙탕, 폭발성 간헐 온천과 물을 몇 분마다 30m씩 공중으로 뿜어 올리는 생기 넘치는 스트록쿠르 Strokkur가 있는 게이시르 온천 지역이다. 2017년 새롭게 문을 연 게이시르 센터의 내부는 오래되어 버려진 농가에서 수집한 나무 조각을 재활용하여 구성되었다. 이곳은 쇼핑과 더불어 연중 내내 전시회와 유익한 정보를 제공한다. 이곳에서는 방문객들이 온천 빵을 맛볼 수 있는 독특한 경험을 할 수 있다. 요리사가 온천에서 달걀을 삶고, 24시간 동안 땅속에서 호밀 빵을 구워 낸다.

회이카달루르 밸리 Haukadalur Valley 지역의 게이시르에 대한 가장 오래된 이야기는 1294년으로 거슬러 올라간다. 남부 아이슬란드는 지진으로 지열 지역의 변화가 일어나 새로운 온천이 만들어졌다. 19세기의 연구들은 게이시르가 170m의 높이에 도달할 수 있다는 것을 보여 주었다. 이 지역의 지진 활동은 게이시르에 영향을 미쳐 수년간 휴면 상태였던 게이시르가 2000년에 발생한 지진으로 소생되었고, 다시 몇 년 동안은 하루에 두 번씩 분출했다. 게이시르 지열 지역의 다른 온천들은 꽤 활동적이지만, 현재 게이시르는 대부분 휴면 상태이다.

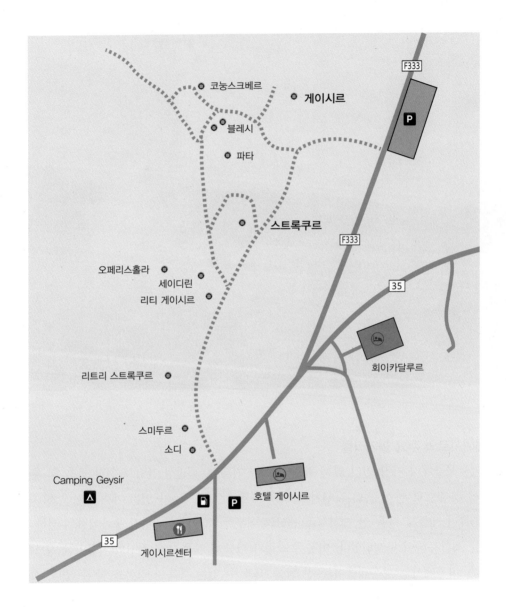

　게이시르 간헐천 분출 지열 지대는 약 3㎢ 면적으로 대부분 온천은 남쪽에서 남서쪽으로 이어지는 이 지역의 구조선(단층선)과 나란하게 100m 폭으로 정렬되어있다. 이 지역은 1000년 이전부터 활발하게 활동했으며 12개 이상의 뜨거운 온천 분출구로 이루어져 있다. 최근 게이시르는 활동이 주춤해졌지만, 전 세계적으로 그 간헐천의 이름은 원조가 되었다. 게이시르는 인쇄된 자료에 기술된 최초의 간헐천이었고, 현대 유럽인들에게 최초로 알려진 간헐천이었다.

스트록쿠르 간헐천의 분출 직전 모습

게이시르 온천 지역에는 게이시르 간헐천만 있는 것이 아니다. 골든 서클에서 가장 인기 있는 간헐천은 이 지역에서 가장 활동적인 '스트록쿠르'이다. 이 간헐천은 6분 정도마다 30m 나 되는 높이로 뜨거운 물을 뿜어낸다.

인상적인 장면은 강한 내부 압력으로 인해 물과 증기가 빠져나오려고 하는 순간, 물의 표면 장력에 의해 거의 터지기 직전까지 부풀어 오른다. 이것은 이내 곧 폭발하여 물을 30m가량 높게 솟구치게 한다. 순간 포착이 어려우니 카메라를 연사모드에 놓고 구도를 잡고 연사로 촬영하면 된다. 기회는 많으니 실패했다고 해서 낙담하지 말자. 분출 주기가 65분 정도인 미국 옐로스톤의 올드페이스풀 간헐천보다 주기가 짧아 잠시 옆 사람과 대화를 나누고 있으면 또다시 분출하기 때문이다.

이곳의 최대 절경은 일몰 시각에 간헐천 뒤에서 태양을 바라볼 때의 모습이다.

Science Plus

간헐천과 분기공

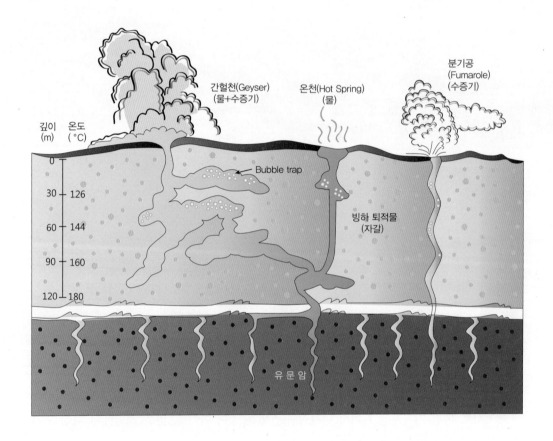

위 그림은 게이시르 지역의 전형적인 간헐천 분지의 지하 구조를 보여주는 간략한 단면도이다. 간헐천과 분기공은 지표면 아래 공동에서 수증기 또는 액체 상태의 물이 끓어 지상으로 배출하면서 형성된다. 간헐천은 끓는 물과 수증기가 함께 분출하며, 분기공은 수증기만 분출한다.

지하의 열에 의해 데워진 물의 온도가 끓는점보다 높으면 연속적으로 분출하는 간헐천geyser이 되고, 열이 식어 수온이 끓는점 이하가 되면 보통의 온천spring이 된다. 간헐천을 발생시키는 열원은 대개 활동적인 마그마나 휴면 중인 마그마이며 물은 강수에 의해 지표면으로 스며들어 재공급된다.

간헐천 분출과 관련된 많은 과정이 화산 활동과 유사하기 때문에 간헐천의 메커니즘과 그 작용 방식을 이해하면 화산 분출에 대한 이해와 예측 능력이 향상될 수 있다. 간헐천 폭발은 화산 폭발보다 작고 빈번하기 때문에 더 많은 데이터 수집이 가능하다. 이를 통해 지질학, 화학, 지하 배관 공사plumbing 및 제어하는 물리적 프로세스를 해석하는 접근법을 개발할 수 있다.

게이시르에 있는 블레시 온천 Blesi spring

GULLFOSS
굴포스

🪧 가는길

• 레이캬비크에서 게이시르를 경유해 가는 길은 거리가 약 109㎞, 1시간 40분 정도 주행하면 도착한다. 게이시르에서는 거리가 10㎞로 35번 도로로 10분 정도 소요된다.

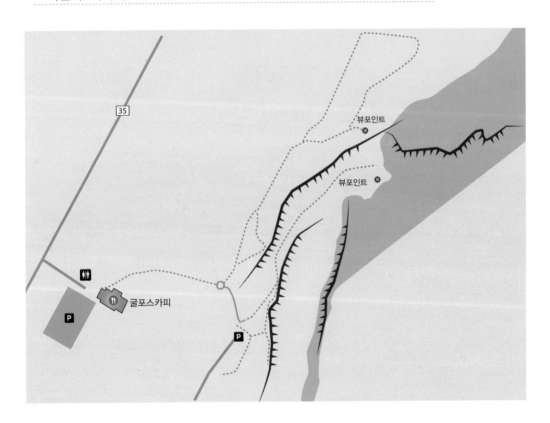

굴포스는 아이슬란드 북동부에서 남서부로 흐르는 크비타Hvita강 협곡에 발달해 있다. 굴포스의 굴Gull은 황금이란 뜻이고 포스foss는 폭포를 가리키므로 황금 폭포라는 뜻을 가지게 되며 크비타강은 흰white 강이라는 뜻이다.

굴포스는 실제로 두 개의 분리된 폭포로 상, 하 2단으로 되어 있다. 상부 폭포는 약 11m, 하부 폭포는 약 20m 정도의 낙차로 떨어진다. 상부 폭포의 경우 폭포 벽이 다소 경사져 있지만 하부 폭포는 거의 수직을 이루고 있어 떨어지는 폭포수에 의해 하얗고 거대한 물보라가 생긴다.

굴포스는 길이 2.5㎞, 깊이 70m에 달하는 굴포스 협곡 상류부에 발달해 있다. 이 협곡은 그 위쪽의 상류 구간과는 거의 직각으로 만나는데 상식적으로 자연 상태에서의 하천은 이렇게 급격히 꺾일 수가 없다. 이는 이 지역에 활성화되어 있는 단층활동으로 인하여 폭포 흐름의 방향에 거의 직각으로 협곡이 생긴 것으로 추측된다.

아름다운 굴포스는 계절마다 다른 분위기와 모습을 보여 모든 계절에 다른 느낌의 경관을 경험할 수 있기 때문에 그 매력이 더해진다. 이는 크비타강이 계절에 따라 때로는 거칠고 때로는 자유롭게 흐르기 때문이다.

여름에는 하부 폭포의 거대한 물보라가 적당한 햇빛을 받아 희미하게 빛나는 물안개 속에서 선명하고 화려한 무지개다리가 굴포스 협곡을 가로지른다. 겨울에는 폭포가 주변의 얼

겨울철의 굴포스 모습

어붙은 하얀 빙하 사이로 강하고 거칠게 흐르며 웅장함을 더한다.

굴포스를 관람하는 트레일은 높은 곳에서 바라보는 위쪽 길과 폭포에 가까이 접근할 수 있는 아랫길이 있다. 하부 트레일을 따라가는 전망대에서는 굴포스를 바로 앞에서 보게 되어 폭포의 세찬 물줄기에 감동이 배가된다. 단, 겨울철에는 안전을 위해 하부 트레일이 폐쇄되기도 한다. 절벽 위의 상부 트레일의 주요 전망대에서 보면, 폭포가 깊은 협곡으로 떨어져 물줄기가 나락으로 떨어질 것이라는 착각을 일으키게 한다. 그 효과로 인해 이 폭포는 실제 높이보다 낙차가 더 커 보인다.

굴포스규푸르Gullfossgjúfur 협곡

굴포스 폭포 밑의 협곡은 길이가 약 2.5㎞에 이르고 낙차 깊이는 70m에 이른다. 이러한 깊은 협곡은 어떻게 생겼을까? 지질학자들은 마지막 빙하기가 끝날 때 주로 발생한 일명 요쿨흐뢰이프jökulhlaup가 원인이라고 말한다. 요쿨흐뢰이프는 내부의 열원이나 간빙기의 기온 상승에 의해 빙하가 녹은 물과 빙하 덩어리가 갑자기 증가해 넘쳐흐르는 빙하 홍수를 말한다. 요쿨흐뢰이프에 의해 만들어진 빙하 홍수가 단층에 의해 만들어진 골짜기를 침식하여 깊고 넓은 협곡을 형성하였다고 설명한다.

Tour

Golden Circle — minibus tour

소요 시간 8~9시간

픽업 09:00~09:30

단체 최대 18명

투어가능 계절 일 년 내내

연령 제한 4세 이상

난이도 쉬움 / 관광

가격 성인 1인당 1,190 ISK

홈페이지 https://www.extremeiceland.is/en

레이캬비크 픽업 일 년 내내 09:00 픽업 가능. 픽업에는 최대 30분이 소요

포함 레이캬비크의 호텔 또는 게스트 하우스에서 픽업 및 드롭, 모든 입장료 포함, 전문적인 가이드가 함께 하는 미니버스 투어

불포함 점심 식사 (현지 레스토랑 / 식당에서 하차)

준비물 따뜻한 옷, 튼튼한 신발, 카메라, 예약 시 하이킹 신발과 방수 의류 렌트 가능

 **Accommodation**

헤라드스콜린 부티크 호스텔 Héraðsskólinn Boutique Hostel

주소 Laugarbraut, Laugarvatn, Iceland

전화번호 +354-537-8060

홈페이지 www.heradsskolinn.is

싱그베들리르와 게이시르 중간인 뢰이가르바튼에 위치하며, 굴포스에서 38㎞ 떨어져 있다. 주변 풍경이 아름다운 곳으로 호텔 바로 옆에 지열 온천이 있다.

미니보르기르 코티지 Minniborgir Cottages

주소 Minni Borg, 801 Laugarvatn, Iceland

전화번호 +354-868-3592

홈페이지 www.minniborgir.is

굴포스에서 셀포스 사이에 위치하며 셀포스에서 차로 17분 거리에 있다. 원목으로 이루어진 캐빈 형태로 주방이 갖추어져 있다. 게이시르까지는 차로 30분이 소요된다.

 Food

스키올 카페 Skjol Cafe

주소 Kjóastaðir 801, Geysír, Haukadalur, Iceland

전화번호 +354-899-4541

홈페이지 www.skjolcamping.com

깨끗하고 친절한 음식점으로 피자와 샐러드, 생선 요리가 유명하고 다른 곳보다 가격대가 저렴하다.

영업시간 09:00~23:00

굴포스카피 에흐프 Gullfosskaffi Ehf

주소 Gullfoss, 801 Selfossi, Iceland

전화번호 +354-486-6500

홈페이지 www.gullfoss.is

굴포스 주차장에 위치한 유일한 식당인 전망 좋은 카페테리아로 전통적인 아이슬란드 양고기 수프와 초콜릿 케이크, 샌드위치가 맛있는 곳이다.

영업시간 09:00~21:30

KERID CRATER
케리드 분화구

🪧 가는길

- 레이캬비크에서 1번 도로로 셀포스까지 약 48㎞, 45분 주행한 후 셀포스에서 좌회전하여 35번 도로로 15㎞, 약 15분 주행하면 도착한다. 게이시르에서는 54㎞, 50분 소요된다.

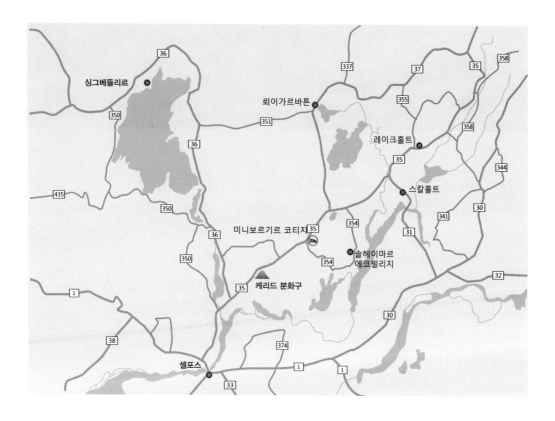

　　골든 서클의 세 지역 이외에도 이 경로를 지나다 보면 셀포스 마을 북쪽에서 케리드 분화구를 만날 수 있다. 길이 270m, 너비 170m, 깊이 55m 정도의 타원형 칼데라호로 호수 자체는 약 7~14m의 깊이로 비교적 얕은 편이다. 호수는 토양의 미네랄 때문에 불투명하지만

아름다운 아쿠아마린 색이 눈을 즐겁게 해주며 호수의 주변은 화산암으로 이루어져 있다. 분화구의 대부분은 식물이 거의 없는 가파른 벽이지만, 한쪽 벽은 완만하게 기울어지고 이 끼로 덮여 있어 사람들이 쉽게 내려갈 수 있다.

케리드 분화구를 돌면서 바닥에 깔려있는 돌들을 관찰해보면 구멍이 많고 가벼운 붉은 색의 화산쇄설물이 쌓여 있는 것을 볼 수 있다. 이러한 쇄설물을 스코리아scoria라고 부르며 스코리아로 이루어진 분화구를 스코리아 콘scoriacone이라 부른다.

케리드는 골든 서클에는 속하지 않지만, 오가는 경로에 있어서 많은 사람이 찾는다. 단, 아이슬란드에서 입장료를 받는 몇 안 되는 곳으로 성인 1명당 400 ISK인데 간이 주차시설 같은 곳에서도 입장료의 카드 결제가 가능하다는 점이 놀랍다.

날씨가 좋은 날에는 많은 사람들이 마치 공연을 관람하듯 이 언덕 위에 앉아있는 모습을 볼 수 있다. 다만 계절에 따라 그 모습이 천차만별이기 때문에 겨울철에 방문하면 황량한 얼음 호수의 모습에 당황하기 쉽다. 따라서 겨울보다는 여름철에 방문하는 것이 좋다.

SELFOSS
셀포스

가는길

• 레이캬비크에서 1번 도로를 따라 남동쪽으로 51㎞, 약 40분 정도 달리면 도착할 수 있다.

셀포스는 남부 아이슬란드에서 가장 큰 도시이자 무역 및 산업이 주요 서비스 센터로 올 푸사우Ölfusá강의 기슭에 위치하여 좋은 경관을 보여준다. 다양한 종류의 상점과 함께 다양한 레스토랑과 카페가 시내 중심부에 자리 잡고 있다. 이곳은 상업과 소규모 산업의 중심지인 작은 마을이다. 접근성이 좋고 조용하며 유지비가 저렴한 장점이 있어 최근 교통이 발전하면서 레이캬비크에 있는 산업과 거주 시설이 이 지역으로 옮겨질 것으로 기대되고 있다.

올푸사우강은 아이슬란드에서 가장 큰 강으로 마을을 가로질러 흐르는데, 1891년 여름 최초의 현수교가 강 위에 지어져 아이슬란드의 기반 시설의 획기적인 발전을 이루었고 무역 및 산업의 성공적인 서비스 센터로서 도시의 시작을 알렸다. 이 다리는 1944년 붕괴되었고 1945년 새롭게 건축되어 지금까지 이용되고 있다.

셀포스에서는 8월 초에 '썸 인 어 셀포스 Sum in a Selfoss'라고 불리는 연례 축제를 개최한다. 지역 주민들은 컬러 리본으로 정원을 장식하며 도서관에서는 뮤지션과 마술이 있는 축제가 열리고, 저녁에는 모닥불을 피우고 불꽃놀이가 열린다.

아이러니하게도 아이슬란드어로 폭포를 뜻하는 'foss'라는 이름을 가졌음에도 불구하고 이 마을에는 폭포가 존재하지 않는다. 그러므로 아이슬란드 북부에 있는 유명한 셀포스 폭포와 이름은 같지만 헷갈리지 말자.

시에르스타이디르 흐뢰인보들라르 Sérstæðir Hraunbollar

셀포스 쪽 다리 건너 강둑에는 아이슬란드 자연 보전 등록부에 등록된 재미있는 지질학적 형태가 있다. 지름 2m의 작은 원형 구멍 모양의 특이한 형태를 볼 수 있다.

이것들은 어떻게 형성되었을까?
① 용융된 용암에서 분출된 거대한 가스가 모여 큰 거품을 만들었다.
② 가스가 팽창하지만, 가스 거품이 터지기 전에 거품의 표면과 벽이 식기 시작한다.
③ 가스를 포함한 거품의 얇았던 용암 껍질이 부서지고 현재 원형의 항아리로 남게 되었다.

약 8,700년 전에 엄청난 용암이 이 지역을 강타했다. 이것은 지난 빙하 시대 이후로 지구에서 가장 큰 규모의 용암 흐름 중 하나였다. 용암은 매우 뜨겁고 유동성이 커서 이동 거리가 최소한 140㎞였고 용암의 부피는 25㎦였다. 이 용암에서 온 가스 거품들이 이러한 특이구조를 형성했다고 볼 수 있다.

 **Accommodation**

벨라 아파트먼트 Bella Apartment

주소 35, Austurvegur, 800 Selfoss, Iceland
전화번호 +354-859-6162
홈페이지 www.bellahotel.is

최대 7인까지 머무를 수 있는 넓고 가성비 좋은 아
파트형 숙소로 세탁기와 건조기가 갖추어져 있으며,
조식의 질도 좋다.

호텔 셀포스 Hotel Selfoss

주소 Eyravegur, 800 Selfoss, Iceland
전화번호 +354-480-2500
홈페이지 www.hotelselfoss.is

셀포스의 올프사우강가에 위치한 셀포스 호텔은 영
화관과 스파 공간을 갖추고 있으며, 강이 내려다보
이는 리버사이드 레스토랑이 있다.

Food

트리기바스카우리 Tryggvaskáli
주소 Tryggvatorg, Selfoss, Iceland
전화번호 +354-482-1390
홈페이지 www.tryggvaskali.is
트리기바스카우리 레스토랑은 1890년에 지어진 셀
포스의 가장 오래된 집 중 하나이다. 현지 농산물을
많이 사용하며 해산물, 특히 연어류의 음식을 주로
취급한다.
영업시간 11:30~23:00

카피 크루스 Kaffi Krús
주소 Austurvegur, Selfoss, Iceland
전화번호 +354-482-1266
홈페이지 www.kaffikrus.is
중심가 대형마트인 크로난 옆의 노란색 건물로 신선
한 생선, 케이크, 얇은 크러스트 피자 등이 주 메뉴
이다. 여름철에는 야외 테라스에서 와인 또는 커피
를 즐길 수 있다.
영업시간 08:30~20:00

SELJALANDSFOSS
셀리아란드스포스

🪧 가는길

- 셀포스에서 1번 도로를 타고 남부 방향으로 71km 거리를 1시간 정도 주행하면 셀리아란드스
  포스에 도착한다.
- 레이캬비크에서 출발하면 49번 도로를 따라 동쪽으로 이동하다가 우회전하여 1번 도로를
  타고 셀포스를 지나 249번 도로로 좌회전하면 오른쪽에 셀리아란드스포스와 주차장이 나
  타난다. 약 1시간 40분 정도 달리면 도착하는데 거리는 총 121km 정도이다.
- 버스로는 6월 초부터 9월 초까지 레이캬비크 터미널에서 스카프타페들Skaftafell까지 운행하는
  레이캬비크의 20/20a 버스가 셀리아란드스포스와 스코가르Skogar 캠핑장, 호텔에 정차한다.
  또한 레야캬비크에서 호픈Höfn까지 운행하는 스터나Sterna의 12/12a 버스도 셀리아란드스포스
  와 스코가르 캠핑장에 정차한다.

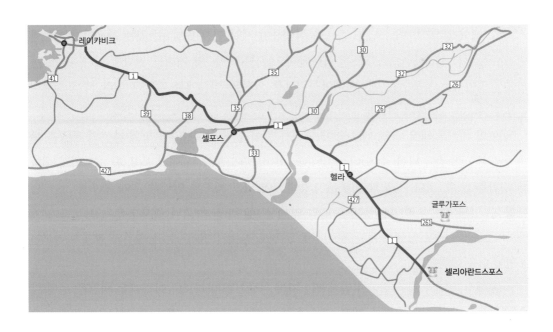

셀리아란드스포스

수도 레이캬비크를 떠나 남부 쪽으로 여행하며 제일 먼저 만날 수 있는 폭포가 셀리아란드스포스이다. 셀리아란드스포스는 에이야피요들산_{Eyjafjöll Mt.}의 거대한 절벽에 있다. 60m 높이에서 떨어지는 폭포수는 에이야피아들라요쿨 화산의 빙하에서 기원한 셀리아란드스강의 일부로 거대한 절벽에서 아래로 물이 떨어지며 작은 풀^{Pool}을 만들어 놓았다.

이곳의 매력은 바로 폭포 뒤로 걸어 들어가 물이 떨어지는 광경과 함께 바깥의 풍경을 보며 반대편으로 걸어 나올 수 있다는 것이다. 아이슬란드에 있는 여러 폭포 중 유일하게 색다른 경험을 할 수 있다. 폭포의 윗부분이 돌출되어 있고 폭포의 아래쪽 뒤에 폭포를 360° 돌아볼 수 있는 작은 길이 나 있다. 폭포의 안에서 바라보면 녹색의 평지가 펼쳐지고 그 앞에 바다가 보인다. 폭포 앞에서 보는 것보다 폭포 뒤로 들어가 떨어지는 물줄기와 함께 바라보는 풍경이 더욱 아름답다.

이곳에서는 해가 질 무렵이면 앞에 떨어지는 물줄기를 바라보며 아름다운 석양을 눈에 담을 수 있다. 밤이 되면 환하게 빛을 내는 물줄기 사이로 보이는 별과 오로라는 폭포를 더욱 아름답게 만든다. 단, 폭포를 둘러보는 길은 폭포수가 떨어지며 바람에 흩날려 젖어 있어 매우 미끄러우니 해가 지고 어둠이 드리워지면 더욱 조심해야 한다. 또한, 폭포의 오른쪽에서 들어가 왼쪽으로 돌아 나오는 길은 물에 몸이 살짝 젖는 정도가 아니고 흠뻑 젖기 때문에 우비나 방수가 되는 고어텍스류와 같은 옷이 필요하다. 만약 겨울이라면 계단이 얼어있을 수 있어 폭포 옆으로 걷는 것이 어려울 수 있지만, 폭포로 인해 물보라가 생기고 튄 물방울들이 동글동글하게 얼어 폭포 옆에 가득 쌓여있는 듯한 모습을 볼 수도 있다.

근처에서는 캠핑이나 패러글라이딩 등을 할 수도 있는데 가능한 한 빨리 예약을 해야 한다.

 Tip

◦ 폭포 주변에 조그만 화장실이 있는데 이용은 무료이나 꽤 더러운 편이다.

◦ 시간과 날씨에 따라 더 멋있는 장면을 볼 수 있는 곳이다. 특히 해가 질 무렵의 전경이 아름답다.

◦ 폭포에서 떨어지는 물로 인해 물이 튀고 옷이 젖는 것을 각오해야 한다. 우산은 바람 때문에 소용이 없으니 우비나 방수용 의류는 필수다.

글류프라뷔Gljúfrabúi

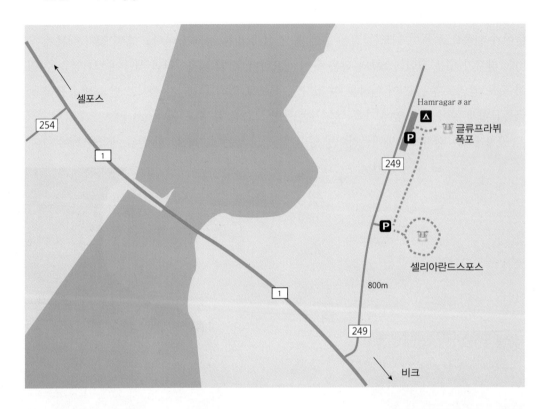

글류프라뷔는 셀리아란드스포스와 함께 절대 놓치지 말아야 할 폭포 중의 하나로 에이야피아들라요쿨 빙하에서 기원한 메인 링로드와 가까운 곳에 위치하면서 소르스모르크Thórsmörk로 이끄는 길에 놓여있다. 글류프라뷔는 셀리아란드스포스를 등지고 오른쪽으로 5분 정도 가면 볼 수 있다. 그러나 길에 따라 사유지를 지나가야 하기도 하므로 잘 찾아가야 한다. 다행히 안내판이 잘 되어있으니 셀리아란드스포스에서 북쪽으로 걸어 올라가보자. 이곳에는 남부 폭포 근처 여러 곳도 그러하듯 캠핑족들이 많이 있다.

이곳은 카틀라 지질공원Katla Geopark으로 선정된 곳으로 글류프라강에서 떨어져 내려와 트로들라길Tröllagil 캐니언의 북쪽에서 기원한 것이다. 폭포의 기원은 작은 샘에서 물을 공급받는데 근처 셀리아란드사우Seljalandsá강에 비하면 규모가 작다.

글류프라뷔의 입구는 좁은 통로로 들어가는 길로 마치 다른 세계로 가는 것처럼 신비로운 느낌이 든다. 다른 세계를 탐험하는 느낌이 들기도 하는데, 수량이 많으면 안으로 들어갈 때 신발이 젖을 수 있다. 수량이 적을 때에도 크고 작은 돌덩이들이 놓인 징검다리를 이용해

간신히 들어갈 정도이니 이곳에 갈 때는 신발이 젖을 것을 각오해야 한다. 이곳에는 떨어지는 폭포를 배경으로 바위 위에 올라가 기념사진을 남길 수 있는 포인트가 있는데 그곳에 서 있으면 흩날리는 폭포수에 옷이 다 젖고 바닥이 미끄러우니 조심해야 한다.

40m 높이를 자랑하는 글류프라뷔의 신비한 점은 폭포 너머에 있다. 깊은 틈으로 물이 떨어지는데 폭포의 앞에 팔라고나이트* 암석이 폭포를 가리고 있어서 가장 윗부분만 볼 수 있다는 것이다. 이전에 사람들은 이것과 절벽을 둘러싼 것이 '숨어있는 사람들'Huldufólk**의 거주지였던 것으로 믿었다. 프란스카네프를 타고 올라가거나 위에서 폭포를 내려다보는 것도 가능하다. 위험한 구역들은 체인으로 구분했지만, 윗부분까지 오르기 힘든 길이므로 매우 주의해야 한다. 5~10분 정도 올라가서 사다리를 타고 올라가면 폭포를 위에서 볼 수도 있다. 그러나 사다리 끝까지 올라가면 절벽의 낭떠러지이고 낙석의 위험이 있으므로 항상 주의해야 한다.

글류프라뷔의 입구

안으로 들어가면 보이는 모습

* **팔라고나이트**Palagonite 화산재 위의 물의 영향에 의해 생긴 현무암과 비슷한 암석

** **숨어있는 사람들**Huldufólk 신화 속의 요정 엘프를 'Huldufólk'라고 부르며 아이슬란드에서는 실제 존재한다고 믿는 사람들이 꽤 있다.

Tour

슈퍼 지프 투어SUPER JEEP TOUR – SOUTH COAST ADVENTURE

솔헤이마산두르 비행기 잔해

북극 퍼핀 Arctic Puffin

슈퍼 지프 투어는 검은 해변, 빙하들과 폭포들을 둘러보는 종일 투어이다. 끝이 보이지 않을 만큼 길게 펼쳐진 검은 해변과 각종 야생동물, 폭포들과 빙하 등 아름다운 남부를 둘러볼 수 있는 투어이다. 스코가포스, 셀리아란드스포스, 솔헤이마산두르, 미르달스요쿨, 디르홀라이, 레이니스피아라를 둘러볼 수 있다. 퍼핀(PUFFIN; 바다오리)은 매년 4월 초에서 9월 초까지 이곳에서 볼 수 있다.

픽업은 크베라게르디Hveragerði, 셀포스Selfoss, 헤들라Hella, 크볼스보들루르Hvolsvöllur나 이 부근의 여러 호텔에서 가능하다.

가격 한 차당 1~6명 탑승 가능하며 숙소에서 픽업은 무료로 총 119,900 ISK(1인당 금액이 아닌 총금액임)

주의사항 카메라, 따뜻한 옷, 우비, 튼튼한 신발은 모든 투어에서 필수이며, 예약취소는 반드시 출발 12시간 이전에 해야 한다. 예약 후 취소하지 않고 나타나지 않으면 환불이 어렵다.

예약 홈페이지 www.intothewild.is/southcoast/#aboutTrip

이메일 info@intothewild.is

전화번호 +354-866-3301

 **Accommodation**

함라가르다르 캠핑장 Hamragarðar Camping Ground

주소 Road 249 (Next to Seljalandsfoss)

전화번호 +354-866-7532

홈페이지 southadventure.is/

이메일 info@southadventure.is

셀리아란드스포스와 글류프라뷔에서 매우 가까운 거리에 있고 에이야피아들라요쿨 아래에서 캠핑하며 아름다운 자연을 가장 가까이서 볼 수 있다.

참고사항 화장실, 조리실, 샤워실, 세탁실 등 편의 시설이 있고 온수 사용도 가능하다.

대상	금액
어른	1,300 ISK
노약자 및 장애우	1,000 ISK
12세 이하	무료
전기	1,000 ISK per 24 hours
샤워	300 ISK for each time
세탁 및 세제 사용	500 ISK
와이파이 (Wi-Fi)	무료

에이스트라 셀리아란드 캠핑장 Eystra Seljaland Camping Site

주소 Eystra Seljaland 861 Hvolsvöllur

전화번호 +3548941595

홈페이지 http://tjalda.is/en/seljaland

에이야피오를산 아래에 놓여있는 캠핑장으로 웨스트만 섬들을 너머로 볼 수 있으며, 산을 올려다볼 수도 있는 전경을 지닌 곳이다. 셀리아란드스포스나 에이야피아들라요쿨 빙하 등 다양한 명소와 가까운 곳에 있다.

대상	금액
어른	1,200 ISK
어린이, 10세 이하	무료
전기	1,000 ISK per 24 hours
샤워	300 ISK for each time
세탁 및 세제 사용	500 ISK
와이파이 (Wi-Fi)	무료

폭포의 생성과정

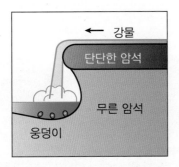

❶ 폭포는 대개 단단한 암석이 보다 무른 암석 위를 덮고 있는 곳에서 형성되는데, 강물이 무른 암석을 침식시키며 작은 단을 형성한다. (강물 바닥이 단단한 암석이 아니라면 폭포는 생성되지 않음)

❷ 단 아래로 떨어지는 물은 무른 암석을 더욱 빠르게 침식시키며 웅덩이를 형성한다. (지층의 단단한 정도가 다른 암석층이 교대로 쌓여있어야 한다.)

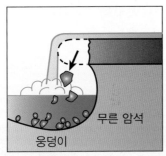

❸ 낙하하는 물은 두 가지 작용을 하며 폭포를 만든다.
 ① 폭포의 끝자락을 받치고 있던 단단한 암석을 붕괴시킨다.
 ② 웅덩이 바닥의 돌들이 아래로 떨어지는 물의 압력에 의해 웅덩이 바닥을 침식시키며 웅덩이를 더욱 깊고 크게 만들고, 낙차를 더욱 크게 만든다.

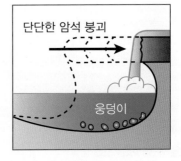

❹ 이렇게 침식 작용이 계속적으로 진행되면 위쪽의 단단한 암석이 또다시 붕괴를 일으키고, 폭포의 위치가 시간이 지남에 따라 점점 뒤로 후퇴하게 된다.

이러한 원리로 셀리아란드스포스는 단단한 정도가 다른 두 지층의 차별 침식에 의해 생성되었다. 위층의 단단한 암석보다 상대적으로 아래의 무른 암석이 폭포에 의해 침식이 많이 일어나 폭포수 뒤로 둥그런 트레일이 생긴 것이다.

EYJAFJALLAJÖKULL ERUPTS
에이야피아들라요쿨
화산분출

🪧 가는길

• 셀리아란드스포스에서 249번 도로를 타고 남쪽으로 내려오다 좌회전하여 1번 도로를 따라 남동쪽으로 향한다. 약 20㎞ 정도 떨어져있는 가까운 거리로 15분 정도가 걸린다.

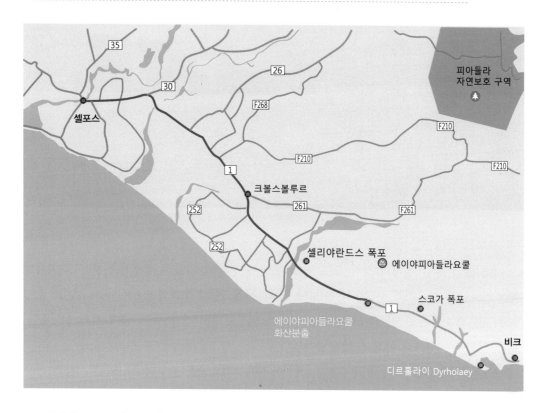

　　에이야피아들라요쿨의 바로 아래에 살고 있는 농부들은 항상 그 화산을 자고 있는 거인과 같다고 여겼다. 화산 폭발에 대한 이야기들은 과거 전설과 같이 전해졌다.

　　2010년 4월 14일 오전 1시쯤 아이슬란드의 남쪽 에이야피아들라요쿨에서 화산 폭발이 일어났다. 화산재가 섞인 구름대가 남동쪽으로 이동함에 따라 노르웨이, 핀란드, 스웨덴, 덴마크 등 북유럽 주요 공항의 항공기 운항이 전면 금지되었다.

2010년 에이야피아들라요쿨 분출 시 모습. (출처 https://www.resolver.co.uk/)

이에 따라 수만 명이 갑자기 오도 가도 못하는 상황이 되었고 세계의 언론은 화산폭발 관련 기사들을 보도하기 시작했다. 이보다 한 달 전인 3월에 분화했을 당시에는 용암을 많이 분출하였고, 4월 분화 시에는 대량의 화산재가 발생해 화산재가 쌓여 산이 검게 뒤덮였다. 그 후 분화는 멎었으나 아직 흔적이 남아있다.

현재는 언제 그런 일이 있었냐는 듯 에이야피아들라요쿨을 뒤로한 채, 빨간 지붕의 건물이 눈에 띄는 조용하면서 평화로움이 감도는 곳이다. 이곳에는 화산 폭발 당시의 생생한 사진을 보며 그때 상황을 느껴볼 수 있는 방문자 센터가 있다.

현재의 에이야피아들라요쿨 모습

🔍 **Tour**

에이야피아들라요쿨 화산 방문자센터

소르발드세이리[Thorvaldseyri] 방문자 센터는 에이야피 아들라요쿨 분출이 시작된 1년 뒤인 2011년 4월 14일에 개관하였다. 화산 아래에 있어 방문객들은 그들의 어깨 너머로 큰 화산 폭발의 위엄이 어느 정도인지를 가늠해볼 수 있다. 영상관에서는 소르발드세이리 농가가 맞닥뜨리게 된 상황에 대한 20분짜리의 짧은 영상을 볼 수 있다. 단체 관광객들의 경우 미리 예약하면 그들의 관람시간에 맞추어 영상물을 볼 수 있다.

위치 1번 링로드에 위치하며 레이캬비크의 동쪽에서 약 140km 정도 떨어져 있으며 스코가르에서 10km 정도 서쪽에 위치한다.

주소 Thorvaldseyri, 861 Hvolsvöllur

전화번호 +354-487-5757

홈페이지 www.icelanderupts.is

이메일 info@icelanderupts.is

가격 성인 850 ISK($7 / €6 / £5), 12세 미만의 어린이는 무료이며 단체는 특별 할인이 있다.

운영시간

기간	운영시간
5월 1일~5월 31일	10:00~16:00
6월 1일~8월 31일	9:00~18:00
9월 1일~9월 30일	10:00~16:00
10월 1일~4월 30일	11:00~16:00

주말, 크리스마스, 새해, 부활절에는 운영하지 않으며 단체 관광객들은 반드시 사전에 예약을 해두어야 한다.
10월 1일부터 4월 30일까지 주말에는 문을 닫는다는 것을 알아두자.

 Food

감라 피오시드 Gamla fjosid

주소 Hvassafell, Hvolsvollur 861, Iceland

전화번호 +354-487-7788

홈페이지 http://www.gamlafjosid.is/

에이야피아들라요쿨에서 1.7㎞ 떨어진 거리에 있다. 수프, 스테이크, 버거, 랍스터 등 다양한 음식을 즐길 수 있으며 가격대도 990 ISK부터 메인 요리는 6,920 ISK까지 다양하다.

에이야피아들라요쿨의 지질학적 분화 역사

에이야피아들라요쿨은 성층화산으로 용암이 동서방향으로 흘렀으며 현무암질과 안산암질 용암으로 이루어져 있다. 열극 분출구는 동쪽과 서쪽 양 쪽에서 나타나지만 주로 서쪽에 위치한다.

에이야피아들라요쿨은 항공 대란이 일어나며 전 세계적으로 유명해졌지만, 그 전까지는 이 화산보다는 '성난 자매들'로 알려진 카틀라와 헤클라 쌍둥이 화산이 유명했다. 활화산인 카틀라는 930년 이후 16차례나 폭발했고 1755년 격렬한 폭발로 화산재가 스코틀랜드까지 날아가 쌓였다. 1918년에는 미르달스요쿨Mýrdalsjökull 빙하의 얼음을 산산 조각내 날려 보냈고 폭발로 인해 녹아내린 빙하가 아마존강, 나일강, 미시시피강의 수량을 합친 정도의 엄청난 홍수를 발생시키기도 했다.

2017년 7월 남부에서 찍은 에이야피아들라요쿨 파노라마

▶ 1821년부터 1823년의 분화

1821년 12월 19일과 20일에 분화가 시작되어 그 후 며칠 동안 연쇄적으로 분화가 나타나 남쪽과 서쪽으로 화산 주위 지역에 화산재 퇴적물들이 쌓였다. 그 후 1822년 7월까지 분화가 계속되었다. 분출 기둥은 꽤 높아서 화산재와 함께 마을에서 꽤 떨어진 북쪽 지역과 레이캬비크 근처의 셀탸르나르네스Seltjarnarnes반도에까지 영향을 주었다.

1823년 초 미르달스요쿨의 만년설 아래에 있는 카틀라 화산 근처에서 폭발이 일어났고 동시에 에이야피아들라요쿨의 정상부 위까지 증기 기둥이 나타났다.

▶ 2010년의 분화

2010년 4월, 거의 3,000번의 작은 지진이 화산 주변에서 감지되었고 전부 진원이 7~10㎞ 아래에서 발생한 것이었다. 에이야피아들라요쿨의 지각 아래 마그마 체임버에서 쏟아져 나오는 마그마의 증기압력이 농장에 큰 지각변동을 일으켰고, 지진 활동은 3월 3일~5일부터 증가되기 시작했으며 거의 3,000번에 가까운 지진이 화산의 진원지에서 발생한 것으로 기록되었다.

2010년 3월 27일 핌뵈르두하울스 분출

첫 번째 분화 때는 빙하 아래에서 아무 일도 일어나지 않았고 지질학자들이 예측한 것보다 다소 작은 규모였다. 열극*이 핌뵈르두하울스의 북쪽으로 열림에 따라 용암은 스코가, 남부 그리고 소르스모르크 사이를 연결하는 유명한 하이킹 트레일을 직접적으로 관통하게 되었고 북부로 향했다.

2010년 4월 17일 에이야피아들라요쿨의 분화 모습

두 번째 분화로 대기권의 수 킬로미터 높이까지 화산재가 치솟아 올랐으며 4월 15일부터 21일까지 6일 동안 북서쪽 유럽에서의 항공편이 결항되었고, 다시 2010년 5월 유럽 대부분의 항공편이 폐쇄되었다. 또한 폭발로 인해 심한 뇌우가 발생하였고 화산은 매일 몇 번의 지진을 계속 발생시켰다. 2010년 8월에서야 비로소 에이야피아들라요쿨 화산이 휴면기에 들어갔다.

---

* **열극**Fissure 파단면 양측이 서로 벌어져 틈이 생긴 것으로 암석이 강도를 넘는 힘을 받으면 파괴되며 갈라진 틈을 따라 마그마가 분출하기도 한다.

Science Plus

아이슬란드의 화산

아이슬란드에는 얼마나 많은 화산들이 있을까? 가장 큰 폭발은 언제 있었고, 또 혹시라도 폭발로 인해 다친 사람은 없었을까?

아이슬란드는 대서양 중앙 해령 위에 위치해 있기 때문에 많은 활화산과 휴화산들이 있다.(약 130여 개) 이 나라는 사실상 두 개의 판 사이에 있기 때문에 섬 전체를 통틀어 30개의 활화산이 활동하고 있다.

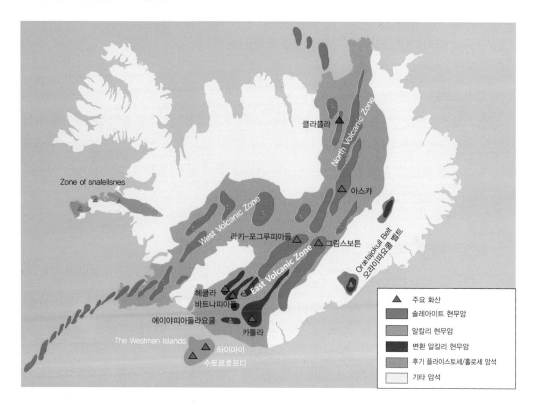

2010년 3월 20일과 4월 14일 두 차례에 걸쳐 폭발해서 유럽에 항공 대란을 일으켰던 에이야피아들라요쿨Eyjafjallajökull 화산은 들어보았을 것이다. 화산폭발지수(VEI) 4를 기록한 4월의 폭발은 0.11㎦의 다량의 화산재를 분출하였고, 이 화산재가 대서양 상공 11㎞까지 올라간 뒤, 바람을 타고 유럽 상공을 뒤덮었다. 이에 따라 두 달 가까이 항공기 10만여 편의 운항이 차질을 빚었고 승객 800만 명의 발이 묶이는 등 유럽 전역에 극심한 항공 대란이 일어난 바 있다.

그러나 과거에 있었던 아이슬란드의 가장 큰 화산 분출과 비교하면 이 정도는 말 그대로 빙산의 일각에 불과하다. 아이슬란드 남쪽에는 에이야피아들라요쿨이 있는데, 아이슬란드에서 가장 위험한 화산인 카틀라Katla 화산 옆에 있다.

가장 최근에 일어난 큰 화산 폭발은 2014년 8월에서 2015년 3월 사이에 있었던 바트나요쿨 빙하 북쪽 내륙지방인 바르다르붕가Bardarbunga의 홀루흐뢰인Holuhraun에서 일어났다.

참고로 재미있는 점은 아이슬란드의 대부분의 화산들이 여자 이름(헤클라, 카틀라, 아스캬Askja 등…)을 가지고 있다는 점이다. 또한 아직까지는 아이슬란드에서 직접적으로 용암에 의해 화산 피해를 입어 사망한 사람은 없다고 한다.

지금부터 아이슬란드의 '치명'적인 화산들을 만나보자.

▶ 그림스보튼 화산Grímsvötn

그림스보튼 화산은 아이슬란드에 존재하는 30개의 활화산 중 가장 불안정하다. 이 화산체는 아이슬란드 남동쪽 바트나요쿨 빙하 지대에 있는 호수에 잠겨있어 표면에서는 보이지 않는다. 그렇기 때문에 분화 시에는 순식간에 얼음을 녹여 물과 접하기 때문에 빠르고 거대하게 폭발하며 엄청난 화산재 구름을 뿜어낸다.

▶ 스카프타우렐다르Skaftáreldar : 스카프타의 불

아이슬란드 역사상 가장 치명적인 분화는 스카프타우렐다르에서 1783~1784년 발생했다. 분화는 라카기가르Lakagígar(라키의 분화구)라는 한 무리의 분화구에서 발생했으며 그림스보튼 화산체의 일부에서 일어났다. 이 분화구들은 바트나요쿨 빙하의 북쪽을 녹였다.

당시 약 4분의 1가량의 아이슬란드 인구(9,350명 가량)가 이 라카기가르 분화로 인해 사망했다. 용암의 직접적인 접촉으로 인해서가 아니라 간접적 요인들 즉, 기후 변화와 화산재의 독성 성분으로 인한 가축들의 폐사 등이 주된 요인이었다. 50%의 아이슬란드의 가축들이 죽었고 나라 전체가 기근에 휩싸였다.

화산 폭발의 후폭풍은 전 세계에 영향을 주었다. 지구 기온이 떨어지고 북반구 전체에 이산화황이 퍼져 나갔다. 이로 인해 유럽의 작물들이 잘 자라지 못했고 인도에서는 가뭄이 발생했다. 전 세계적으로 이 화산 폭발로 인해 약 6백만 명의 사람들이 사망했다고 추정된다. 아이슬란드 역사상 가장 무서운 화산이었다.

1783년의 라카기가르 분화는 단일 분화 사상 가장 많은 용암을 분출했을 뿐만 아니라 가장 치명적이었던 분화로 여겨진다. 그러나 라카기가르 주변 지역은 숨이 멎을 정도로 아름다운 경관을 자랑하는데, 라카기가르에서 스카프타페들로 가는 트레킹 투어를 한다면 이 화산을 만나볼 수 있다.

▶ 헤클라 화산 Hekla volcano

헤클라는 레이캬비크에서 차로 2시간 거리인 아이슬란드 남서쪽에 위치해 있다. 헤클라 화산은 아이슬란드에서 가장 유명한 활화산으로 중세 시대에 이 화산은 '지옥으로 통하는 관문'으로 불렸다.

헤클라 화산의 분화는 변화가 심하고 예측이 어려운데 며칠 동안 지속되는 경우도 있고 수년간 지속되는 경우도 있다. 일반적으로는 헤클라 화산이 오랫동안 분출이 없을수록 더 크고 더 피해를 주는 화산 폭발이 일어난다고 여긴다. 사실 아이슬란드에 874년에 처음으로 정착민이 온 뒤로 헤클라 화산은 9년에서 121년 간격으로 20번 이상 분화했다.

가장 큰 폭발은 1104년에 있었는데, 아무런 징조도 없이 갑자기 분출하여 엄청난 양의 분출물들을 내뿜었다. 헤클라 화산의 폭발 중 가장 파괴력이 큰 폭발은 1693년 발생했는데, 화산 분출물들이 화산재 폭풍과 쓰나미를 일으켜 수많은 농장들이 파괴되고 야생동물들도 많이 사라졌다. 헤클라 화산은 1845년 전까지 약 60년 이상은 휴화산 상태로 있다가 갑자기 엄청난 기세로 폭발하였다. 국토 전체에 독성 화산재를 흩뿌렸고 수많은 가축들이 죽었다. 가장 최근의 폭발은 2000년 2월 26일에 있었지만, 피해는 크지 않았다.

이 헤클라 화산은 란드만날뢰이가르 Landmannalaugar 트레킹을 한다면 만날 수 있다.

▶ 카틀라 화산 Katla volcano

카틀라 화산은 아이슬란드에서 위험한 화산들 중 하나로 손꼽힌다. 아이슬란드 남쪽 미르달스요쿨빙하 안에 있는 이 화산은 분출 시 용암이 빙하를 녹여 무서운 빙하 강 홍수를 일으켜 많은 집들과 농장들을 파괴시킬 수 있다.

카틀라 화산은 930년에서 1918년 사이에 13~95년 정도의 간격을 두고 약 20번 가량 분화했다. 최근에 있었던 큰 폭발은 1918년에 있었지만, 화산학자들은 곧 큰 폭발이 한 번 더 올 것이라 말한다. 역사상 기록들에 미루어 보면 분명 큰 재난이 될 것이다. 대부분의 화산 폭발들은 빙하 홍수로 이어졌는데, 934년에 있었던 큰 규모의 균열 분출은 지난 만 년 동안 가장 큰 용암 분출이었다.

1974년에 아이슬란드 링로드가 건설되기 전에는 사람들이 아이슬란드 남부 평야지방의 카틀라 화산 앞을 지나기를 무서워했다. 잦은 빙하 방출과 깊은 강을 건너야 했기 때문인데, 1918년에 있었던 빙하 방출은 특히나 더 위험했다.

카틀라 화산은 쉽게 접근하기 어려워 등산을 해서 올라가거나 헬리콥터를 타고 접근해야 한다. 남부의 1번 링로드를 타고 레이캬비크에서 2시간 반 가량 달려 스코가포스에 닿은 뒤에, 스코가포스에서 소르스모르크Thórsmörk 쪽으로 하이킹을 하다보면 핌보르두하울스Fim-mvörðuháls라 불리는 길이 나오는데, 그 길을 가면서 카틀라 화산의 경치를 감상할 수 있다.

SKÓGAFOSS
스코가포스

가는길

• 에이야피아들라요쿨에서 1번 도로를 따라 8.5㎞ 이동하여 좌회전하면 스코가르 도로가 나오고 다시 좌회전하여 스코가포스 방면으로 가면 주차장이 나온다. 약 9.9㎞ 떨어져 있어 10분 정도가 소요된다.

• 셀리아란드스포스에서 스코가포스까지는 29㎞ 거리로 25분 정도 소요된다.

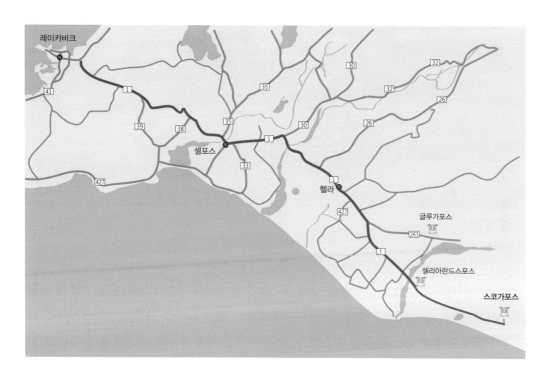

    스코가포스는 레이캬비크에서 바트나요쿨 쪽으로 해안선을 따라 150㎞ 지점에 자리한 절벽에 있다. 스코가르Skógar 마을과 인접해 있는 폭포로 높이가 약 62m이며, 떨어지면서 생기는 많은 물보라로 인해 맑은 날에는 폭포 위에 펼쳐진 무지개를 볼 수도 있다.

　　스코가 강물은 에이야피아들라요쿨에서 녹은 물로 25m의 너비로 엄청난 양의 물이 떨어진다. 가까이 갈 수는 있지만 수량이 많아 여기저기 물보라가 생기며, 떨어지는 소리가 시원하고 크게 들려 귀가 먹먹해지는 기분이 들기도 한다. 폭포 뒤쪽을 잘 보면 셀리아란드스포스처럼 뒤에 동굴과 같은 공간이 있는데, 전설에 따르면 이곳에 최초로 정착했던 사람이 보물을 묻었고 그 후에 몇몇이 보물을 찾으러 갔다가 보물 상자 손잡이만을 겨우 빼내서 왔다고 한다. 스코가포스 부근에 스코가르 민속 박물관에 그 손잡이가 전시되어 있다.

　　폭포 아래에 있는 강에는 많은 연어와 곤들매기류Char가 서식하고 있어 7월부터 10월에는 낚시꾼들을 종종 볼 수 있다. 폭포의 꼭대기로 가는 길에는 강의 상류를 따라 여러 폭포가 계속되는데 이는 아름다운 장관을 이룬다.

　스코가포스를 정면으로 보면, 오른쪽 옆으로 계단이 나 있고, 약 30분 정도 계단을 따라 올라가면 스코가포스를 내려다볼 수 있는 전망대가 있다. 높이가 꽤 높아서 올라가는 길이 무섭기도 하지만 옆에 난간이 설치되어 있어 잡고 올라가면 된다. 하지만 올라가는 중에 난간이 한쪽에만 있는 곳도 있어 긴장을 풀어서는 안 된다. 올라가다 보면 중간 지점에 왼쪽으로 좁은 길이 나 있는데 이 길을 따라가면 폭포의 물이 위에서 아래 웅덩이로 떨어지는 전체 모습을 한눈에 볼 수 있는 곳이 나온다.

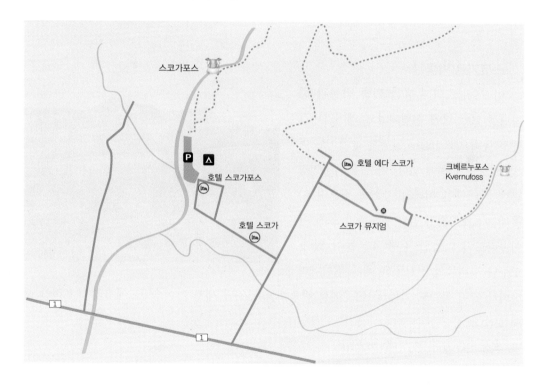

　이곳이 스코가포스를 가장 시원하게 볼 수 있는 뷰라고 할 수도 있는데 전망대에서는 약간 가려지는 부분이 있어 전체적으로 보기에 아쉬움이 조금 남는다. 단, 이곳까지 가는 길에는 별다른 표지판이 없어 계단 길을 따라 올라가기만 하다 보면 옆에 좁은 샛길이 나 있는 것을 놓칠 수 있다. 꼭 그 길을 따라가 스코가포스의 또 다른 모습을 즐겨보자. 또한, 위험한 곳도 있으니 특히 주의해야 한다.

　전망대에 올라서면 스코가포스 주변의 전경과 폭포 안으로 둥지를 튼 새들의 서식지까지 볼 수 있고 탁 트인 시야에 가슴까지 뻥 뚫린 듯한 기분이 들 것이다. 뒤돌아보아도 넓은 평야로 이루어져 있어 사방으로 시원한 기분이 든다.

스코가르는 아름다운 풍경으로 둘러싸여 있어 여름철 휴양지로 유명하다. 그 아름다움에 숨이 턱 막힐만한 스코가포스 폭포가 있고 그 주변에 여름철 스코가르의 매력이라 할 수 있는 눈으로 뒤덮인 두 개의 높은 빙하가 있다.

외곽이나 서부 스코가르 지역은 이트리-스코가르^{Ytri-Skógar}, 동쪽의 스코가르는 에이스트리-스코가르^{Eystri-Skógar}라고 불린다. 두 지역은 얼마 떨어져 있지 않은데 이트리-스코가르가 흔히 스코가르라고 불리는 지역이며 주된 마을이다. 1980년부터 교회가 있었으며 매우 오래된 농장이 있다.

스코가르 박물관 Skógar Museum

아이슬란드의 훌륭한 민속 박물관 중 하나로 1949년에 설립되었고 레이캬비크에서 동쪽으로 150km 떨어진 곳에 있으며 1번 링로드 근처에 있다. 아름다운 자연경관에 둘러싸인 이례적 장소에 있으며 이곳에는 6,000점이 넘는 전시품과 초기 아이슬란드의 다양한 주택 표본들이 있다. 도구나 장비들의 전시품은 매우 뛰어나며

잔디가 깔린 농가도 있는데, 이곳에서 관광객들은 지난 세기 아이슬란드에서의 대표적인 삶의 모습을 경험할 수 있다.

주소 Skógum, 861 Hvolsvöllur

전화번호 +354-487-8845

홈페이지 www.skogasafn.is

Tour

핌보르두하울스하이킹 Fimmvörðuháls Day Hike

트레일은 스코가포스에서 시작해서 소르스모르크까지 연결된다. 핌보르두하울스에 있었던 2010년의 폭발로 인한 최근의 용암류들을 볼 수 있고 모디^{Móði}와 마그니^{Magni}로 불리는 두 개의 분화구를 걸어볼 수 있다.

트레일 옆에는 스코가 강을 따라 흐르는 물이 크고 작은 폭포를 이루고, 아기자기한 모습이 지루함을 사라지게 한다. 트레일은 에이야피아들라요쿨과 미르달스요쿨 빙하 사이로 계속 이어져 소르스모르크까지 연결된다. 그 중간에는 2개의 산장이 있어 잠을 잘 수도 있다. 빙하 사이를 가는 길로 난이도가 제법 있는 편이며 날씨의 영향을 많이 받는다. 소르스모르크에서는 란드만날뢰이가르^{Landmannal-augar}까지 갈 수 있는 뢰이가베구르^{Laugavegur} 하이킹이 시작된다.

소요시간 약 11시간
챙겨야할 것 따뜻한 의류, 방수용 의류, 모자, 장갑, 간식, 하이킹용 신발
난이도 상
홈페이지 mountainguides.is/day-tours/hiking-tours/fimmvoerduhals-volcano-hike/

Accommodation

스코가포스 캠핑장 Skógafoss Camping Ground

스코가포스를 바로 앞에 두고 시원한 폭포 소리를 들으며 캠핑할 수 있는 곳으로 스코가포스 아래로 넓게 펼쳐진 평지 덕분에 유명한 캠핑장이 되었다. 유명세에 비하면 시설이 그리 좋은 편은 아니며 다른 캠핑장에 비하면 가격도 비싼 편이다. 화장실과 개수대가 있으나 시설이 그다지 좋지는 않고 샤워실도 1칸밖에 없다는 아쉬움이 있다. 그러나 캠핑장에서 바라보는 전경이 좋고 접근성이 좋아 인기 있는 곳이다.

가격 ·성인 2,100 ISK ·샤워 300 ISK(5분 사용)

Food

스바이타그릴 미우-미아스 컨트리 그릴 Sveitagrill Míu-Mia's Country Grill

주소 Skogar, South Region, Hella 861, Iceland
전화번호 +354-696-6542
씨푸드, 패스트푸드를 먹을 수 있는 푸드트럭으로
피시앤칩스가 유명하다. 길 위에 빨간 푸드트럭이
눈에 띄며 앞에 피크닉 테이블이 하나 있다. 스코가
포스 바로 근처에 있으며 점심식사만 가능하다.
영업시간 12:00~16:00

호텔 스코가포스 비스트로 바 Hotel Skogafoss Bistro Bar

주소 Skogar, Skogar 861, Iceland
전화번호 +354-487-8780
홈페이지 www.hotelskogafoss.is/
스코가포스 바로 근처에 위치하며 채식 옵션이 가
능하다. 샐러드, 샌드위치, 고기류까지 다양한 음식
을 먹을 수 있다. 인원이 많은 그룹이나 어린이 동반
가족에게도 추천할 수 있는 곳으로 멋진 경관을 자
랑한다.

SÓLHEIMAJÖKULL
솔헤이마요쿨

🪧 가는길

- 스코가포스에서 1번 도로를 타고 12.3㎞ 주행하다 221번 도로로 좌회전하여 북쪽으로 올라가다보면 주차장이 나온다. 약 20분 정도 소요된다.
- **서쪽에서 출발 :** 레이캬비크에서 출발하면 2시간 30분이 소요되며, 스코가르에서 6㎞ 정도를 지나 다리를 건너 바로 좌회전하여 221번 도로를 따라 약 5㎞ 정도를 가면 주차장이 나온다.
- **동쪽에서 출발 :** 비크에서 출발하면 45분이 소요되며 222번 도로를 통과하여 3㎞쯤 지나 다리 바로 전에서 우회전을 하여 221번 도로를 따라 약 5㎞ 정도를 가면 솔헤이마요쿨 카페 주차장이 나온다.

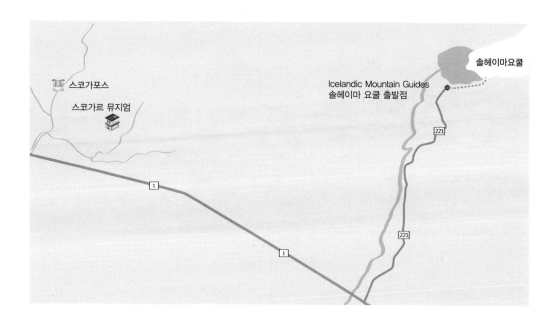

솔헤이마요쿨 빙하 트레킹을 하는 경험은 아이슬란드 여행에서 놓칠 수 없는 중요한 리스트 항목이다. 만약 트레킹 업체를 통해 예약하지 않고 따로 간다면 아이젠이나 폴과 같은 장비는 필수로 갖춰야 한다.

트레킹 시작점에서부터 직진하면 아래쪽의 길로 가게 되며 오른쪽으로 걸어가면 위의 길로 가게 된다. 자갈과 모래 등으로 이루어진 가벼운 트레킹 코스를 걸어서 가다 보면 빙하가 보이기 시작한다. 이때 길은 비록 얼음으로 이루어져있지 않지만, 길에 있는 돌들을 밟으며 가다 보면 신발이 자꾸 미끄러지므로 조심해야 한다. 더군다나 자칫 잘못 미끄러지면 경사진 내리막길로 넘어질 수도 있으니 특히 안전에 유의해야 한다. 솔헤이마요쿨이 더 큰 규모로 눈앞에 보이기 시작하면 파란 안내판이 등장한다. 자연적 위험이 있는 곳으로 이곳을 지나지 말라는 경고 문구가 적혀있다. 한 번 넘어가 보고 싶은 욕구가 생길 수 있으나 안전을 위하여 경고를 따르는 것이 좋다.

비가 오거나 궂은 날씨에는 앞이 뿌옇게 보일 뿐만 아니라 길은 더 미끄럽다. 특히 장비가 충분하지 않다면 절대로 모험을 해서는 안 된다. 화산재와 주변 흙들로 인해 표면이 검은색으로 뒤덮여 있는 빙하의 모습이 다소 아쉽기도 하지만 다시 되돌아가는 것이 낫다.

빙하 트레킹을 할 예정이라면 업체에 예약해두어야 하는데, 장비가 갖추어져 있지 않은 상태에서는 투어를 따라가긴 힘들다. 장비가 없을 시에는 전화로 예약하면 업체에서 가져다준다. 투어를 하는 동안에는 가이드의 말에 귀 기울이며 안전에 특히 유의해야 한다. 무조건 가이드가 걷는 길을 따라 걷고 조금이라도 그

길에서 벗어나면 안 된다. 겨울에는 특히나 내린 눈으로 인해 발이 빠지기 쉽고, 옷이 젖으면 저체온증에 걸리기 쉽기 때문이다. 또한, 눈이 쌓이면 그 깊이를 가이드조차 가늠하기 힘들다고 하니 겨울에는 특히 조심해야 한다. 자칫 빙하 위로 쌓인 눈을 밟고 싶어 다른 쪽을 밟았다가는 발이 빠질 위험이 크다.

 Tip

솔헤이마요쿨 빙하를 즐기는 방법은 투어를 신청하는 것이 가장 안전하고 의미 있다. 물론 투어를 신청하지 않고 빙하를 즐길 수도 있지만 안전이 보장되지 않아 위험을 감수해야만 한다. 빙하 트레킹 업체의 양대 산맥이라고 볼 수 있는 Icelandic Mountain Guide와 Glacier Guide가 있는데 각 업체마다 운영하는 투어 프로그램이 차이가 있어 원하는 것을 선택하여 예약하고 빙하를 즐기면 된다.

아이슬란딕 마운틴 기이드 Icelandic Mountain Guide		글레이서 가이드 Glacier Guide	
주소	Stórhöfði, Reykjavík	주소	Skaftafell, 785 Öræfi
전화번호	+354-587-9999	전화번호	+354-562-7000
홈페이지	www.mountainguides.is	홈페이지	www.glacierguides.is
운영시간	07:00~22:00	운영시간	08:00~18:00

종류	솔헤이마요쿨 빙하 트레일	솔헤이마요쿨 빙하 트레일 및 빙벽 등반
사진		
난이도	보통	
출발	매일 10:00, 12:00, 14:00 (12월 24일과 25일은 휴무)	매일 12:00
소요시간	총 3~3.5시간, 빙하 위를 걷는 것은 약 2시간 정도	총 4~5시간, 3~4시간 정도 활동
만나는 장소	솔헤이마요쿨 빙하 앞 주차장에서 출발 20분 전까지	
가능 연령	10세 이상	14세 이상
가격	성인 : 14,900 ISK, 10~15세 : 7,450 ISK	성인 : 19,900 ISK
제공	가이드, 트레킹 장비와 안전장비	
준비물	외투, 우비, 하이킹용 신발, 점심식사	
참고사항	등산화와 우의는 대여가능 (1,500 ISK)	가이드 당 최소 2인~최대 6인 등산화나 부츠, 우의는 대여가능 (1,500 ISK)
홈페이지	http://www.mountainguides.is/day-tours/glacier-walks/from-solheimajo-ekull/solheimajoekull-glacier-walk	http://www.mountainguides.is/day-tours/glacier-walks/from-solheima-joekull/solheimajoekull-glacier-walk-and-ice-climbing

＊위에 제시된 것은 Icelandic Mountain Guide의 트레일 프로그램이다.

Science Plus

솔헤이마요쿨의 지질학적 특징

솔헤이마요쿨 빙하는 약 14km 정도로 길게 뻗은 분출 빙하Outlet Glacier로 미르달스요쿨 빙하로부터 전진하고 있는 빙하혀Tongue of ice의 형태이다. 길이는 약 15km 정도에 1~2km의 너비를 가지며 면적은 약 44㎢이다. 약 1,360m 높이에서부터의 빙폭Glacier Fall은 100m 아래로 내려가고 있는데 이는 빙하의 모양과 지역적 위치 때문이며 기후 변화에 매우 민감하게 변화한다. 저지대에서의 날씨는 따뜻하고 습하며 평균 기온 5℃ 이상으로 강수량은 1년에 1,810㎜ 정도 된다.

솔헤이마요쿨 빙하에서 퇴적물들과 지층들을 통해 아이슬란드의 빙하 역사를 알 수 있다. 중요한 빙원 빙퇴석들과 지질학적 역사를 보여주는 장소가 많이 드러나 있다. 이를 통해 솔헤이마요쿨 빙하는 대략 1,900년 전에 많은 양이 전진해나갔으며, 1539년부터 소빙하기 동안에는 이보다는 적은 양의 전진이 나타났다는 것을 알 수 있다.

1995년 솔헤이마요쿨   2007년 솔헤이마요쿨   2015년 솔헤이마요쿨

솔헤이마요쿨 빙하에 대한 정기적 측정은 1930년대부터 이루어져 왔다. 1990년대 중반 이후로 빙하는 1년에 50m까지 후퇴해왔는데 큰 석호를 그 돌출부에 만들어 놓았으며 측퇴석Lateral Moraine*, 구혈Kettle Hole**, 대규모의 외연 퇴적물 등 놀라운 모습의 빙하 지형들을 만들어 놓았다. 세계에 있는 다른 빙하들도 마찬가지로 빙하의 후퇴는 기후 변화와 함께 지구온난화를 보여주는 명백한 증거이다. 계속해서 기온이 상승하면 빙하는 100~200년 후에 거의 사라질 것이다.

----

*　　**측퇴석**Lateral Moraine 곡빙하의 양쪽 벽에서 떨어져 나온 암석 부스러기로 이루어진 퇴적층

**　**구혈**Kettle Hole **(케틀)** 빙하 앞면에 생긴 모래와 자갈로 이루어진 퇴적물 속에 있는 냄비 모양의 움푹 패인 지형으로 퇴적물 속의 얼음 덩어리가 나중에 녹아서 생긴 것

비크Vik 지역

비크는 지역 인구가 약 318명(2016년 기준) 정도밖에 되지 않지만, 아이슬란드 남부에서는 3번째로 큰 곳으로 아이슬란드 남부의 최대 관광지이며 숙소와 음식점, 마트가 있기 때문에 여행자들이 반드시 들러야 하는 거점 도시이다.

이곳은 약 120m 높이의 아치 모양을 한 코끼리 바위로 유명한 디르홀라이^{Dyrhólaey}가 있다. 또한, 거대한 주상절리가 뚜렷하게 나타나는 검은 모래 해변인 레이니스피아라^{Reynisfjara} 비치, 거대한 주상절리와 그 하부에 생성된 하울사네프스헤들리르 동굴^{Hálsanefshellir Cave}로 볼거리가 넘치는 곳이다.

레이니스드랑가르 뷰포인트에서 일출과 일몰 시의 레이니스드랑가르 시스택을 구경해보고, 삶의 여유를 가지고 이곳에 머무르면서 주변의 명소들을 둘러보자.

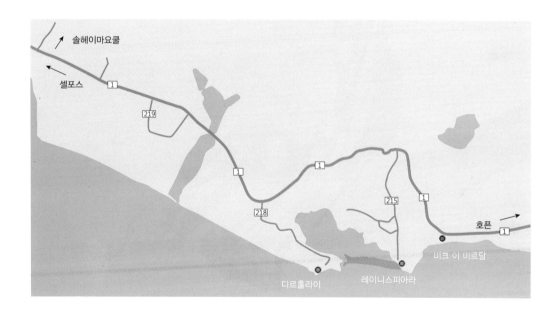

DYRHÓLAEY ARCH
디르홀라이 아치

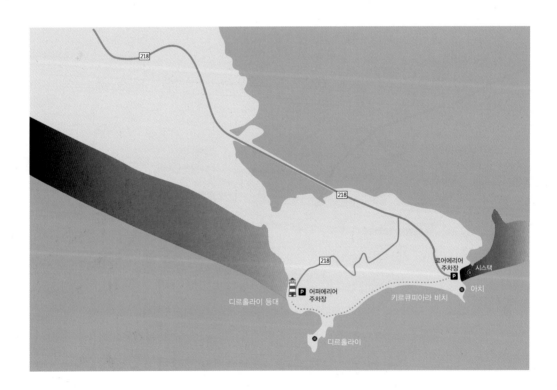

🪧 **가는길**

• 솔헤이마요쿨에서 남서쪽으로 221번 도로를 따라 4.8㎞ 주행하다 좌회전하여 다시 1번 도로를 따라 14㎞ 직진한다. 우회전하여 218번 도로로 진입하여 5.5㎞ 정도 가다보면 디르홀라이에 도착한다.

아이슬란드의 거의 최남단에 위치한 디르홀라이는 약 120m 높이의 아치 모양을 하고 있는 코끼리 바위로 유명한 곳이다. 링로드에서 차로 조금만 더 가면 볼 수 있고 절벽 위에서 내려다보는 경치가 매우 아름답다.

디르홀라이의 대표 뷰포인트 코끼리 바위

검은 모래 해변이라 불리는 레이니스피아라가 펼쳐져 하얀 파도와 검은 모래가 대비되면서 아름다움을 뽐내고 있다.

디르홀라이는 다양하고 많은 조류가 서식하고 있기 때문에 지형과 생태계를 보호하기 위해 1978년 자연보호구역으로 선정되었다. 퍼핀을 비롯한 많은 새가 번식기가 되면 암석과 절벽을 덮을 만큼 모여든다. 공식적으로 이곳에서 발견되는 조류만 51종이라고 한다. 5월 1일~6월 25일 기간에는 환경 단체가 이곳의 접근을 제한시킬 수 있다. 동·식물들을 위험하게 하거나 건드리는 등의 행위, 기계 장치로 인한 소음 등은 환경단체의 허가가 없으면 금지된다. 이 지역의 암석과 기둥에 많은 새가 자리를 차지하고 있는데 풀머갈매기Fulmar는 모든 절벽에서 발견되고 퍼핀도 절벽에서 흔히 볼 수 있다. 이곳에 서식하는 새들의 종류와 간단한 특징이 안내판에 나와 있으니 참고해보자.

로어 에리어 주차장에 주차 후 왼쪽에 있는 길을 따라 걸어 올라가면 바다 가운데 주상

CHAPTER 02 남부 아이슬란드

113

절리가 있는 시스택*과 저 멀리 레이니스드랑가르^{Reynisdrangar}라 불리는 현무암으로 이루어진 3개의 바위들이 있다. 이것 역시 시스택인데 트롤들이 배를 땅 위로 끌려고 하다가 날이 밝아 그대로 돌이 되어버렸다고 하는 이야기가 있다. 멀리서 보기엔 작아 보이지만 66m 정도 높이를 가진 제법 큰 바위이다. 물이 해변으로 밀려오면 검은 해변이 더욱 짙어져 극명한 대비를 이루며 멋있는 장관을 연출한다. 바다 건너편에 보이는 주상절리는 레이니스피아라로, 디르홀라이와 더불어 꼭 둘러보아야 할 관광 명소이다.

　　주차장의 오른쪽으로 가보면 누워있는 주상절리가 만든 아치를 볼 수 있다. 오랜 시간 파도와 바람에 의해 침식이 일어나 그 구멍이 점점 커져 현재와 같은 모습을 하고 있는 것이다.

　　검은 해변에 바람이 많이 불어 하얀 파도가 부서지는 모습이 장관을 이루는데 파도가 잔잔한 편은 아니니 조심해야 한다. 걷다 보면 해변으로 내려갈 수 있는 쉬운 길이 나오는데, 길을 따라 제법 길게 해안이 이어져 있고 아래에 커다란 동굴이 나타난다. 주위 암석의 색이 검은색, 회색, 황토색 등 다양하게 나타나 보는 즐거움을 더해준다. 이곳에는 유료 화장실이 있는데, 무인으로 운영되며 청결하지만 꽤 많은 금액의 카드 결제를 요구한다.

디르홀라이 등대

　　어퍼 에리어^{Upper Area} 주차장으로 가는 길은 비포장으로 꽤 힘든 운전 실력을 요구한다. 주차장에 도착하면 등대가 언덕 위에 외로이 서 있다. 1927년에 세워진 빨간 지붕을 가진 이 등대는 쓸쓸한 기분이 들기도 하지만, 밤에는 등대의 불빛이 고즈넉하면서 꿈같은 분위기를 연출해주기도 한다.

　　오른편 절벽 아래로는 탁 트인 시야에 검은 모래 해변이 겨울에는 황톳빛을 띠는 지형과 어우러진 풍경이 펼쳐지는데, 여름이 되면 황톳빛은 풀색으로 변한다. 등대에서 시선을 왼편

* **시스택**^{Sea Stack} 주로 퇴적층이나 화산암으로 이루어진 해안가에서 파도에 의한 침식으로 생긴, 수직으로 길쭉한 원통 모양의 바위로 우리나라의 촛대바위, 등대바위 등으로 불리는 해안 지형이다.

으로 돌리면 바로 디르홀라이를 대표하는 해식 아치인 코끼리 바위가 나온다. 디르홀라이 지명과 관계가 깊은 이 바위는 약 8만 년 전 수성 분출로 인해 형성된 후, 파도에 의해 침식되어 투야산 Tuya Mt. 앞에 평평한 땅과 가파른 절벽으로 만들어지게 되었다. 섬에서 남쪽으로 돌출된 부분에는 파도의 침식에 의해 구멍이 형성되었고, 지층에서 조금 더 침식에 취약한 부분이 점점 더 깎여나가게 되었다. 이런 과정으로 형성된 것이 코끼리 바위로, 디르홀라이는 '문고리 구멍이 있는 언덕의 섬'이라는 뜻을 가진다.

디르홀라이의 최고의 뷰포인트이지만 안개가 많이 끼거나 날씨가 좋지 않으면 제대로 보기가 힘들 수도 있다. 날씨가 좋다면 아래로 내려가 검은 모래 해변을 걸으며 여유를 만끽하는 것도 좋다. 해변을 걷다 보면 파도에 의한 침식의 영향을 몸소 느낄 수 있으며 검은 해변에 황금색을 띠는 암석이 넓게 분포되어 있어 검은 해변과 대비되는 모습을 보인다.

등대 옆 어퍼 에리어 주차장 언덕에서 바라본 모습

 Tip

◦ 디르홀라이의 언덕 위까지 올라가는 길은 폭이 좁다. 초보 운전자라면 운전하기에 조금 어려움
  이 있고 주차장이라고 붙은 표지판은 딱히 없지만 갈림길이 나오는 곳에서 직진하면 로어 주차
  장이 나온다. 어퍼 에리어 주차장에는 차들이 별로 없지만 가는 길이 힘들다.
◦ 관광명소임에도 불구하고 화장실이나 안내소, 휴게소 같은 편의시설은 없다.
◦ 차가 없어도 버스로 이곳까지 올 수는 있지만 한 방향으로만 일주하는 버스가 하루에 한 번 다
  닌다. 이 버스의 일주일 이용권이 한화 50만 원 정도이므로 2명 이상이라면 차로 움직이는 것
  이 더 저렴하다.

레이니스피아라 블랙 샌드 비치

🪧 **가는길**

- 디르홀라이에서 218번 도로로 6.5㎞ 주행 후 우회전, 1번 도로에 진입하여 7.6㎞ 주행 후 우회전하여 215번 도로로 4.9㎞ 주행하면 도착한다. 총 20㎞ 거리로 24분 정도 소요된다.

레이니스피아라는 비크 근처에 있는 주상절리가 뚜렷하게 나타나는 검은 모래 해변으로 디르홀라이와는 서로 마주 보는 형태이다. 검은 모래 해변이 쭉 이어져 있는 곳이지만 차로는 디르홀라이에서 비교적 돌아가야 하는 셈이다. 미국의 한 여행지가 선정한 세계 10대 해변 중 하나이다. 레이니스피아라에는 거대한 주상절리가 있고 그 하부의 거대한 동굴인 하

울사네프스헤들리르 동굴Hálsanefshellir Cave이 있다.

레이니스피아라는 화산으로 인해 생긴 주상절리와 현무암이 잘게 부서져 생긴 검은 모래 해변이 절경을 이룬다. 왼편에는 검은 북유럽 스타일의 건축물 같은 주상절리가 보이고, 오른편에는 검은 모래 해변이 펼쳐지며 디르홀라이가 한눈에 보인다. 신기한 것은 바닥에 깔려 있는 모래는 전부 현무암이 풍화된 검은 색인데 비해 주변 지형은 풍화된 흙이 흘러내려 황톳빛으로 덮여있다는 것이다.

왼쪽 방향으로 가면 해변을 본격적으로 둘러볼 수가 있는데 레이니스피아라와 하울사네프스헤들리르에 대한 정보가 적힌 안내판이 먼저 등장한다.

레이니스피아라에 펼쳐진 주상절리는 아주 큰 규모로 그 웅장함을 뽐내며 반듯하게 깎여진 모습이 매우 신기하다. 그 규모로 보아 얼마나 많은 용암이 분출하여 나왔는지, 얼마나 급속히 냉각되었는지를 실감나게 해준다. 많은 사람들이 주상절리 위에 올라가 저마다 자세를 잡고 사진을 찍는 모습을 종종 볼 수 있으며, 웨딩촬영을 하는 사람들도 볼 수 있다.

레이니스피아라에서 보는 시스택인 레이니스드랑가르 모습

주상절리를 옆으로 끼고 발걸음을 옮겨가면 주상절리의 아래 부분이 깎여 형성된 커다란 하울사네프스헤들리르라고 불리는 동굴을 만나게 되는데, 헤들리르Hellir는 아이슬란드어로 동굴을 의미한다. 파도의 침식에 의해 형성된 커다란 동굴과 더불어 거대한 주상절리 기둥들이 휘어져있는 모습이 볼수록 신기하다. 다양한 주상절리의 모양과 그 기둥이 침식되어 잘려나간 단면들을 보면 절로 감탄사가 흘러나오게 된다.

　더 걷다보면 작은 틈새가 나 있는 동굴이 있는데, 이곳에서는 시스택인 레이니스드랑가르로 이름 붙여진 바위들을 더욱 가까이에서 볼 수 있고, 하얀 파도가 바위에 부딪치며 내는 시원한 소리를 들으며 여유로움을 가져볼 수도 있다.

 Caution

바람이 세게 부는 지역으로 파도가 높을 때가 많으니 조심해야한다.
수영하는 것은 매우 위험하니 하지 않는 것이 좋다.
한겨울에는 특히 바람이 강하게 불고 파도 또한 거칠고 높아 관광객이 휩쓸려 숨지는 사고가 종종 발생하니 매우 조심해야한다.

 **Science Plus**

주상절리

암석에 만들어진 크고 작은 틈을 '절리'라고 한다. 주상절리는 기둥 모양의 절리를 의미하는데, 대개 용암이 급격하게 냉각되며 형성되는 현무암과 같은 화산암에서 잘 나타난다.

용암이 흐르다가 정체되거나 아주 느리게 흐르는 상황에서 용암의 냉각에 의해 부피가 줄어들며 수축하게 된다. 냉각되고 있는 용암 표면에서 수축이 일어나는 중심점을 기준으로 변의 길이는 최소화하면서, 면적은 최대화하며 수축하게 된다. 이러한 수축은 단위 면적당 둘레가 가장 작은 원형으로 일어나게 되며 이렇게 수축한 각 단위들은 기본적으로는 원에 가장 가까우면서 2차원 평면을 채울 수 있는 육각형의 형태로 발달하게 된다.

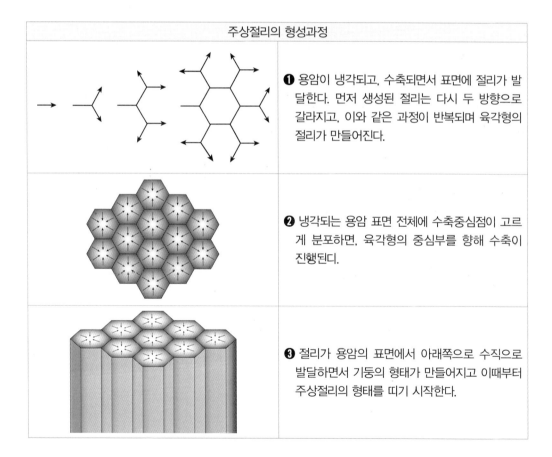

주상절리의 형성과정	
	❶ 용암이 냉각되고, 수축되면서 표면에 절리가 발달한다. 먼저 생성된 절리는 다시 두 방향으로 갈라지고, 이와 같은 과정이 반복되며 육각형의 절리가 만들어진다.
	❷ 냉각되는 용암 표면 전체에 수축중심점이 고르게 분포하면, 육각형의 중심부를 향해 수축이 진행된다.
	❸ 절리가 용암의 표면에서 아래쪽으로 수직으로 발달하면서 기둥의 형태가 만들어지고 이때부터 주상절리의 형태를 띠기 시작한다.

한편, 고온의 용암이 흐르는 동안 냉각은 여러 방향에서 이루어질 수 있다. 일반적으로 용암의 냉각은 공기 또는 물에 의한 상부와 지표면에 의한 하부 두 방향에서 일어난다. 이때 수직으로 발달한 절리 구간을 콜로네이드colonnade라 한다. 용암의 내부는 서서히 식기 때문에 표면과 성질이 달라 절리는 내부로 가면서 방향이 휘게 된다. 상부에서부터 하향으로 형성되는 주상절리와 하부에서부터 상향으로 형성되는 주상절리가 용암체의 중심부를 향해 동시에 형성되면 이 두 절리 군이 서로 마주치는 영역이 생겨난다. 이 영역에서는 두 절리 군이 서로 뒤엉켜 발달하게 되는데 이러한 부분을 엔태블러처entablature라 부른다.

미국 요세미티국립공원의 데빌스 포스트 파일 주상절리. 좌측 휘어진 부분이 엔태블러처entablature, 우측 직선으로 발달한 부분이 콜로네이드colonnade이다.

비크 쪽에서 바라본 레이니스드랑가르Reynisdrangar View Point

VÍK Í MÝRDAL

비크 이 미르달

이사피오르두르

아쿠레이리

에이일스타디르

레이캬비크

비크

![가는길 표지판 아이콘] **가는길**

• 레이캬비크에서 1번 링로드를 따라 남동쪽으로 180㎞ 정도 떨어져 있다.

• 레이니스피아라에서 북쪽으로 215번 도로를 주행하다 우회전하여 다시 1번 도로를 타고 남쪽으로 내려가다 보면 도착한다. 약 10.6㎞로 10분 정도가 소요된다.

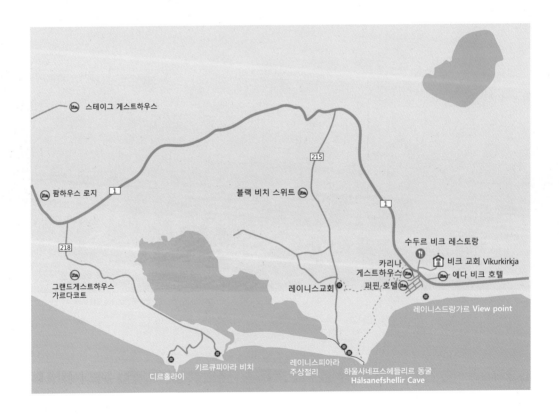

스테이그 게스트하우스

215

팜하우스 로지 1

블랙 비치 스위트

218

수두르 비크 레스토랑

카리나
게스트하우스

비크 교회 Víkurkirkja

에다 비크 호텔

퍼핀 호텔

1

그랜드게스트하우스
가르다코트

레이니스교회

레이니스드랑가르 View point

디르홀라이

키르큐피아라 비치

레이니스피아라
주상절리

하울사네프스헤들리르 동굴
Hálsanefshellir Cave

비크 교회와 바다 가운데 레이니스드랑가르가 보인다.

비크 이 미르달은 통칭 비크로 불리는 마을로, 규모는 작지만 약 70㎞ 근방에서 제일 큰 마을이기 때문에 여행자들이 이 마을에 경유하며 하루를 쉬거나, 자동차에 주유하거나, 마트에서 필요한 물건을 구입하기 좋다.

마을 남쪽에는 바로 앞에 현무암이 풍화되어 만들어진 검은 모래 해변이 있어 마을에서 조금만 나가면 쉽게 바다와 모래사장을 볼 수 있고, 마을의 언덕 위에는 빨간 지붕을 한 비크 이 미르달 교회Vík í Mýrdal Church(Víkurkirkja)가 있다. 비크 마을의 뷰포인트로 유명한 곳으로 그 앞에서 마을의 전경과 바다까지 한눈에 내려다볼 수 있다.

 Mart

크야르발 Kjarval

Icewear/Vik wool이라 적힌 방한의류 판매점의 바로 옆에 있다. 규모가 큰 슈퍼마켓으로 다양한 식료품을 판매하며 화장실도 제법 깨끗하다.

홈페이지 www.kjarval.is

영업시간 월요일~금요일 10:00~18:00
　　　　　 토요일 11:00~14:00, 일요일 휴무

크로난 Kronan

대형 슈퍼마켓으로 장을 보기에 좋다. 과일, 채소, 시리얼 등 다양한 식료품이 있다.

주소 Austurvegur 20, 870 Vík

전화번호 +354-585-7000

홈페이지 www.kronan.is/

영업시간 매일 09:00~21:00

 **Accommodation**

블랙 비치 스위트 Black Beach Suites

주소 Black Beach Suites, Vík, Iceland
전화번호 +354-861-7375
홈페이지 www.blackbeachsuites.is

개별 주택으로 화장실과 주방이 구비되어 있다. 최대 4명까지 숙박이 가능하며 바닥은 난방이 된다. 베란다가 있고 빠른 속도의 무료 Wi-Fi도 있다.

아이슬란드데어 호텔 비크 Icelandair Hotel Vík

주소 Klettsvegi 1, 870 Vik, Iceland
전화번호 +354-487-1480
홈페이지 www.icelandairhotels.com

주변 여러 관광지와 가까운 호텔로 무료 Wi-Fi와 44개의 객실이 있으며 객실과 식당에서 아름다운 전망을 볼 수 있다.

비크 캠핑 Vík Camping

주소 Klettsvegur 7, 870 Vik, Iceland
전화번호 +354-487-1345
홈페이지 www.vikcamping.is
가격 ·캠핑 1,500 ISK ·오두막 20,000 ISK
　　　·샤워 200 ISK ·세탁 500 ISK ·건조 500 ISK

아이슬란드에서 가장 큰 캠프사이트 중 하나로 성수기에는 미리 예약해둘 필요가 있다.

Food

블랙 비치 레스토랑 Black Beach Restaurant

주소 Reynishverfisvegur, Myrdalshreppur 871

전화번호 +354-571-2718

홈페이지 www.svartafjaran.com

영업시간 11:00~18:00

수프, 버거, 피시 앤 칩스, 양고기 등 다양한 요리를 즐길 수 있다. 레이니스피아라에서 매우 가깝고, 사람들에게 평이 좋은 음식점이다.

수두르 비크 레스토랑 Restaurant Sudur Vík

주소 Suðurvegur 1, 870 Vík-Handelssted, Iceland

전화번호 +354-487-1515

홈페이지 www.facebook.com/Sudurvik

'꽃보다 청춘 아이슬란드 편'에 등장한 비크 맛집이다. 화덕피자, 치킨 커리와 샐러드, 양고기, 버섯수프 등 모든 음식이 맛있고 직원은 친절하다. 요금은 조금 비싼 편이다.

흐린 날씨로 인해 촬영이 힘들었던 오로라. 비크에서. D800, 14mm, F2.8 ISO3200, 30s

효를레이프스호프디 동굴

🪧 가는길

- 비크에서 1번 도로를 타고 동쪽으로 12㎞ 정도 이동하다 보면 오른편에 제주도의 오름 같은 작은 산 하나가 보이며, 우회전할 수 있는 삼거리를 만날 수 있다.
- 1번 도로에서 우회전하여 비포장도로를 2.5㎞ 정도 이동하다 보면 멀리서 봤던 산의 뒤쪽까지 다다르게 된다. 총 14.8㎞로 15분 정도가 걸린다.

남부 아이슬란드에 위치한 효를레이프스호프디는 221m의 높이로 검은 해변 위에 장엄하게 서있다. 효를레이프스호프디라는 명칭은 AD 874년 처음으로 정착한 바이킹족인 잉골푸르 아르나르손Ingólfur Arnarson의 형제인 효를레이푸르 흐로드마르손Hjörleifur Hróðmarsson이 AD 875년에 죽게 되자 그를 기리기 위해 이름을 지었다고 한다. 효를레이프스호프디의 꼭대기에 가면 효를레이푸르 흐로드마르손의 묘지를 볼 수 있다. 이 형제에 관한 이야기는 레이캬비크에 위치한 사가 박물관Saga Museum에서 자세히 들어볼 수 있다.

이 동굴은 전형적인 해식 동굴이다. 파도가 만든 자연의 아름다움을 느끼기에 충분하다. 해변에서 효를레이프스호프디 전체를 바라본 모습도 멋있지만, 파도가 신기하게 깎아 만든 자그마한 동굴 속에서 바라본 해변의 모습도 아이슬란드 여행에 새로운 느낌을 주기에 충분하다. 그래서인지 이 동굴에서 결혼식이나 기념일 행사를 하기도 한다.

 Tip

아이슬란드 웨딩 플래너 Iceland Wedding Planner

Iceland Wedding Planner라는 웨딩업체에서는 이곳에서의 행사를 진행하기도 하는데 홈페이지에 가면 효를레이프스호프디에서 주의해야할 사항이 몇 가지 적혀있다.

홈페이지 www.icelandweddingplanner.com

∘ 허가 없이 밤새도록 머물거나 사용하는 것은 안 된다.
∘ 쓰레기를 남기지 말아야 한다.
∘ 이곳에는 화장실과 같은 시설이 없다. 그렇다고 동굴 안쪽을 화장실로 사용하면 안 된다.
∘ 이 동굴은 검은 모래사장에 위치한다. 비록 주변이 모래로 이루어져 있을지라도 식물들이 자라고 있으므로 표시된 길에만 머물러야 한다.
∘ 상입적이거나 전문적인 사진 촬영은 사선 허가 없이는 어떤 형식으로도 허용되지 않는다.

키르큐바이야르클뢰이스투르 지역 *Kirkjubæjarklaustur*

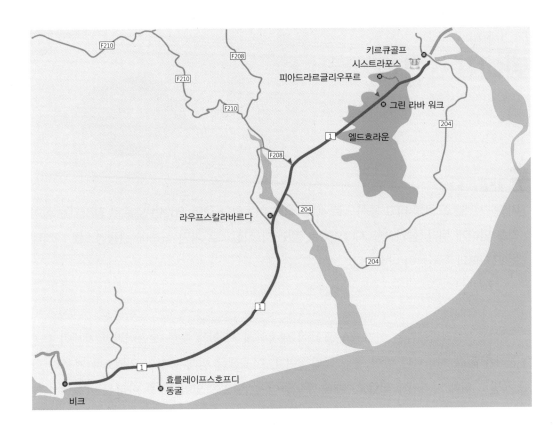

　키르큐바이야르클뢰이스투르는 1번 도로에서 거대한 빙하 퇴적물이 펼쳐진 미르달스산두르Mýrdalssandur를 통과해오면 만날 수 있는 인구 120여 명의 작은 마을이다.

　키르큐바이야르클뢰이스투르라는 긴 이름은 사실 세 단어가 합쳐져 만들어진 합성어이다. 키르큐Kirkju는 교회를, 바이야르크bæjark는 농장 또는 마을의 소유를 의미하고, 클뢰이스투르klaustur는 수녀원을 의미하는데, 워낙 명칭이 길어 아이슬란드 사람들도 클뢰이스투르라고 줄여 부른다고 한다. 이 이름은 1186년부터 1550년까지 이 마을에 존재했던 베네딕틴 수녀원으로부터 유래한다.

　조용한 마을인 이곳의 주요 관광지는 피아드라르글리우푸르Fjaðrárgljúfur로 200만 년 전 형성된 거대한 협곡이다.

LAUFSKÁLAVARÐA

뢰이프스칼라바르다

가는길

• 비크에서 1번 도로를 타고 동쪽으로 40㎞ 정도 이동하다 보면, 209번 도로로 갈라지는 삼거리를 만나게 된다. 삼거리를 지나 150m 정도 더 직진으로 가면 좌측에 관광명소를 나타내는 표지판과 주차장이 나타난다.

뢰이프스칼라바르다는 여기저기 돌들이 뾰족하게 서 있는 듯한 모습이지만 자세히 보면 누군가가 돌을 하나하나 쌓아 올린 돌탑들이다. 이곳에는 원래 농장이 있었으나 카틀라 화산 폭발로 인해 사라지게 되었고, 마을 주민들이 좋은 일이 일어나기를 바라는 마음에서 돌을 하나씩 쌓기 시작하였다. 이 일이 무려 천 년 동안 이어져 왔고 이후 이곳을 지나는 사람들이 안전한 여행과 행운을 빌며 돌을 올려둔 것이 지금과 같은 모습이 되었다는 이야기가 있다.

ELDHRAUN
엘드흐뢰인
(그린 라바 워크)

🪧 가는길

• 비크에서 1번 도로를 타고 동쪽으로 48㎞ 정도 이동하다 보면, 208번 도로와 만나는 삼거리를 만나게 된다. 삼거리를 지나 7~8㎞ 정도 더 직진하면 우측으로 울룩불룩 이끼로 가득 찬 엘드흐뢰인이 시작된다.

비크에서 출발하여 1번 도로와 208번 도로가 만나는 삼거리에서 14.6㎞ 정도 이동하면 '시닉 그린 라바 워크Scenic Green Lava Walk'라는 곳에 도달하는데 이곳에 몇 대의 차를 주차할 수 있는 주차장이 있다. 이곳은 이끼로 둥글둥글하게 둘러싸인 용암덩어리를 관찰하기 좋은 곳이다.

이곳은 라카기가르Lakagigar 분화구가 만들어진 역사상 가장 큰 화산 폭발이 일어난 곳 중 하나이다. 이 화산 폭발은 1783년부터 1784년까지 지속되었고, 화산이 폭발할 당시 흐른 용암이 굳어 엘드흐뢰인 용암대지를 만들었다. 오랜 세월이 지나 이 용암대지 현무암 위로 이끼가 자라 아름다운 장관을 이루고 있다. 또한 이 지역은 아이슬란드에서 가장 큰 용암 동굴계 중 하나이며, 길이 5㎞ 이상의 동굴 200여 개가 분포한다.

라카기가르 분화구

발산형 경계에 위치한 아이슬란드는 판과 판이 멀어지며 형성되는 열곡지형으로, 이 열곡에서 현무암이 흘러나와 넓은 범위에 걸쳐 퍼져나가기 때문에 이처럼 드넓은 용암대지를 형성할 수 있었다. 그 용암 위로 자라난 이끼들은 울퉁불퉁하기도 하고, 푸석푸석한 느낌도 있어 우주비행사들이 우주 비행을 떠나기 전 걷는 연습을 했던 곳이라고 한다.

엘드흐뢰인 용암대지를 더 자세히 보기 위해서는 인근 숙소에서 묵으며 트레킹을 할 수 있다. 1번 도로를 따라 이동하며 끝없이 길게 펼쳐진 이끼 덮인 현무암과 주변 경치를 함께 즐길 수 있다. 운전에 지칠 때 잠시 주차한 뒤 쉬면서 이끼 위를 우주비행사처럼 걸어보는 것도 엘드흐뢰인을 즐길 수 있는 좋은 방법이다.

엘드흐뢰인 용암대지

FJAÐRÁRGLJÚFUR
피아드라르글리우푸르

이사피오르두르

아쿠레이리

에이일스타디르

레이캬비크

피아드라르글리우푸르

비크

가는길

• 비크에서 1번 도로를 타고 동쪽으로 출발하여 65㎞ 거리를 50분 정도 가다보면 왼편에 홀트^{Holt}와 라키^{Laki}로 향하는 표지판을 볼 수 있다. 표지판을 따라 좌회전하여 2.5㎞ 정도 가다보면 작은 다리를 만나게 되는데, 다리 위에서 오른쪽을 바라보면 아름다운 협곡을 만날 수 있다.

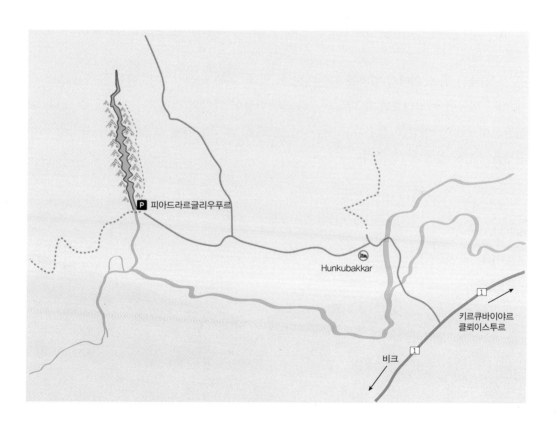

피아드라르글리우푸르

Hunkubakkar

키르큐바이야르
클뢰이스투르

비크

피아드라르글리우푸르는 200만 년 전 빙하기에 만들어진 암반에 빙하가 녹은 물이 흘러내리며 하천을 만들었고, 이 하천이 수 세기에 걸쳐 흐르며 암석을 깎아내리며 형성된 협곡이다. 규모는 100m가 넘는 높이에 길이는 2km 정도이다. 주변의 암석은 화산재가 쌓여 형성된 응회암의 일종인 팔라고나이트palagonite로 암질이 부

드러워 풍화에 약하기 때문에 피아드라Fjaðrá강이 쉽게 암반을 침식하여 협곡을 만들었다. 이 협곡은 마지막 빙하기의 끝인 약 9,000년 전부터 만들어지기 시작하였다.

아름다운 장관을 더 아름답게 볼 수 있는 방법은 두 가지가 있다. 첫 번째는 하천에 발을 담그며 물길을 따라 협곡 안쪽을 트레킹 하는 방법이다. 깊숙이 들어가면 들어갈수록 웅장한 협곡들이 고된 여행길을 달래주듯 포근히 안아주는 느낌을 받으며 자연의 경이로움을 만끽할 수 있다.

두 번째는 협곡 위에서 경치를 보는 방법이 있다. 위쪽 트레킹 길을 따라 올라가 절벽 끝에 서서 협곡을 바라다보면 태고의 멋스러움과 더불어 약간의 스릴감마저 느낄 수 있다. 여행자들이 이런 스릴감을 감수하고 아름다운 사진을 남기기 위해 로프를 넘어 사진을 찍는 광경을 어렵지 않게 볼 수 있다.

SYSTRAFOSS & KIRKJUGÓLF
시스트라포스와
키르큐골프

가는길

- 비크에서 1번 도로를 타고 동쪽으로 71㎞ 정도 이동하다 보면 클뢰이스투르 마을을 만나게 된다.
- 키르큐골프는 사거리에서 203번 도로를 따라 1㎞ 정도 직진하면 도착한다. 출입구가 잘 보이지 않으므로 집중해서 보아야 한다.

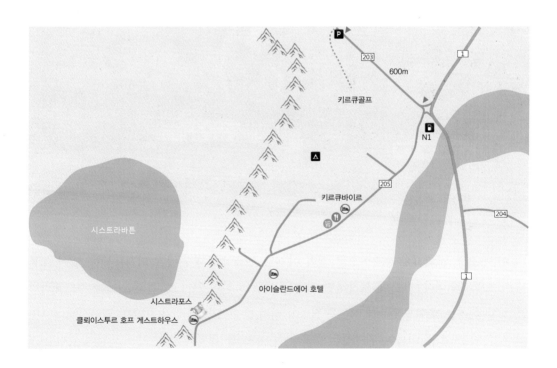

시스트라포스 Systrafoss

시스트라포스는 스카프타르흐레푸르 Skaftarhreppur 마을에서 남서쪽으로 205번 도로를 따라 약 1.3㎞ 들어가면 쉽게 두 줄기의 폭포를 찾아볼 수 있다.

키르큐바이야르클뢰이스투르라는 긴 이름을 가진 이 마을은 정말 작은 마을이다. 그러나 내륙으로 향하는 203번 도로가 있는 교차로 덕분에 주유소와 작은 식당들도 있어 바트나요쿨로 넘어가기 전에 잠시 휴식을 취할 수 있는 곳이다.

이 마을은 전체적으로 솟아오른 절벽 아래로 내륙에서 흘러내린 퇴적물들이 쌓여 이룬 넓은 초원 지역이다. 마을에 도착하면 절벽을 이루는 산이 보이고, 절벽 위에는 시스트라바튼 Systravatn 이라는 호수가 있는데, 한 쪽 절벽이 터져 호수의 물이 쌍을 이루며 떨어진다.

시스트라포스는 이름이 '자매들의 폭포 waterfall of sisters'를 의미하는데, 이 폭포의 수원지인 호수의 이름이 시스트라바튼 Systravatn 인 것도 예전에 이 마을에 수녀원이 있었기 때문이라고 한다. 산의 급경사를 따라 흘러내리는 두 줄기의 폭포는 규모는 그다지 크지 않으나 마을을 거쳐 간다면 꼭 보아야 할 곳이다.

키르큐골프 Kirkjugölf

시스트라포스를 구경하고 마을을 빠져나오면서 만나는 로터리에서 9시 방향으로 203번 도로를 따라 350m 정도 이동하면 된다. 입구가 작고 잘 보이지 않아 이곳을 찾는데 주의를 기울여야 한다. 키르큐골프라는 이름은 '교회 바닥Church Floor'이라는 의미를 가지는데 주상절리들이 마치 장판처럼 바닥에 깔려 있는 모습을 볼 수 있다.

키르큐골프는 육각형 모양의 현무암 기둥들이 마치 건물의 초석인 것처럼 평평하게 자리 잡고 있는데, 지역 사람들이 과거에 이 바닥 위에 교회가 있었다고 착각해 이런 이름을 갖게 되었다.

100% 자연이 만든 주상절리의 단면을 직접 밟아볼 수 있고 입체적으로 자세히 볼 수 있는 곳이기에 마을을 빠져나가기 전에 잠깐 들러보는 것도 좋다.

키르큐골프

Food

시스트라카피 Systrakaffi

주소 Klausturvegur, Kirkjubæjarklaustur

전화 +354-487-4848

홈페이지 www.systrakaffi.is

영업시간 12:00~21:00

피자와 햄버거 전문점으로 스프, 생선, 육류, 햄버거, 샌드위치, 피자까지 다양한 종류의 요리가 있어 선택의 폭이 넓다. 냄새가 나지 않는 양고기 요리가 유명하다. 양고기 요리는 가격이 비싸다는 것이 단점이다. 가성비를 원한다면 피자와 햄버거를 먹는 것을 추천한다.

크야르발 클뢰이스투르 Kjarval Klaustur

주소 Klausturvegur, Kirkjubæjarklaustur, Iceland

전화번호 +354-487-4616

홈페이지 www.kjarval.is

영업시간 월~금 10:00~18:00
토요일 10:00~14:00, 일요일 휴무

인근 지역에서는 보기 어려운 대형 마켓이므로 여행 일정이 길다면 마트에 들러 장을 보기를 권한다.

SIDUFOSS
시두포스

 가는길

- 스카프타르흐레푸르 마을에서 사거리를 빠져나와 1번 국도를 타고 약 12㎞ 정도의 거리를 10여 분 이동하면 도로 왼편에 가파른 절벽에서 물이 흩날리듯 내려오는 시두포스를 만날 수 있다.
- 드베르그함라르는 시두포스 맞은편으로 650m 전방에 위치한다.

시두포스*Sidufoss*

시두포스는 바람이 부는 날이면 폭포가 이리저리 흔들리는 모습이 아름다운 곳이다. 가파른 화산암 절벽 사이로 흘러내리는 물줄기가 바위에 부딪히며 만드는 물보라는 아름다운 경치에 장식을 더한다. 특히 주차장이 폭포 바로 앞이어서 많은 거리를 이동하지 않고도 아름다운 모습을 볼 수 있어 수고로움을 덜 수 있다. 하지만 이곳은 사유지이기 때문에 폭포 안쪽까지 들어갈 수는 없다. 그렇지만 막혀 있는 울타리 앞에서도 충분히 아름다운 폭포를 볼 수 있으니 꼭 한 번 들러보길 추천한다.

드베르그함라르 Dverghamrar

시두포스에서 도로 반대편에 위치하며 걸어가도 될 만큼 가까운 거리에 있다. 시두포스 맞은편으로 650m 정도 가다 보면 오른편으로 드베르그함라르를 가리키는 표지판과 함께 우측으로 길이 하나 보인다. 그 길을 따라 주차장에 주차한 뒤 걸어서 200m만 이동하면 드베르그함라르를 만날 수 있다.

드베르그함라르는 난쟁이 절벽 Dwarf Cliffs 또는 요정 절벽 Elf cliffs 으로 불린다. 아이슬란드 사람들은 이곳에 난쟁이나 요정과 같은 초자연적인 존재가 살았다고 믿는다. 현무암 주상절리

가 풍화작용을 받으며 수평으로도 절리가 잘 발달되어 있고, 이끼가 군데군데 주상절리를 덮은 모습이 신비로운 분위기를 풍겨 아이슬란드 사람들이 왜 이곳에 난쟁이와 요정이 살았다고 믿었는지 느낄 수 있다. 주상절리 사이에 자란 잔디를 밟으며 그곳에 있노라면 마치 자신이 난쟁이나 요정이 된 것 같은 상상에 빠지기도 한다. 주상절리 사이로 건너편의 시두포스가 들어오도록 사진을 찍으면 또 다른 느낌의 풍경을 만끽할 수 있을 것이다.

드베르그함라르는 산책로를 통해 한 바퀴 둘러보는 데 20분 남짓이면 가능하므로 꼭 둘러보는 것이 좋다.

카틀라 지질 공원 Katla Geopark

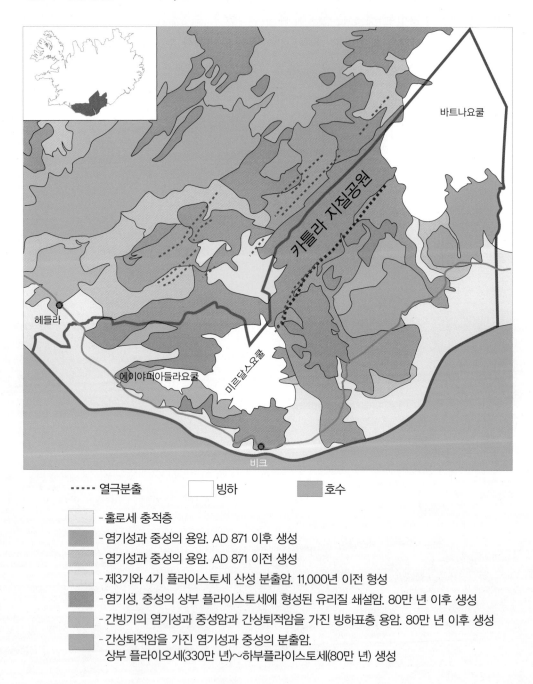

⋯⋯ 열극분출　　　☐ 빙하　　　▨ 호수

☐ - 홀로세 충적층

▨ - 염기성과 중성의 용암. AD 871 이후 생성

▨ - 염기성과 중성의 용암. AD 871 이전 생성

☐ - 제3기와 4기 플라이스토세 산성 분출암. 11,000년 이전 형성

▨ - 염기성, 중성의 상부 플라이스토세에 형성된 유리질 쇄설암. 80만 년 이후 생성

▨ - 간빙기의 염기성과 중성암과 간상퇴적암을 가진 빙하표층 용암. 80만 년 이후 생성

▨ - 간상퇴적암을 가진 염기성과 중성의 분출암.
상부 플라이오세(330만 년)∼하부플라이스토세(80만 년) 생성

카틀라 지질공원은 비크에서부터 바트나요쿨의 일부를 포함하는 광대한 면적을 가진 아이슬란드 남부의 지질공원이다. 전 지구적으로 중요한 지질학적 특징을 지닌 곳으로 이 지역에서만 9세기 이후로 150번이 넘는 화산 폭발이 기록되었다. 폭발로 인해 땅이 만들어졌으며 사람들이 정착하는 데에도 영향을 주었다. 비록 수 세기 동안 지역의 역사가 인간과 자연에 의해 만들어지긴 했어도 화산 활동으로 인해 끊임없이 변화하는 중이다.

아이슬란드의 약 9%에 해당하는 지질공원으로 면적은 9,542㎢를 차지하며 약 2,700명이 지질공원 내에 살고 있다. 전통 농업은 양과 낙농업으로 고용의 주된 근원이었다. 곡류 농업은 최근에 증가해왔다. 최근 몇 년 동안에는 이 지역의 경제에 있어 관광업이 점점 더 중요해지고 있다.

▶ 지질학적 특징

아이슬란드는 그 중앙에 대서양 중앙 해령이 있어 이 경계를 중심으로 판의 운동이 일어나 두 판이 양옆으로 갈라지는 단층(지구대)이 형성되어 있다. 이 지역의 아래에는 맨틀 플룸이 존재하는데 바로 바트나요쿨 빙산의 중앙 아래에 있다. 이곳은 아이슬란드 남부의 단층대와 맨틀 플룸의 상호작용이 복잡하고 다양한 화산 활동을 초래한다.

화산활동과 이로 인한 광범위한 영향이 이 지역에 카틀라 지질공원을 만들어냈고 매우 특별한 장소로 만들었다. 이 지질공원은 아이슬란드에서 매우 중요한 화산활동을 하고 있는 곳으로 특히, 에이야피아들라요쿨, 카틀라, 그림스보튼Grímsvötn 화산체가 활동적이다. 이 지역은 중앙부의 화산체와 분화구, 열극, 근원 미상의 원추형 화산체Cone와 용암층, 투야스Tuyas라고도 불리는 평정산*과 유리질 파편들로 구성된 화산암으로 이루어진 산등성이다. 단층대와 같은 방향인 남서–북동 방향으로 분포한다.

화산의 가장 높은 부분에 위치한 빙산은 자연경관에 매우 중요한 부분을 차지하는데, 빙하와 빙하로 인해 형성된 강들은 빙산에서부터 빙하지형을 따라 흘러나간다. 따라서 빙퇴석과 빙하얼음으로 인해 댐처럼 막혀서 형성된 호수들이 이 지역에 나타난다. 보통 빙하 호수에서 흘러나오는 거대한 흐름들은 빙하 아래의 분출들과 관련이 있으며 이는 저지대에 외연 퇴적물들을 쌓아 평원을 형성해왔다.

....

* **평정산**Table Mountain 빙하 아래에 있는 평탄한 화산으로부터 형성된 메사. 빙하의 침식으로 인하여 형성되었다. (메사: 꼭대기는 평평하고 등성이는 벼랑으로 된 언덕으로 미국 남서부 지역에 흔함)

이 지역의 가장 오래된 기반암은 약 250만 년 정도 되었다. 이 지질공원에서 또 다른 흥미로운 점은 화석이 산재되어 있는 포획암과 과거의 분화 시기를 추정하는데 유용한 테프라 층**이 있다는 것이다.

카틀라 지질공원 홈페이지 www.katlageopark.com

빙하에 의해 침식되어 형성된 평정산인 투야스

- - - - - - - - - - - - -
** **테프라**Tephra **층** 화산 분화 시에 방출되어 공중을 날아 퇴적된 화산재로 이루어진 층으로 남아 있는 화산재를 분석하여 과거의 분화 시기를 추정하는 연구를 테프라 연대학Tephrochronology이라고 한다.

남부 빙하지역

아이슬란드는 지역에 따라 연간 400㎜ 미만에서 5,000㎜ 이상의 눈과 비가 내리는 나라다. 한국과 엇비슷한 좁은 면적이지만 엄청난 강수 편차를 갖고 있다. 5,000㎜가 넘는 강수량은 유럽 최대의 빙하(부피 기준)를 아이슬란드에 만들었다.

바트나요쿨Vatnajökull은 아이슬란드 면적의 8% 정도를 차지하고 있는 실로 광활한 빙하다. 부피로는 유럽 최대이며, 넓이로는 스발바르 제도의 노르아우스틀라네섬에 있는 에우스트폰나에 이어 두 번째이다. 평균 두께는 400m이며, 최대 1,000m인 곳도 있다.

이 거대한 빙하는 난류인 멕시코만류와 아이슬란드 저기압이 만나 내린 눈이 쌓이고 굳어 만들어졌다.

이 빙하를 바로 눈앞에서 만날 수 있는 곳이 남부 빙하 지역이다. 이곳에서 스비나페들스요쿨, 피알사우를론, 요쿨사우를론 등을 만나보자.

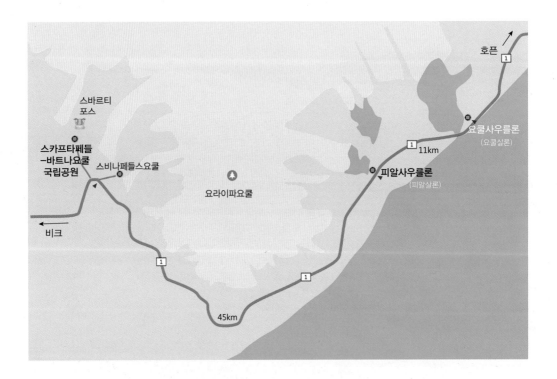

스카프타페들 *Skaftafell*

스카프타페들은 아이슬란드 남동부에 위치한 자연보호 지역이다. 1967년 (400~500㎢)에 세워진 두 번째 국립공원으로 이 나라에서 가장 귀한 보석 같은 자연을 포함하고 있다. 거칠고 울퉁불퉁한 풍경, 산과 빙하, 식물상과 동물상은 방문객에게 독특한 경험을 제공한다.

2004년 11월, 공원 면적은 4,807㎢로 증가했다. 2008년 이후로 바트나요쿨 국립공원의 일부가 되어 유럽에서 가장 큰 국립공원이 되었다. 지역 내에는 유럽에서 가장 큰 빙하 바트나요쿨과 아이슬란드의 최고봉 크반나달스흐누쿠르산 등이 있다.

SVÍNAFELLSJÖKULL
스비나페들스요쿨

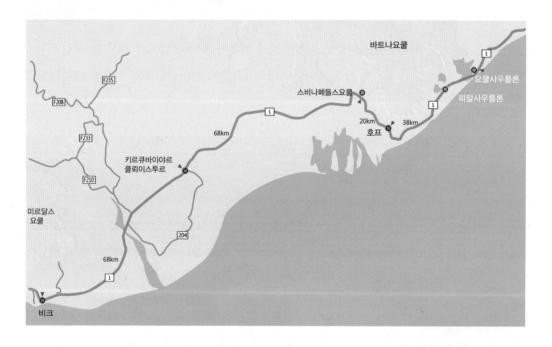

가는길

- 스비나페들스요쿨은 비크에서 1번 도로로 137km 주행 후 좌회전하여 2.6km의 비포장도로를 달리면 도착한다. 약 140km 정도 떨어져 있어 차량으로 1시간 40분가량 소요된다.

아이슬란드 국토의 8%를 차지하는 바트나요쿨 빙하 지역은 유럽 최대 크기를 자랑한다. 또한, 다양한 빙하 트레킹을 직접 체험할 수 있어 아이슬란드 빙하 여행의 필수 코스이다.

스비나페들스요쿨은 바트나요쿨의 지류 빙하로 '왕좌의 게임', '인터스텔라' 등 다양한 드라마와 영화의 촬영지였으며 비교적 접근이 쉬워 인기가 높은 곳이다.

스비나페들스요쿨은 주차장에서 5분만 걸어가면 거대한 빙하를 만날 수 있어 접근성이 좋다. 주차장에서 좌측의 산자락을 끼고 돌아서면 가장 먼저 눈에 들어오는 것은 거대한 바트나요쿨의 만년설이지만 주위를 둘러보는 순간 이곳의 매력이 다른 곳에 있음을 알 수 있다. 화산 분출로 인해 화산재가 쌓이고 그 위에 빙하가 형성되면서 독특한 색감을 자아낸다. 흔히 빙하라고 하면 순백의 하얀 결정체를 생각하는데 여기는 화산재가 뿌려져 있어 거뭇거뭇한 것이 오히려 오묘하면서 근사한 색깔을 띠고 있다. 거대한 빙하를 손에 닿을 듯 가까운 곳에서 볼 수 있어 감탄과 경이가 떠나지 않는 곳이다.

하류에는 빙하가 녹아 흐른 물이 작은 호수를 만드는데, 겨울에는 호수가 얼어 있어서 호수 안으로 직접 걸어 들어가 빙하를 만져 볼 수 있다. 이곳은 다른 빙하호수들보다 규모가 작아 아쉽게도 보트 투어 프로그램이 없다.

거대한 얼음덩어리가 오랜 시간 공기와 화산재를 만나 만들어진 이곳은 지구가 아닌 또 다른 행성에 있는 것처럼 느끼게 해 준다. 이렇게 경이로운 풍경을 선사해준 빙하가 약 200년 후면 다 사라질 것이라고 하니 안타까울 뿐이다.

빙하 트레킹은 빙하에 생기는 깊은 균열인 크레바스 때문에 위험이 도사리고 있어 반드시 업체에 예약하는 것이 좋다. 빙하 트레킹에 필요한 안전 장비들을 준비해 오기 때문에 전문 가이드와 함께하면 안전한 트레킹을 할 수 있다.

 Tour

빙하 트레킹

전화번호	+354-519-7979
홈페이지	www.guidetoiceland.is
소요 시간	2시간 30분
최소 연령	8세
출발 시간	10:00 10:30, 11:00, 12:00, 13:00, 14:00, 14:30, 15:00
출발 장소	Icelandic Mountain Guides Sales Lodge (국립공원 내 Visitor Center 옆)
가격	11,000 ISK

SVARTIFOSS

스바르티포스

가는길

• 비크에서 1번 도로로 138㎞를 주행한 후, 스카프타페들/바트나요쿨 국립공원 방향으로 좌회
전하여 1.7㎞의 도로를 달리면 도착한다. 약 140㎞ 거리로 1시간 40분가량 소요된다.

스바르티포스의 이름은 검은 폭포를 의미하는데, 이는 어두운 용암 기둥으로 둘러싸여 있기 때문이다. 이 폭포의 특징은 자로 재어 그은 듯한 반듯한 수직의 주상절리이다. 이 수직 주상 절리는 폭포가 떨어지는 중앙에서 양쪽으로 곧게 뻗은 주상 절리가 부채처럼 펼쳐져 있어, 마치 겹겹의 주름치마를 둘러싸고 있는 모습을 연상케 한다. 폭포의 좌측 상부 절벽에는 주상절리가 휘어져 있는 엔태블러처가 보인다.

스바르티포스는 높이 20m로 그리 규모가 크지 않은 폭포이지만 절벽이 주상절리로 되어 있어 더 큰 감흥을 준다. 인상적인 이 폭포의 모습은 그뷔드욘 사무엘손Guðjón Samúelsson과 같은 아이슬란드 건축가들에게 영향을 주어 국립 극장 건물, 레이캬비크의 하들그림스키르캬 교회 및 아쿠레이리의 교회 디자인에 영감을 주었다.

스바르티포스를 만든 스토릴라이쿠르Stórilækur강의 원천은 크리스티나르틴다르Kristinartindar산 (1,126m) 주변의 바트나요쿨 빙하이다. 스바르티포스와 아이슬란드의 다른 폭포를 방문하는 가장 좋은 시기는 여름인데, 이때는 모든 도로가 열리고 기온도 적당하여 빙하에서 눈과 얼음이 녹아내려 수량이 많아 보기에 좋다.

스바르티포스 트레일

트레킹은 스카프타페들 국립 공원 방문자 센터에 있는 대규모의 무료 주차 공간에서 시작한다. 주변의 몇몇 게시판에는 스바르티포스 및 스카프타페들 국립공원 등산로에 대한 정보가 제공된다. 떠나기 전 스카프타페들 방문객 센터에서 많은 정보를 얻을 수 있으니 둘러보는 것이 좋다.

트레킹 경로가 쉬워 따로 지도를 얻을 필요는 없지만 사전에 코스를 눈으로 익히고 떠나면 좋다. 스카프타페들 국립공원의

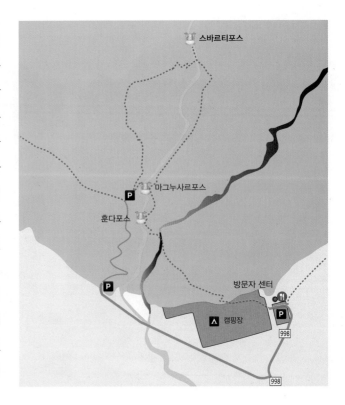

하이킹 코스는 잘 정비되어 있다.

트레킹 코스는 두 군데에서 출발할 수 있는데, 첫 번째는 가장 많이 선택되는 코스로 방문자센터에서 출발하여 캠핑장을 좌측에 두고 숲길을 천천히 걸어가는 쉬운 코스이다.

두 번째는 차를 다시 남서쪽 비포장도로를 따라 500m 정도 이동하여 주차한 후 남쪽에서 폭포를 향해 오르는 길이다. 이 길은 차량으로 중턱에 위치한 마그누사르포스Magnúsarfoss까지 오를 수 있지만, 통제되어 있어 차량을 아래에 주차하고 트레일을 따라 걸어 올라간다. 주차장에서 스바르티포스까지의 거리는 약 2㎞ 정도로, 걸어가는 데는 약 60분 소요된다. 트레일은 약간 오르막이 있지만, 어린아이들도 가능할 정도로 쉬운 코스이다. 출발하여 1㎞ 정도 협곡을 따라 올라가면 처음으로 훈다포스Hundafoss를 만나게 된다. 이 폭포는 높이 24m로 규모가 작고 협곡 아래에 있어 주의를 기울이지 않으면 보지 못하고 지나칠 수 있다.

두 번째 만나게 되는 폭포는 높이 9m 정도의 마그누사르포스로 세 폭포 중 가장 작다. 이 폭포는 훈다포스에서 170m 정도만 걸어 올라가면 만나게 된다. 스바르티포스로 가기 위해서는 마그누사르포스에서 약 850m를 더 걸어 올라가야 하는데 이 길은 경사가 완만하여 주변을 보며 산길을 걷는 기분이 일품이다. 스바르티포스에 도착하여 내려가는 길은 좁고 겨울에는 얼어붙어 있어 주의를 요하지만 전체적으로 무난하다. 관람로는 나무 데크로 잘 정비되어 있어 걷기에 편하다.

마그누사르포스

스바르티포스를 지나 뒤편 언덕을 오르면 방위표가 나오는 지점이 있는데 이곳은 사방이 툭 트여 전망이 좋다. 체력이나 시간적 여유, 날씨가 허락한다면 이정표를 따라 이 지점에서 더 멀리 걸을 수 있는 트레킹 코스가 있으니 참고하기 바란다.

피알사우를론
(피알살론)

이사피오르두르

아쿠레이리

에이일스타디르

레이캬비크

피알사우를론

비크

🪧 가는길

• 피알사우를론은 비크에서 1번 도로를 따라 180㎞ 떨어져 있어 약 2시간이 소요된다. 호프에서 출발한다면 29㎞, 20분 정도면 도착한다.

지구의 오랜 역사에서 빙하기는 수없이 많이 있었다. 과거 빙하기의 무수한 증거들이 지형적 변화 때문에 사라졌지만 가장 최근 빙하기는 현재의 지형에 영향을 주고 있다. 우리가 흔히 말하는 빙하기란 보통 가장 최근 빙하기를 의미하는 것으로, 250만 년 전에 시작해서 약 1만 년 전에 끝난 지질 시대를 의미한다. 지구 역사의 또 다른 흔적인 빙하를 만나러 피알사우를론으로 이동한다.

피알사우를론으로 가는 길은 높은 산들 위에서 아래로 내려오려고 안간힘을 쓰는 빙하들을 바라보고 가는 길이라 아름다운 풍경에 몰입되어 전혀 지루함을 느낄 수 없다. 피알사우를론은 겨울에는 사람들이 붐비지 않아 차를 호수 바로 앞까지 가져갈 수 있으나, 여름철에는 주차장에 차를 주차하고 500m 정도 걸어가야 한다.

피알사우를론은 아이슬란드에서 가장 큰 빙하인 바트나요쿨의 지류인 오라이바요쿨^{Öræfa-}의 빙하가 녹아 서쪽으로 흘러내려 만들어진 빙하호수이다.

호수 가장자리에서 북서쪽을 쳐다보면 해발고도 2,110m인 아이슬란드 최고봉인 크반나달스흐뉴쿠르^{Hvannadalshnjúkur}를 품고 있는 오라이바요쿨을 볼 수 있다. 피알사우를론은 이 오라이바요쿨에서 떨어져 나온 빙하 조각들이 흘러가는 곳이다.

이곳에서는 빙하 트레킹을 할 수 있는데 트레킹에 참가해 보면 실제 외계 행성에 있는 듯한 놀라운 풍경에 빠지게 된다.

아이슬란드의 빙하 호수 지역은 피알사우를론보다는 요쿨사우를론이 유명하지만, 피알사우를론은 빙하를 가장 가까운 거리에 두고 산책하며 빙하가 만든 아름다운 풍경을 여유롭게 감상할 수 있는 최고의 장소이다.

겨울에 방문힌다면 요쿨사우를론은 호수가 바다와 섭하고 있어 쉽게 얼지 않지만, 피알사우를론은 호수가 얼어붙어 있어 그 위를 걸어 보며 얼어붙은 유빙을 만져 볼 수 있다.

JÖKULSÁRLÓN
요쿨사우를론
(요쿨살론)

![가는길]

- 요쿨사우를론은 비크에서 1번 도로를 따라 190㎞ 주행하면 도착하며 2시간 20분 정도 소요된다. 호픈에서는 80㎞ 떨어져 있어 1시간 정도 소요된다.
- 버스를 이용한다면 6~9월까지 운행되는 버스가 레이캬비크에서 호픈을 오가는 길에 요쿨사우를론에서 1시간 정도 정차한다.

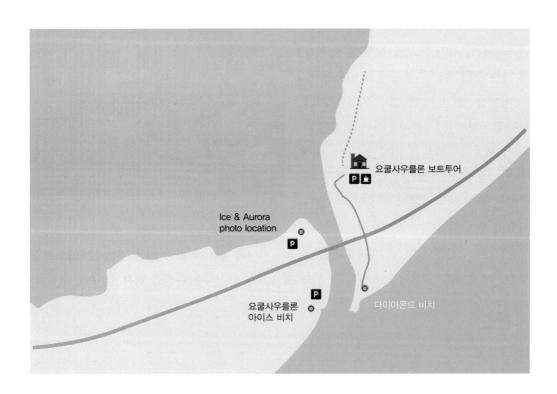

요쿨사우를론의 오로라

이곳은 아이슬란드에서 가장 인기 있는 빙하 관광지로, 아이슬란드 남부를 덮고 있는 유럽 최대의 빙하인 바트나요쿨 빙하가 운반해 온 토사가 수천 년의 시간에 걸쳐 만의 입구를 막아 만들어진 석호lagoon이다. 석호란 육지에서 바다로 모래로 된 자연제방이 좁고 길게 뻗어 나가 생긴 얕은 호수로 주로 강과 바다가 만나는 곳에 생긴다. 아이슬란드는 연중 불어오는 편서풍 때문에 파랑 에너지가 강하고 빙하로부터 풍부한 퇴적 물질을 공급받아 이런 석호가 형성되는 데 있어 최적의 조건을 가지고 있다.

원래는 빙하 호수였지만 지난 수십 년간 지구 온난화로 인해 빠르게 녹으면서 호수가 점점 더 넓어져 현재는 바다와 연결되었다. 빙하 호수가 바다와 만나면서

007 어나더 데이 장면

호수 안으로 해수가 유입되고, 짠 바닷물은 빙하를 더 빨리 녹이는 결과를 낳고 있다. 요쿨사우를론의 빙하를 포함해 아이슬란드의 빙하를 다 녹인다면 물의 양이 3,600조 리터에 달하는데, 이는 전 세계 해수면을 1㎝ 정도 상승시킬 수 있다.

요쿨사우를론은 영화 '툼레이더'와 '007 어나더 데이', '베트맨 비긴즈' 등의 촬영지로도 널리 알려져 있으며 아이슬란드에서 가장 큰 빙하 호수로, 피알사우를론과는 비교가 되지 않을 정도로 거대한 호수이다.

요쿨사우를론은 아이슬란드어로 빙하Jökul와 호수sárlón의 합성어로 빙하호수를 의미한다. 빙하에서 떨어져 나온 유빙들이 떠다니는 모습은 스비나페들스요쿨과 피알사우를론과는 또 다른 아름다움을 선사해준다. 세상 어디에서도 본 적이 없는 빙하에서 떨어져 나온 수천 년 된 얼음들이 호수 위를 떠도는 모습을 보면 감탄이 절로 나온다. 특히 석양이나 오로라의 모습이 호수에 비추면 더욱더 신비로운 느낌을 준다.

유빙들은 대체로 투명한데 어떤 것은 푸른빛을 띠고 있고, 다른 어떤 것들은 화산재로 인해 검은색을 띠기도 한다. 이런 다양한 색들의 빙하들이 오묘하게 어우러져 무척 인상적인 모습을 보여준다. 햇빛이 강한 날에는 빙산의 색깔이 더욱 푸른빛을 띠어 환상적이며, 뒤집혀 있는 빙하의 투명함은 그 어떤 말로도 표현할 수 없을 정도이다. 호수 위 유빙이 바람에 의해 균형이 불안정해지면 쉼 없이 뒤집기를 반복하여 더욱 다양한 모양과 색깔의 빙하를 보여준다.

흔히 빙하는 색이 투명할 것이라 생각하지만 실제 빙하를 보면 푸른색을 띠는 경우가 많다. 빙하가 푸르게 보이는 이유는 '빛의 산란과 빙하의 두께'와 관련이 있다. 빙하와 같이 두꺼운 얼음은 푸르게 보이나 일반적으로 얇은 얼음은 투명하거나 흰색으로 보인다. '빨주노초파남보'의 가시광선은 산란의 정도가 파장에 따라 달라지는데, 파장이 긴 붉은색 쪽 파장보다 파장이 짧은 보라색 쪽 파장이 산란이 잘 된다. 따라서 파장이 긴 붉은색 쪽 파장은 얼음 깊숙이 투과할 수 있지만, 파장이 짧은 보라색 쪽 파장은 얼음 표면에서 쉽게 산란되고, 이 중 우리 눈에 잘 인식되는 파란색의 파장이 보이게 되어 빙하가 파랗게 보이는 것이다.

요쿨사우를론에서는 겨울을 제외하면 수륙 양용 보트나 조디악 보트를 타고 직접 호수에 들어가 유빙 사이를 다니며 푸른빛의 빙하를 좀 더 가까이에서 관찰할 수 있다.

다이아몬드 비치의 파란 빙하

보트를 타면 가이드가 호수에서 빙하의 얼음 조각을 건져 올려 관광객에게 직접 맛을 보여주기 때문에 위스키를 미리 준비해와 낭만을 즐기는 사람도 많아 특별한 경험을 즐길 수 있다.

빙하의 밀도는 $0.920g/㎤$로 물보다 가볍고, 일반 암석의 1/3이다. 빙하를 들어 올린다면 같은 힘으로 암석보다 3배나 큰 빙하를 들어 올릴 수 있어 누구든 천하장사처럼 보일 수 있다.

다이아몬드 비치

다이아몬드 비치는 요쿨사우를론 남쪽에 위치한 검은 해변이다. 호수 말단 부분에서는 해안선과 나란한 빙퇴석 언덕을 볼 수 있다. 빙퇴석을 경계로 호수의 반대쪽 해변에는 요쿨사우를론에서 흘러나온 유빙이 바다로 흘러들기 전 흩뿌려져 또 다른 경관을 만든다. 직접 보게 되면 이 해변이 왜 다이아몬드 비치라고 불리는지 누구나 이해가 될 것이다.

다이아몬드 비치

얼음 덩어리는 투명에서 흰색, 가장 놀라운 파란색에 이르는 다양한 형태와 색상을 갖지만, 극소수는 검은색을 띠기도 한다. 이 얼음들은 천천히 호수를 지나 맞은편 바다의 해변에 도달한 뒤, 바닷속으로 천천히 녹아들며 사라진다.

이곳은 마치 미술관을 방문하는 기분이 들게 한다. 자연이 만든 검은 해변과 푸르고 투명한 빙하 조각이 일출과 일몰의 태양을 만나게 되면 언제나 새로운 예술 작품이 된다.

시간 여유가 있고 날씨가 협조한다면 얼음 속으로 투과하는 태양 빛을 사진에 담아보자.

Tour

빙하 투어

전화번호 +354-519-7979

홈페이지 http://icelagoon.is

종류	수륙양용	조디악 보트
운영기간	5월, 10월 : 10:00~17:00 6월~9월 : 09:00~19:00	6월~9월 (9:30, 11:00, 13:00, 14:30, 16:20 and 17:40)
가격	어른(13+) : 5,500 ISK 어린이(6~12세) : 2,000 ISK 6세 미만 : 무료	어른(13+) : 9,500 ISK 청소년(10~12세) : 5,000 ISK 10세 미만은 탑승 불가
사진		

안내 영어, 프랑스어, 독일어

 Tip

요쿨사우를론에 가기 전 준비사항

◦ 여름에는 아이슬란드가 따뜻할 수 있지만 요쿨사우를론의 빙산은 얼굴에 느낄 수 있을 정도로 차가운 공기를 뿜어내기 때문에 햇살이 들더라도 모자와 따뜻한 장갑을 준비해야 한다.

◦ 일몰도 좋지만 요쿨사우를론에서는 일출 때가 빛 조건이 더 좋으므로 사진 촬영을 염두에 둔다면 일출을 추천한다.

 **Science Plus**

아이슬란드의 빙하

불과 얼음의 나라인 아이슬란드는 국토의 10% 이상이 빙하로 덮여 있다. 아이슬란드는 작은 대륙 빙하로, 쌓인 눈이 얼음이 될 정도로 오랜 세월이 흘러 빙하가 생긴 곳이다.

거대한 빙하는 작고 가벼운 눈송이에서부터 시작된다. 많은 양의 눈이 추운 날씨 때문에 녹지 않고 계속해서 쌓이면서 눈의 자체 무게에 눌려 눈의 입자가 파괴되기도 하고, 부분적으로 녹기도 한다. 오랜 세월 동안, 심지어 수백 년에 걸쳐 쌓인 눈이 압축되어 밀도가 높아지며 두꺼운 얼음 더미를 형성하게 된다. 이렇게 눈이 오랫동안 쌓여 단단하게 굳어진 후 중력에 의해 낮은 곳으로 이동하는 빙결 상태가 계속 유지되는 거대한 얼음 덩어리를 빙하라고 한다.

빙하의 특이한 점은 이동한다는 것이다. 빙하는 질량 자체만으로 중력에 의해 매우 느린

속도로 밀려 나간다. 빙하의 형태는 오래
지속되지만 이동하면서 서서히 모양이 변
하게 되어 크레바스^{crevasse}, 크랙이 만들어
지거나 상황에 따라 아름다운 빙하 동굴
이 생성되기도 한다.

아이슬란드에는 화산이 많고 위도가
높아 활화산 봉우리에 형성된 빙하들이
매우 많다. 화산이 분출할 때 그 위에 있
던 빙하 얼음이 순식간에 녹으면서 휩쓸
고 지나가면 풀 한 포기 안 나는 일명 요
쿨흐뢰이프^{Jökulhlaup}강이 생기기도 한다.

바트나요쿨

아이슬란드의 대표적 빙하는 바트나요쿨^{Vatnajökull}이다. 아이슬란드 남동부에 있는 바트나
요쿨은 유럽에서 가장 큰 빙하로 아이슬란드 최대 규모의 빙하가 다 그렇듯이 산의 사방에서
빙하설이 흘러내리고, 빙하설마다 별도로 이름을 갖고 있을 만큼 규모가 크다. 이 소규모의
빙하 중 하이킹으로 가장 유명한 곳은 오라이바요쿨^{Öræfajökull} 빙하이다. 이는 아이슬란드 최
고봉인 크반나달스흐뉴쿠르^{Hvannadalshnjúkur}산을 포함하고 있기 때문이다.

아이슬란드에서 가장 화산활동이 활발한 곳은 그림스보튼^{Grímsvötn} 화산으로 바트나요쿨
빙하지대에 있다. 바르다르붕가^{Bardarbunga} 화산의 홀루흐뢰인^{Holuhraun}에서 2014년 8월 29일에
화산분출이 일어났다.

▶ 기후변화의 타임캡슐

얼음 조각 속에는 수천 년 전의 깨끗한 공기 방울이 갇혀 있어 과거의 대기 환경을 연구
하는 데 중요하다. 기후변화로 인한 빙하의 확대·축소 때문에 빙하는 나무의 나이테와 같은
층을 갖게 된다. 오늘날 과학자들은 빙하의 두꺼운 얼음층을 뚫어 긴 얼음 원통인 빙핵^{ice core}
을 추출하고, 깊이에 따라 얼음 속에 갇힌 공기, 꽃가루, 화학물질, 먼지 등을 조사하여 과거
수백만 년에서 수천만 년 전의 기후변화를 연구한다. 따라서 빙하는 과거 기후변화의 비밀을
푸는 타임캡슐이라 할 수 있다.

빙하를 이용하여 기후 변화를 알아내는 방법에는 산소 동위원소 측정방법이 있다. 일반

적인 산소는 원자량이 16(^{16}O)인 기체이지만 산소 중에는 실제 대기의 존재 비율이 무척 적은, 원자량이 18인 산소(^{18}O)도 포함되어 있다. ^{18}O는 일반적인 ^{16}O보다 더 무거우며 증발이 잘 안 되는 산소이다. 산소동위원소 비율은 ^{18}O/^{16}O으로 이를 이용하면 과거 대기에 있던 산소 동위원소비를 조사할 수 있다.

과거에 눈이 내려 쌓이고 그 쌓인 눈 사이에 산소가 들어가게 되면 그 상태로 빙하가 되어버린다. 빙하 속에 포함된 산소 동위 원소량을 조사하면 과거의 기온을 추측할 수 있다. 더운 여름의 경우에 증발량이 많기 때문에 ^{18}O이 바다에서 평소보다 더 많이 증발하게 되어 대기 중에는 ^{18}O이 평소보다 더 많아지게 되며, 대기의 산소동위원소 비율은 높아지게 된다. 즉, 빙하의 산소동위원소 비율이 높으면 과거에 그 눈이 축적되던 시기는 기온이 높았음을 알 수 있다.

▶ 빙하의 침식 및 운반 작용에 의한 지형

빙하가 이동하면서 주변 지형을 침식하거나 운반하면서 만드는 지형은 다음과 같다.

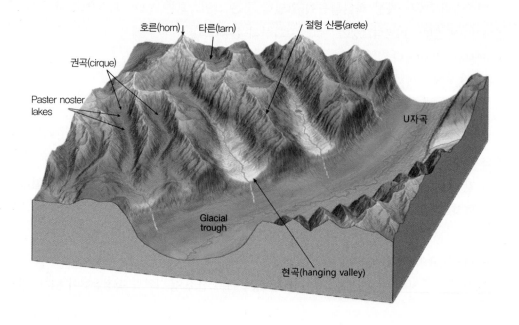

- U자곡^{U-valley} : 골짜기를 따라 흘러내리는 빙하의 침식에 의하여 형성된 U자형 계곡
- 현곡^{shirk} : 빙식곡의 상류 쪽 끝에 있는 3면이 절벽으로 된 우묵한 지형
- 절형 산릉^{arete} : U자의 빙식곡 사이의 날카로운 산 능선
- 호른^{horn} : 뾰족한 뿔 같은 산꼭대기
- 권곡^{cirque} : 산릉 사이에 둥글게 움푹하게 파인 지형
- 피오르^{fjord} : 빙하의 침식에 의해 형성된 해안
- 빙하호^{glacial lake} : 빙하의 무게에 의해 지각이 가라앉거나 빙식 되어 평원이 형성된 후, 빙하가 녹은 물이 채워져 생긴 호수
- 타른^{tarn} : 빙하에 의해 형성된 산의 가파른 경사면에 있는 작은 호수나 연못
- 찰흔^{striation} : 빙하에 박힌 암편에 의하여 기반암의 긁힌 자국

▶ **빙하 퇴적지형**

빙하의 이동 과정에서 침식되어 운반된 크고 작은 암석의 부스러기들은 빙하의 측면에 퇴적되어 빙퇴석을 형성하는데, 가장 먼 곳에 발달한 빙퇴석(말단퇴석)은 그곳이 빙하의 마지

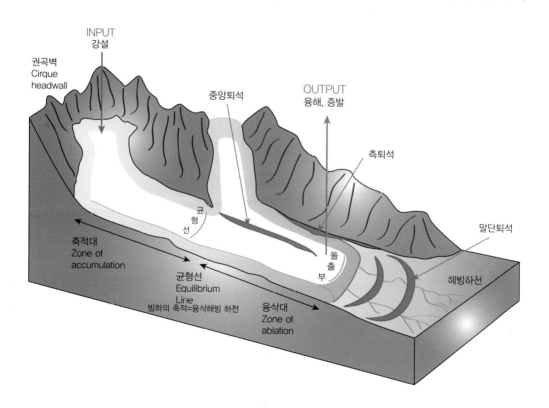

막 도달 지점임을 말해 준다. 뿐만 아니라 빙하가 움직이는 방향과 평행하게 쌓인 타원형의 드럼린, 빙하를 따라 산 위에서 아래로 흘러내려 온 둥근 바윗덩어리인 표석, 그리고 빙하에서 녹아 흐르는 물(융빙수)에 의해 빙하 속 터널을 통과하여 좁고 길게 쌓인 에스커 등이 발달하기도 한다.

요쿨사우를론 같은 빙하 호수의 말단 부분에서는 해안선과 평행하게 높은 언덕을 이루며 쌓여 있는 모래와 자갈 등의 언덕을 볼 수 있다. 이 언덕이 바로 빙하에 의해 이동된 퇴적물이 쌓인 빙퇴석이다.

빙퇴석은 하천에 의해 쌓인 퇴적층과는 달리 다양한 크기의 입자들이 규칙성 없이 뒤죽박죽 섞여 있다. 특히 일반 하천이나 강과는 비교할 수 없이 큰 돌덩이가 운반되기도 하는데 이러한 바위가 빙하를 따라 수백 ㎞를 이동하여 이전 환경과 전혀 다른 환경에 정착하게 되면 이를 미아석, 즉 '길을 잃은 바위'라고 부르기도 한다. 요쿨사우를론 주변에 쌓여 있는 빙퇴석의 엄청난 규모로 보아 과거 빙하의 규모가 얼마나 컸는지 가늠할 수 있다.

LANDMANNALAUGAR
란드만날뢰이가르

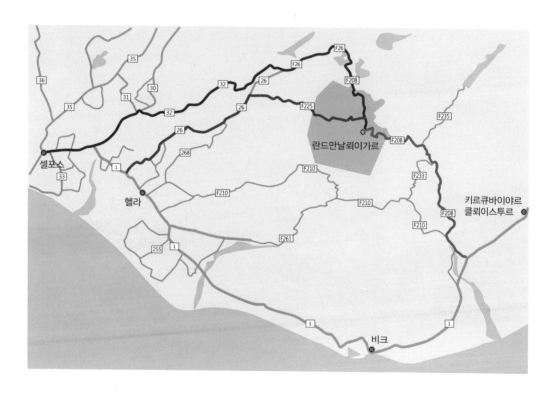

가는길

• 자동차로 이동할 때에는 레이캬비크에서 약 190㎞, 3시간 30분 정도 소요된다.

• 셀포스에서는 139㎞, 2시간 45분 정도, 비크에서의 거리는 122㎞로 3시간 정도 소요된다.

    렌터카를 이용하여 란드만날뢰이가르로 가는 길은 F도로 즉, 비포장 산악 도로를 이용하여야 하므로 4WD 차량을 이용하여야 한다. 이 구간에서 사고가 날 경우 렌터카는 보상을 받지 못한다. 란드만날뢰이가르로 가는 길은 3개의 주요 도로가 있다.

    가장 쉬운 방법은 북쪽에서 오는 길로 26번 도로를 따라 오다가 F208 도로로 오는 길이다. 이 길은 도강할 강이 가장 적으므로 일반 차로도 진입이 가능하지만 비포장에 의한 흔들림에 대비해야 한다. 또한, 도착하기 1㎞ 전에 강을 하나 건너야 하므로 4WD가 아니라면 주차해놓고 1㎞ 정도 걷는 것이 현명하다. 사륜 구동이라 할지라도 차고가 낮은 차는 강을 건너는데 무리가 올 수 있고 특히, 아이슬란드 차량은 번호판이 약하게 고정되어 있어 강을 건너가다 번호판을 잃어버리기도 한다.

두 번째로 쉬운 길은 26번 도로에서 서쪽에서 F225 도로를 타고 오는 길이다. 이 길은 헤클라Hekla산에서 가까운 도로로 세 번 정도 강을 건너야 한다.

마지막 세 번째는 남쪽 1번 도로에서 F208 도로로 진입하는 길이다. 이 길은 강이 많으므로 건너는데 어려움이 따른다. 시기에 따라 강물의 수위가 많이 다를 수 있기 때문에 날씨를 미리 알아볼 필요가 있다.

Tour

버스 투어

■ 란드만날뢰이가르 투어

홈페이지 www.landmannalaugartours.com

가격 ·성인 15,900 ISK　　·청소년(10~15세) 7,950 ISK　　·어린이(0~9세) 무료

출발 시간	출발 장소
07:10	the Reykjavík Camp Site in Laugardalur, 105 Reykjavík.
07:30	the Reykjavík (Harpa Concert Hall), 101 Reykjavík.
08:10	Hveragerði, Sunnumörk Tourism Info.
08:30	Selfoss – Riverside Hotel.
08:35	Selfoss – Campsite.
09:00	Hella (Bus stop at Miðvangur).
09:30	Leirubakki.
11:30	Landmannalaugar(cabins & campsite) 도착

■ 트렉스

홈페이지 www.trex.is/landmannalaugar

운행시기 6월 중순~9월 중순(6.21~9.9. 2018년)

가격 ·성인 16,800 ISK　　·청소년(10~15세) 8,400 ISK　　·어린이(0~9세) 무료

출발장소 BSÍ (옴니버스 중앙역 omnibus central station)

출발 시간	출발 장소
07:30, 12:30	레이캬비크
08:50, 13:50	셀포스
09:35, 14:35	헬라
11:30, 16:30	Landmannalaugar(cabins & campsite) 도착

　　나무 한 그루 없는 이끼로 뒤덮인 형형색색의 민둥산, 그 아래 계곡을 흐르는 강과 푸른 들판, 넓은 용암대지와 지열지대 특유의 수증기를 내뿜는 땅, 이곳이 아이슬란드 여행을 준비하면서 가장 가슴이 설레고 기대하던 곳인 란드만날뢰이가르이다.

　　아이슬란드의 유명한 관광지 대부분은 링로드 주변에 위치해 있어 아이슬란드를 여행하는 대부분의 사람들은 링로드를 일주하며 주변 지역을 여행하게 된다. 그러나 란드만날뢰이

가르는 내륙에 있어 접근성이 어려워 방문객이 많이 찾지는 않지만, 아직 개발되지 않은 아이슬란드 내륙 부근의 때 묻지 않은 있는 그대로의 비현실적인 아름다움을 가지고 있는 곳이다.

아이슬란드 남부 어디선가에서 2시간 동안 갈 수 있는 거리를 지도에 원으로 그린다면 그 원 안에는 큰 빙하와 검은 사막과 유황냄새 나는 지열지대와 화산, 녹색의 협곡, 강, 큰 폭포 등 다양성 있는 모든 지형을 포함하게 된다. 이 많은 지형들을 미국에서 경험하려면 몇 개 주를 돌아보아야 하는 엄청난 거리이지만, 아이슬란드에서는 이 모든 것을 2시간 이내의 거리 안에서 볼 수 있다. 이것이 여러 영화제작자들이 아이슬란드를 영화 촬영 장소로 선택하는 이유이다.

아이슬란드 사람들은 그곳을 인랜드INLAND 혹은 하이랜드HIGHLAND라고 부른다. 인랜드에는 북극의 사막이 끝없이 펼쳐져 있어 황량한 것들뿐이다. 불이 솟아오르는 화산, 뜨거운 김을 풍기는 간헐천 그리고 빙하가 소멸한 차가운 호수, 푸른 식물조차 없다. 아이슬란드에서 보기 쉬운 퍼핀도 북극바다제비도 볼 수 없는 인랜드는 북극의 불모지, 툰드라의 사막인 것이다.

이런 금기를 깨뜨린 건 현대의 어드벤처형 여행자들로, 이들에게 인랜드는 결코 불가침의 영역은 아니었다. 황무지 같은 인랜드에도 비포장이지만 도로가 나 있어 인랜드를 그물같이 연결하고 있다. 아이슬란드의 도로 넘버에 F가 붙으면 험준한 자갈길을 의미하며 때로는 맨 몸으로 강을 건너야 할 때도 있음을 뜻한다.

인랜드의 단골 방문자는 산을 좋아하는 아이슬란드 사람들과 외국에서 온 모험심 강한 여행자들이다. 이들은 4WD SUV를 타고 인랜드로 돌진한다.

란드만날뢰이가르의 지질

1477년에 분출된 검은 색 마그마에 의해 형성된 뢰이가흐뢰인Laugahraun 용암 지대 옆에 자리 잡고 있는 란드만날뢰이가르는 지질학적으로나 관광 자원으로도 매우 희귀한 지역이다. 산의 중턱은 란드만날뢰이가르 유문암으로 구성되어 있는데, 산허리의 지층은 눈부신 다양한 색깔이 스펙트럼을 만들어 내고 있다. 산허리의 붉은색, 분홍색, 초록색, 황금색의 지층은 태양 빛에 따라 색조를 바꾸며 지구상의 어느 곳과도 닮지 않은 황홀하고 광활한 지역을 만들어 낸다.

란드만날뢰이가르 온천

란드만날뢰이가르에는 자연 지열 온천으로 알려져 있는 지형이 있는데, 그 이름이 'The People's Pools'이다. 수세기 동안, 이 온천은 란드만날뢰이가르 여행의 피로한 긴장을 풀 수 있는 수단으로 온천은 지친 여행자를 위한 쉼터이자 휴식 공간이었다. 오늘날, 이 지대를 방문하는 사람들은 수영복과 수건을 가져오는데, 자연스럽게 형성된 온천 수영장 중 하나가 하이킹 코스를 따라 자리 잡고 있기 때문이다.

 Accommodation

란드만날뢰이가르 캠핑장
란드만날뢰이가르 온천 지역에 있다.
뜨거운 물로 5분 동안 샤워를 할 수 있는 샤워 쿠폰 2장(1,000 ISK)을 포함하여 2명의 캠핑비가 4,000~4,500 ISK 정도이다.

⊘ Trekking

란드만날뢰이가르 트레킹

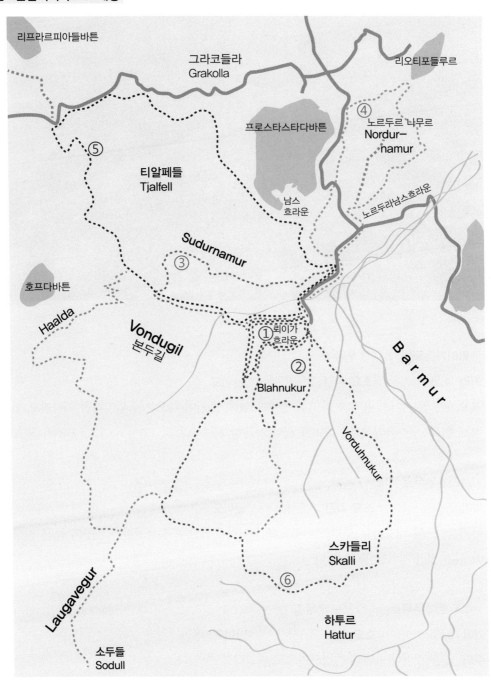

◆ 뢰이가흐뢰인Laugahraun 일주

거리 4.3km **소요 시간** 2시간 **난이도** 하

흑요석이 있는 거친 용암과 다양한 경치가 있다. 스팀이 나오는 용암지대를 지나기도 하고
녹색 협곡Green Gorge이 있는, 화려한 색이 가득한 지역이다.

◆ 브라흐누쿠르Blahnukur

거리 5.7km **소요 시간** 3.5시간 **난이도** 중

아이슬란드를 대표하는 풍경으로 접근하기 어렵지 않으며 정상에서는 지구의 둥근 지평선
이 있는 멋진 경치를 볼 수 있다.

◆ 수두르나우무르Suðurnámur – 본두길Vondugil

거리 5.7km **소요 시간** 3.5시간 **난이도** 상

주의 길을 벗어나면 반대편 경사면으로 미끄러질 수 있다.

란드만날뢰이가르 지역 및 그 밖의 지역을 잘 볼 수 있는데, 산 자체의 모양과 색이 아름답다.

◆ **리오티포들루르**Ljótipollur

거리 13.3㎞　　**소요 시간** 4~6시간　　**난이도** 중

주의 노르두르나무르Nordurnamur 및 리오티포들루르의 능선의 가파른 경사

폭발적인 분화구인 리오티포들루르, 호수와 강이 어우러진 풍경과 3개의 용암으로 이루어진 고원지역을 볼 수 있다. 쉬운 산책로가 다양하며 그 중 일부는 자동차로 갈 수 있다. 분화구 주변을 걷거나 분화구 바닥 호수를 걷는 것은 어렵지 않다.

◆ **본두길 – 도마달루르**Dómadalur **– 프로스타스타다바튼**Frostastaðavatn

거리 17.8㎞　　**소요 시간** 6~8시간　　**난이도** 중

광활하게 펼쳐진 곳에 식물이 변화무쌍하게 있으며, 유문암과 응회암으로 이루어진 이 전망은 다른 세계를 보여준다. 도마달스흐뢰인 용암으로 만들어진 천연 조각 정원이 있다.

◆ **보르두호누쿠르**Vörðuhnúkur **– 스칼리**Skalli **– 뢰이가베구르**Laugavegur

거리 15㎞　　**소요 시간** 6.5~8.5시간　　**난이도** 상

토르바요쿨Torfajökull 지역의 유문암 경치를 즐기며, 조쿨길 계곡과 협곡을 조망할 수 있는 가장 좋은 트레일이다.

 Tour

스카프타페들에서 출발하는 매일 투어

버스는 란드만날뢰이가르에서 2시간 동안 정차하였다가 14시 30분에 레이캬비크와 스카프타페들로 다시 출발한다. 여름에는 란드만날뢰이가르와 미바튼 사이의 버스 투어가 운행되고 있으며, 예약은 필요하지 않다. 버스표는 미리 온라인으로 예약할 수 있고, 버스에서 직접 구매할 수도 있다. 물론 신용카드 지불도 가능하다.

매년 시간이 바뀌므로 출발 시간을 미리 검색해보는 것이 좋으며, 예약하지 않는 편이 좋다. 현장 구매 시에도 편도로 구매를 하는 것이 좋은데 그 이유는 사람이 북적이지 않아 자리가 항상 있으며, 돌아올 때 두 회사의 차 중에서 아무거나 골라 탈수 있기 때문이다.

란드만날뢰이가르 하이랜드 가이드 투어

가격 2,990 ISK

소요 시간 12시간(이동 및 투어)

픽업 레이캬비크 09:00~09:30

단체 최대 12명

이용 가능 6~8월

연령 제한 8세 이상

투어 하이라이트 란드만날뢰이가르 자연 보호 구역을 슈퍼 지프로 이용, 천연 지열 온천 수영장, 분화구 호수인 리오티폴뤼르, 스프로스타스타다바튼 호수, 햐르파르포스 Hjálparfoss 폭포

포함 레이캬비크에서 픽업&드롭, 천연 지열 수영장에서의 가이드 투어

불포함 식사 및 다과

준비물 따뜻한 옷, 튼튼한 신발(대여 가능), 수영복 및 수건, 간식, 점심 도시락

사이트 www.extremeiceland.is/en/destinations/landmannalaugar

CHAPTER 03

동부
아이슬란드

East Iceland

동부 아이슬란드 *East Iceland*

이사피오르두르

WESTFJORDS

쇠이다우르크로쿠르

아쿠레이리

NORTH-WEST ICELAND

NORTH-EAST ICELAND

에이일스타디르

EAST ICELAND

WEST ICELAND

그룬다르탕기

SOUTH ICELAND

레이캬비크

케플라비크

CAPITAL AREA

셀포스

비크

동부 피오르fjord 지형은 파도와 바람이 조각한 아이슬란드 최고의 절경으로 듀피보구르를 지나면서 나오는 동부 피오르 해안지역을 말한다. 아이슬란드의 남부 항구 마을 호픈에서 동남부 항구마을인 듀피보구르까지 이어지는 꼬불꼬불한 해안선 루트는 매우 아름다워 계속 차를 멈추게 한다.

링 로드인 1번 도로와 바로 연결된 에이일스타디르Egilsstaðir는 아이슬란드 동부 지역의 중심 도시이다. 아쿠레이리부터 호픈까지 버스로 이동할 수 있는 거점 역할을 하고 있어 피오르 관광을 하는 여행객들이 많이 이용하는 곳이다.

동부 지역은 굴곡이 심한 피오르 지역을 지나야 하고 비포장도로 구간도 있어 안전하게 운전하여야 한다. 여름에는 백야 현상으로 밤에도 밝아서 이동할 수 있지만, 비가 오는 날이나 눈이 많이 오는 겨울에는 도로가 미끄러워 조심해야 한다.

동쪽 아이슬란드의 각 마을에는 그들만의 특징이 있으며 일부 해안 마을에서는 북유럽 이웃 국가의 영향력이 분명하게 나타나고 있다.

파우스크루드스피오르두르Fáskrúðsfjörður 지역에서는 프랑스의 영향을 받아 도로 표지판이 아이슬란드어뿐만 아니라 프랑스어로도 쓰여 있다. 에스키피오르두르와 세이디스피오르두르 지역에서는 노르웨이 스타일의 건축물을 쉽게 볼 수 있다. 반면에 20세기 후반에 발전된 동부 아이슬란드의 에이일스타디르에는 다른 나라의 흔적이 나타나지 않는다.

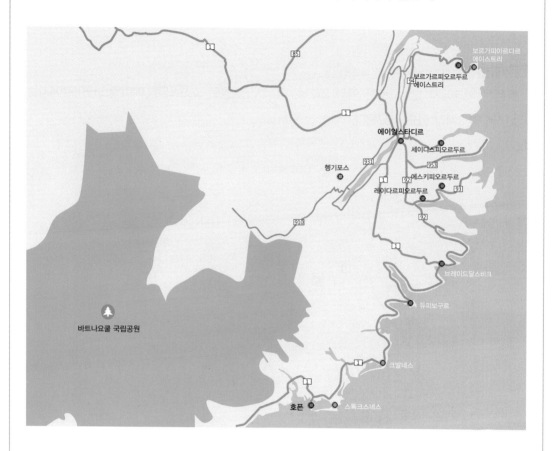

동부 지역은 주로 피오르 지형으로 이루어져 있어 다른 지역에 비해 다양한 경관은 기대할 수 없지만 충분히 매력적이다.

마을 주변의 경치는 웅장한 산과 그 사이로 떨어지는 폭포로 인해 장관을 이룬다. 날씨가 좋아 이곳에서 며칠 동안 트레킹을 한다면 아이슬란드에서 가장 기억에 남을 만한 여행이 될 것이다.

HÖFN
호픈

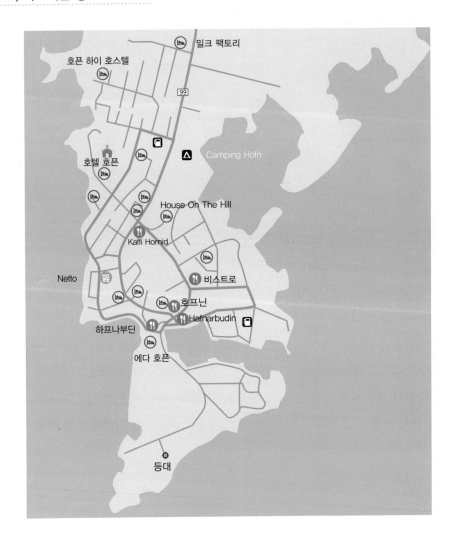

🪧 **가는길**

• 호픈은 비크에서 1번 도로를 따라 272㎞, 약 4시간 정도 소요되며, 에이일스타디르에서는 187㎞, 약 3시간 정도 소요된다.

아이슬란드 남부 동쪽 끄트머리에 있는 호픈은 인구 1,600여 명의 작은 항구 마을로 바트나요쿨 국립공원 관광의 거점 또는 동부 피오르 관광의 시작점이라고 할 수 있다. 동부 아이슬란드에 들어서기 전 마트에서 물품을 준비할 수 있다.

다양한 숙소, 레스토랑, 주유소, 상점 등 각종 편의시설이 몰려있어 이곳에서 숙박하면서 아름다운 빙하를 감상하며 휴식을 취하거나 쇼핑하기 좋다. 다른 곳에서는 보기 힘든 은행과 우체국, 경찰서 등 모든 것이 제법 잘 갖춰진 작은 마을이다.

호픈은 작은 바닷가재가 많이 잡히는 곳으로 다양한 바닷가재 요리를 맛볼 수 있다.

Food

후마르호프닌 Humarhöfnin
주소 Hafnarbraut, 780 Hofn í Hornafirdi, Iceland
전화번호 +354-478-1200
홈페이지 www.humarhofnin.is

호픈을 대표하는 바닷가재가 유명한 레스토랑으로
인기가 많아 성수기에는 한참 기다려야 한다. 바닷
가재 요리의 가격이 부담된다면 생선 요리, 피자 등
다양한 종류의 음식을 선택할 수 있다.

파크후스 레스토랑 Pakkhus Restaurant
주소 Krosseyjarvegi 3, 780 Hofn í Hornafirdi, Iceland
전화번호 +354-478-2280
홈페이지 www.pakkhus.is

90년 전통의 호픈 최고의 레스토랑으로 바닷가재,
생선 등 해산물 요리가 특히 유명한 곳이다.

 Accommodation

밀크 팩토리 Milk Factory
주소 2, 780, Dalbraut, 780 Höfn í Hornafirði, Iceland
전화번호 +354-478-8900
홈페이지 www.milkfactory.is

시내 중심에서 4km 떨어진 호픈 입구에 위치한다.
복층 구조로 실내가 청결하고 조식이 매우 우수하
여 만족도가 높은 숙소이다.

캠핑 호픈 Camping Höfn
주소 Hafnarbraut 52, Höfn í Hornafirði, Iceland
전화번호 +354-478-1606
홈페이지 www.campsite.is

주변 환경이 아름다우며 넓은 지역에 텐트를 칠 수
있는 캠핑장으로 가격대가 높은 편이다. 화장실이
적지만, 전자레인지와 세탁 서비스 등을 이용할 수
있고 캠핑 용품들을 구입할 수 있다.

STOKKSNES
스톡크스네스

가는길

• 호픈에서 99번 도로를 북쪽으로 1.3㎞ 정도 주행하면 1번 도로와 만나게 되는데, 이곳에서 다시 우회전하여 10.4㎞를 주행한 후 다시 우측으로 비포장도로를 4.8㎞ 주행하면 도착할 수 있다.

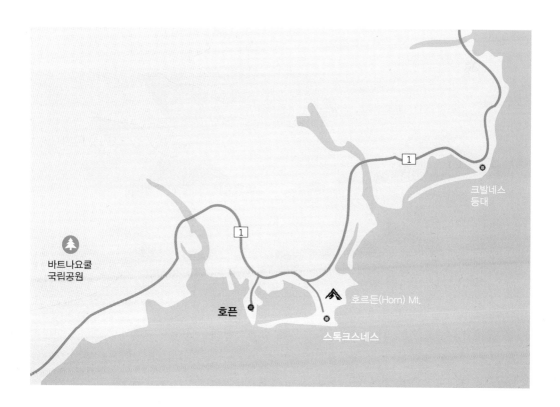

　　동쪽 아이슬란드의 스톡크스네스반도 주변은 뾰족한 산들로 이루어져 있는데, 이 산들을 배트맨 마운틴이라 부른다. 이곳은 냉혹하지만 아름다운 아이슬란드의 경치를 감상할 수 있

는 곳이다. 9세기에 스톡스네스반도는 이 나라의 첫 번째 정착지 중 하나였으며, 세계 2차 대전 동안 영국 군대의 군사적인 요충지였다는 흥미로운 역사도 가지고 있다.

베스트라호르든 Vestrahorn

베스트라호르든은 호픈에서 듀피보구르로 가는 길에 볼 수 있다. 아이슬란드 남동부의 스톡스네스반도에 있는 베스트라호르든은 아이슬란드의 몇 안 되는 반려암Gabbro으로 이루어진 산 중 하나이며, 주변은 북대서양 바다와 접한 검은 모래 해변이 펼쳐져 있다. 이곳은 산맥과 검은 모래 해변이 아름답게 조화를 이루고 있어 많은 사진작가가 사랑하는 장소로 반영사진, 오로라 사진, 일출과 일몰 사진의 명소로 유명하다. 그 외에도 영화 회사가 촬영 후 남긴 바이킹 마을과 베스트라호르든 끝의 작은 난파선과 그 너머에 있는 등대를 볼 수 있다. 파도가 직접 바위를 치기 때문에 길이 미끄러우므로 조심해야 한다.

 Tip

◦ 이곳은 바람이 많이 불면 휘날리는 모래 때문에 눈을 보호해야 한다.

◦ 이곳은 사유지로 입구에 위치한 바이킹 카페에서 1인당 800ISK(2018년 8월 기준)의 입장료를
지불해야 한다.

에이스트라호르든Eystrahorn

이 산의 이름이 호르든이라 불리는 것은 뾰족한 봉우리가 황소의 뿔처럼 생겼기 때문이
다. 베스트라호르든은 서쪽 뿔West Horn을 의미하고, 에이스트라호르든은 동쪽 뿔East Horn을 의
미한다.

웅장한 암벽군과 함께 호수에 반영된 모습을 보면 에이스트라호르든은 동부 피오르의
하이라이트라고 할 만큼 아름답다. 베스트라호르든과 에이스트라호르든 사이의 지역은 론
Lón이라고 불리는 라군 지역으로 다양한 조류가 서식하는데 그 이유는 수백만 마리의 철새가
긴 비행 후 첫 번째로 머무는 곳이기 때문이다. 링 로드의 동쪽으로 에이스트라호르든의 경
사면을 지나면 훨씬 더 인상적인 광경이 펼쳐진다.

HVALNES
크발네스
자연보호 구역

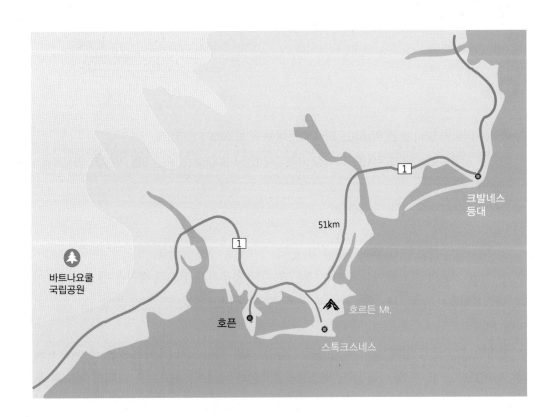

🪧 가는길

• 크발네스는 호픈에서 1번 도로를 따라 약 50㎞를 주행한 후 우측 비포장도로로 약 50m만 더 가면 도착할 수 있다. 고속도로에서 쉽게 접근할 수 있으므로 한 번쯤 둘러보기 좋은 곳 이다.

크발네스 자연 보호 구역Hvalnes Nature Reserve은 등대와 인상적인 절벽을 지닌 가파른 산, 사취*의 조화를 감상할 수 있는 곳이다. 서쪽을 보면 직접 오를 수 있는 마운트 이스트 혼Mount East Horn이 있는데, 이 산의 주변은 험준하고 높은 지형으로 되어 있으며 주로 거친 입자, 어두운 색의 반려암Gabbro**과 석영, 알칼리 장석을 포함하는 문상반암Granophyre, Sub-Volcanic Rock***으로 이루어져 있다. 금, 은, 수은과 같은 금속이 많이 발견되며 이곳에는 일부 이끼류만이 자생하고 있다. 절벽에서 둥지를 짓는 다양한 유형의 새가 있기 때문에 새를 좋아하는 사람들이 많이 찾는다. 주변에 벤치와 테이블이 있으므로 점심을 먹거나 가벼운 산책을 하면서 아이슬란드의 조류를 관찰해 보는 것을 추천한다. 가끔 보너스로 물개와 순록과 같은 포유동물을 만나게 될 수도 있다.

---

* **사취** 육지에서 바다로 뻗어나간 좁고 긴 사질의 자연 제방을 말한다. 사취는 모래를 운반하는 연안류가 돌출부를 지나 조용한 만으로 들어갈 때 유속이 느려지면서 만들어지게 된다.

** **반려암** 현무암질 마그마가 지하 깊은 곳에서 굳어 생성된 입자가 큰 어두운 색의 암석

*** **문상반암** 석영이 고대의 상형문자 모양으로 배열되어 있는 반심성암

크발네스 등대 Hvalnes Lighthouse

크발네스 등대는 높이 11m의 밝은 주황색 콘크리트 구조물로 아이슬란드 동남쪽 모퉁이에 있는 아우스터호르든Austerhorn에 위치한다. 등대는 엔지니어 액슬 스베인슨Axel Sveinsson과 하우스 디자이너 에이나르 스테판슨Einar Stefansson에 의해 1954년에 건설되었고 다음 해에 가동되었다고 한다.

⚡ Science Plus

크발네스 지역의 지질

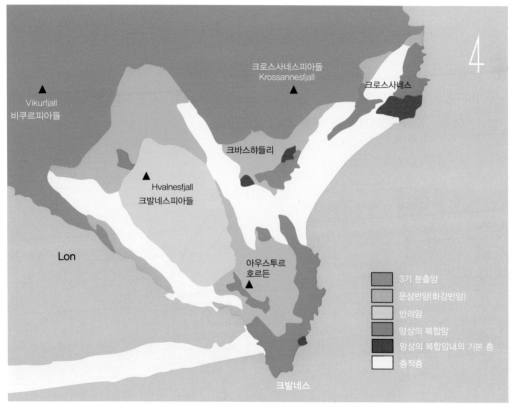

크발네스 지역의 아우스투르호르든 Austurhorn 관입 지질도(Blake, 1966)

이 지역에 특이하게 나타나는 크발네스피아들 반려암은 문상반암으로 둘러싸여 있으며, 망상 복합암 net-veined complex 은 해안을 따라 노출되어 있는데, 크발네스 주변과 크로스사네스피아들의 남동쪽과 동쪽 주변 지역에 가장 잘 나타난다. 비쿠르피아들, 크로스시네스피아들 지역은 신생대 3기 용암으로 덮여 있다.

DJÚPIVOGUR

듀피보구르

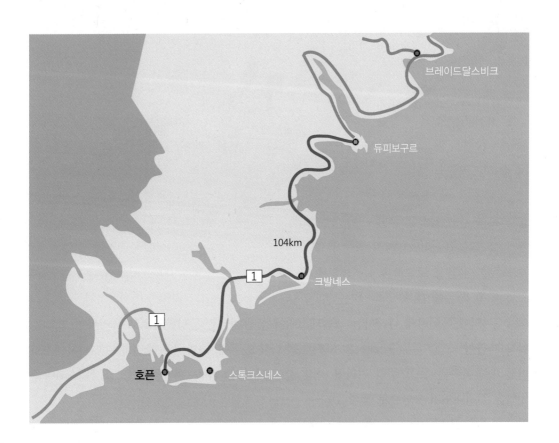

가는길

• 듀피보구르는 호픈에서 약 104㎞ 거리로 1번 도로를 따라 약 1시간 20분 정도 소요된다. 크 발네스에서는 54㎞ 떨어져 있어 45분 정도 소요된다.

　듀피보구르는 아이슬란드 동남부에 위치한 매력적인 마을로 1589년 이래 오랜 무역 역사가 있는 아름다운 자연경관을 지닌 곳이다. 듀피보구르라는 이름에서 듀피Djúpi는 깊은deep, 보구르vogur는 만cove이란 뜻을 가지고 있다.

　듀피보구르의 인구는 약 1천여 명으로 주로 어업과 낚시에 종사하며 살고 있다. 이 도시는 아이슬란드 도시 중에서도 느리게 살기 마을Cittaslow·Slow City 국제 인증을 받은 곳이기도 하다.

　이곳은 주로 인근의 섬 파페이Papey에 배를 타고 들어가 희귀조류인 퍼핀을 가까이서 관찰하기 위해 잠깐 들르는 곳이지만, 아이슬란드 동부 피오르 여행의 거점이 되기도 하니 하루 숙박하며 여행의 피로를 풀고 여유를 가져보는 것도 좋은 방법이다. 듀피보구르에서 가장 오래된 집인 랑가부드Langabúð는 1790년에 건설된 집으로 현재 문화적 중심지 역할을 하고 있다. 이곳은 조각가 리카르두르 존슨Ríkarður Jónsson의 작품 중 일부가 전시되고 있는 문화유산 박물관이다. 국산 공예품을 전시하며 맛있는 케이크와 커피 가게를 겸하고 있다.

이 작은 마을 동쪽 해변가에는 놓쳐서는 안 될 중요 조각품이 전시되어 있다. 아이슬란드 출신으로 국제적으로 이름이 알려진 비주얼 아티스트 조각가인 시구르두르 구드문드손Sigurdur Gudmundsson이 제작한 작품 '에그인 이 그레디비크Eggin i Gleðivík'가 설치되어 있다. 이것은 34개의 화강암을 조각한 작품으로 각각의 조각은 듀피보구르 부근에 사는 34종류의 새들의 알을 의미한다고 한다. 화강암 알의 생김새는 얼핏 비슷해 보이지만 자세히 보면 저마다 조금씩 다르게 생긴 것을 알 수 있다.

해변가 반대편 안쪽으로 이동하다 보면 광물을 수집하여 전시한 예쁘게 꾸민 집JFS - Icelandic Handcrafts을 발견할 수 있는데 이곳에서는 맘에 드는 광물과 작은 수공예품을 구입할 수도 있다.

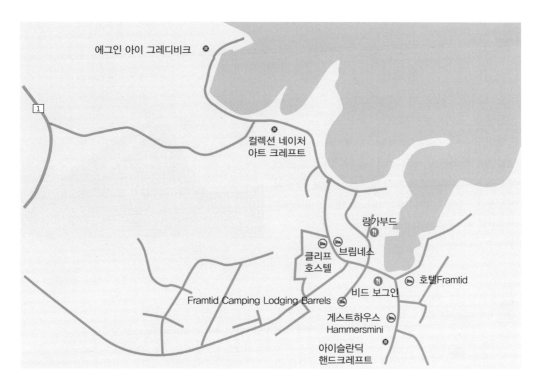

에그인 아이 그레디비크

1

컬렉션 네이처
아트 크레프트

랑가부드

클리프
호스텔

브림네스

호텔Framtid

Framtid Camping Lodging Barrels

비드 보그인

게스트하우스
Hammersmini

아이슬란딕
핸드크레프트

JFS – Icelandic Handcrafts

Food

랑가부드 Langabúð 카페

주소 Bakki, Djúpivogur, Iceland
전화번호 +354-478-8220
홈페이지 www.langabud.is

1790년에 지어진 카페이자 레스토랑이며 박물관인
이곳은 듀피보구르에서 가장 오래된 건물로 마을의
명소이다. 스테이크가 메인 메뉴이지만 카페라떼,
카푸치노 등이 유명하다.

 Accommodation

호텔 프람티드 Hotel Framtid

주소 Vogalandi 4, Markarland, 765 Djúpivogur,
Iceland
전화번호 +354-478-8887
홈페이지 www.hotelframtid.com

자전거를 대여할 수 있어 주변 지역을 편리하게 둘
러볼 수 있다.

프람티드 캠핑 로징 배럴스 Framtid Camping Lodging Barrels

주소 Miðhus, Djúpivogur, Iceland

반려동물을 동반할 수 있으며, 미니 마켓, 공용 주
방, 공용 욕실, 유료 샤워 시설이 마련되어 있으며
추가 요금으로 공용 세탁 시설을 이용할 수 있다.

EGILSSTAĐIR
에이일스타디르

🪧 가는길

• 에이일스타디르는 호픈에서 187㎞, 2시간 거리에 있다. 아쿠레이리에서는 266㎞ 떨어져 있으며, 1번 도로인 링로드를 따라 쉽게 접근할 수 있다.

에이일스타디르로 가는 지름길은 피오르의 안쪽으로 바다가 끝나고 계곡이 시작되는 곳에서 1번 국도와 갈라져 비포장인 939 도로로 가야 한다. 길은 비에 젖어 미끈거리고 경사가 심한 S자형으로 바뀐다. 길 양편의 산비탈에는 기다란 폭포들이 늘어서 있고 그 위로는 눈이 쌓여 있다.

남부에서 에이일스타디르까지 가는 방법은 3가지로 나눌 수 있다.

① 1번 링로드로만 가는 방법

② 1번 링로드로 가다가 듀피보구르 조금 지나 939번 도로를 타는 방법

③ 1번 링로드로 가다가 파스크루스피오르두르 근처에서 96번 해안 도로를 타고 다시 92번 도로를 타는 방법

시간상 가장 빠른 순서는 ②>③>① 이고, 도로가 쉬운 순서는 ①>③>② 인데, 도로 상태는 좋지 않지만 시간상 빠른 ②번 길을 일반적으로 선택한다. 비포장도로인 939번 도로는 굴곡이 심하고 낭떠러지에 안전펜스도 없으며 도로 폭이 좁아 아이슬란드 여행을 다녀온 사람들에게 가장 기억에 남는 도로로 유명하다. 여름에는 천천히 달리면 크게 위험하지 않지만, 궂은 날씨나 겨울에는 각별히 조심해야 한다.

에이일스타디르는 아이슬란드 동부의 중심도시로 강과 호수가 있고, 지형적으로 완만한 경사로 사람이 거주하기에 좋은 조건이라 제법 규모가 큰 마을이다.

이곳은 현재 2,800여 명의 인구가 살고 있는 동부 아이슬란드에서 가장 큰 도시이며 서비스, 운송 및 관리의 중심지이다. 국내 공항과 인근의 세이디스피오르두르 국제 페리항구 등이 있어 교통의 허브이며 호텔, 게스트하우스, 레스토랑, 대형 마트와 주유소 등 편의시설이 잘 갖춰져 있다.

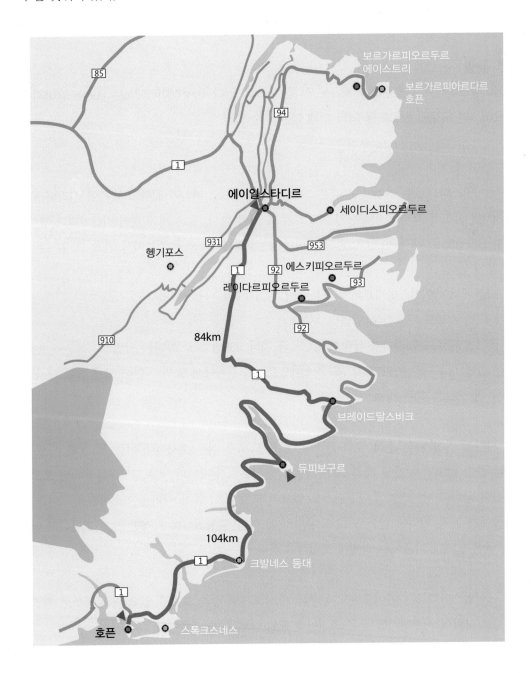

문화유산 박물관 East Iceland Heritage Museum

동부 아이슬란드 문화유산 박물관은 1943년에 설립되었으며, 과거부터 현재까지 이 지역 사람들의 사회, 문화 및 일상생활의 문화유산들을 수집하여 동부 아이슬란드의 역사를 보존하는 것을 목표로 하고 있다.

박물관에는 동쪽 아이슬란드의 순록에 관한 것과 이 지역의 오래된 농기구 및 생활도구에 관한 2개의 상설 전시관이 있다. 이외에도 일 년 내내 다양한 임시 전시회가 열린다.

라가르플로트 Lagarfljót 호수

에이일스타디르의 핵심 관광지는 아이슬란드에서 3번째로 큰 라가르플로트 호수이다. 아름다운 이 호수에는 중세의 사가 시대부터 호수 깊은 곳에 사는 미확인 괴물 라가르피오트 소르무린 Lagarfljotsormurinn 에 관한 이야기가 전해 온다. 지금도 계속해서 미확인 생물의 목격담이 들려오고 있으며, 1983년에는 이 부근에 전화선을 설치하려고 호수 안으로 선을 넣었다가 22군데나 이상한 모양으로 뜯긴 채 발견되었다고 한다. 가장 최근인 2012년에는 아이슬란드 국립 기상 채널에서 이 생물이 헤엄치는 모습을 촬영한 영상을 발표하기도 했다.

에이일스타디르는 동부 최대의 도시이고 아이슬란드 제3의 도시이지만, 특이하고 아름다운 지형이 눈에 띄지 않는 평범한 지역이다. 아이슬란드를 일주하거나, 주변 마을을 방문할 때 반드시 거쳐야 하는 도시이지만 많은 여행자가 오래 머물지는 않는다. 에이일스타디르에서 가장 아름다운 경치는 라가르플로트 호수 앞에 있는 언덕에서 보이는 모습이다. 이 언덕까지 가는 뚜렷한 길이 없으므로 다른 사람들이 지나간 흔적을 따라가야 한다. 라가르플로트 호수 아래쪽에는 트레킹 코스들이 있는데 가장 인기 있는 코스는 헹기포스 트레킹 코스이다.

라우가르페들 풀Laugarfell Pool

이곳은 카우라흐니우카르Kárahnjúkar 댐
으로 이어지는 910번 도로를 약 30분 주
행 후 '라우가르페들'로 연결되는 표지판
을 보고 자갈길로 좌회전하면 지열 풀
Geothermal Pool을 발견할 수 있다. 라우가르페
들 풀은 아이슬란드의 많은 지열 풀 중 최
고이므로 시간 여유가 있다면 꼭 방문해
보길 권한다.

　이 풀에서 아름다운 폭포를 볼 수 있을 뿐만 아니라 아이슬란드의 고원 지대, 빙하와 산
들을 볼 수 있다.

헹기포스 Hengifoss

헹기포스로 가는 길에 먼저 만나게 되는 것은 펼쳐진 협곡과 주상절리가 멋진 조화를 이루고 있는 리틀라네스포스이다.

리틀라네스포스는 에이일스타디르에서 멀지 않은 플료트스달루르 Fljótsdalur 계곡의 장엄한 폭포이다. 주차 구역에서 계단을 따라 1.3㎞, 15분 정도 올라가면 계곡의 가장자리에서 폭포를 볼 수 있다.

헹기포스사우 Hengifossá 강이 흐르며 만든 폭포의 전체 높이는 45m로, 웅장한 주상절리가 잘 형성되어 노출된 절벽 위에 두 개의 뚜렷한 단계를 이루며 떨어진다. 위쪽은 규모가 작은 7m 낙차를 가지고 있으며, 아래는 거의 수직 형태로 38m 아래로 큰 낙차를 가지고 떨어진다.

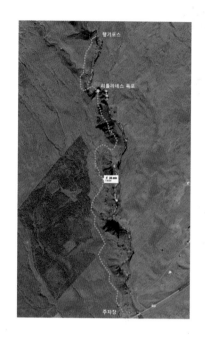

리틀라네스 폭포

폭포의 양쪽 측면에 있는 주상 절리는 백여 미터 떨어진 하류로 뻗어 있어 아이슬란드에서 지질 현상을 관찰하기에 가장 좋은 장소 중 하나이다.

헹기포스는 높이 118m로 아이슬란드에서는 4번째로 높은 폭포로 주차장에서 거리가 2.7km 떨어져 있어 50분 정도 소요된다. 헹기포사우Hengifossá강을 따라 쭉 올라가면 도착할 수 있는 간단한 트레일이지만 약간의 경사가 있다.

헹기포스는 계절에 따라 다른 모습을 보여준다. 여름에는 약 120m의 높이에서 시원하게 쏟아지는 폭포를, 가을에는 수량이 적어 폭포 뒤에 숨겨진 작은 동굴을 볼 수 있으며, 겨울에는 눈이 쌓인 모습을 감상할 수 있다. 다른 곳과 달리 이곳이 매력적인 이유는 폭포 주변 지층의 용암층 사이에 빨간색의 토양이 섞여 있기 때문이다. 이것은 철분과 미네랄이 풍부한 적색 점토와 현무암이 층을 이루며 배열된 것이다.

헹기포스의 지층

아이슬란드에서 세 번째로 높은 폭포인 헹기포스는 용암층과 붉은색의 산화된 퇴적 지층이 반복적으로 나타나는 모습이 장관인 폭포이다.

신생대 제3기인 약 188만~250만 년 전 격렬한 화산 폭발로 분출된 용암이 지표를 두껍게 뒤덮었다. 이후 용암 분출이 일시적으로 중단이 되었고 용암이 굳어 형성된 현무암 위로 점토와 철 광물이 섞인 퇴적물이 쌓이게 되었다. 이 퇴적물은 따뜻하고 습한 기후에서 용암과 함께 분출된 화산재와 천천히 결합하면서 흙으로 변하게 되었다.

화산재가 풍부하게 섞인 토양 위로 새로운 용암이 분출하면서 토양 속의 철분과 산소가 반응하여 산화철이 형성되어 토양은 붉을 색을 띠게 된다.

헹기포스의 지층은 이러한 과정이 반복되면서 흑색의 현무암과 붉은 색 점토층이 번갈아 가면서 거대한 반복 지층을 형성하게 된 것이다.

헹기포스의 현무암은 신생대 제3기에 형성된 지층인데 그 사이에 추위에 약한 침엽수 화석과 갈탄이 발견되는 것으로 보아 제3기 동안 아이슬란드의 기후가 따뜻했음을 간접적으로 알 수 있다.

Food

카페 니엘센 Café Nielsen

주소 Tjarnarbraut 1, Egilsstaðir, Iceland

전화번호 +354-471-2626

홈페이지 www.cafenielsen.is

랍스터 스프는 부드럽고 식감이 좋으며, 새우와
랍스터를 넣은 탈리아텔 파스타, 가재 요리가 유명
하다.

솔트카페 앤 비스트로 Salt Café & Bistro

주소 2, Miðvangur, Egilsstaðir, Iceland

전화번호 +354-471-1700

홈페이지 www.saltbistro.is

합리적인 가격에 신선한 채소 샐러드, 피자, 피쉬 앤
칩스와 햄버거가 유명하다.

 Accommodation

에이일스타디르 레이크 호텔 Egilsstaðir lake hotel

주소 Þjóðvegur, Egilsstaðir, Iceland

전화번호 +354-471-1114

홈페이지 www.lakehotel.is

해변에서 도보 1분 거리로 라가르플료트 호수 옆에
위치한 개조된 농가에 자리 잡고 있다.

에이일스타디르 캠핑 그라운드

주소 Kaupvangur 17, 700 Egilsstadir, Iceland

전화번호 +354-470-0750

홈페이지 www.visitegilsstadir.is

마을 내에 있는 캠핑장으로 편리한 시설과 위치로
인기가 있다. 텐트보다는 캠핑카 이용객이 많은 편
이다.

SEYÐISFJÖRÐUR
세이디스피오르두르

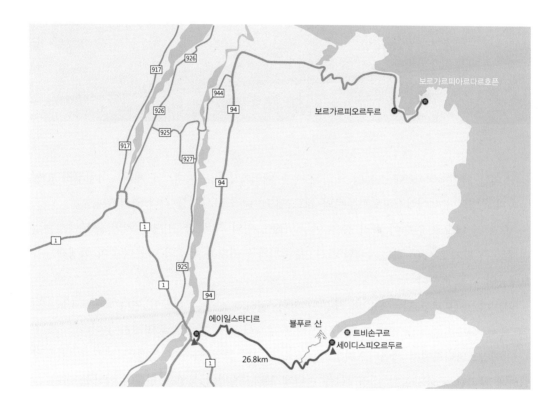

🪧 가는길

- 에이일스타디르에서 26.8㎞ 정도 떨어져 있어 93번 도로를 따라 약 30분 정도 주행하면 도
착할 수 있다.

세이디스피오르두르는 아이슬란드 동부 해안에 있는 아름다운 피오르 마을로 93번 도로
동쪽에 위치한 항구이다. 각종 편의시설과 숙박업소 등이 잘 갖추어져 있어 동부 여행의 베
이스캠프로도 활용도가 높다. 또 유럽 본토나 페로 제도에서 페리가 정박하는 곳이기도 하다.

　　스미닐 라인Smynil Line사 소유의 노뢰나Norröna 페리가 드나드는데, 이 페리는 4월부터 10월 말까지 운영되며 세이디스피오르두르와 페로 제도, 덴마크 사이를 각각 연결한다.

　　좁고 긴 피오르 깊숙이 자리 잡은 인구 700여 명의 작은 항구마을이지만 동부에서는 2번째로 큰 도시로 예쁜 집들, 눈 덮인 산, 물줄기가 떨어지는 폭포의 아름다움이 여행객들을 오랫동안 머물게 한다.

　　세이디스피오르두르는 2013년 개봉한 영화 '월터의 상상은 현실이 된다The Secret Life of Walter Mitty'에서 주인공 월터가 93번 도로에서 신나게 보드를 탔던 곳으로 유명해진 곳이다.

　　에이일스타디르에서 세이디스피오르두르로 향하다 보면 월터가 스케이트보드를 타고 시원하게 달리던 구불구불한 내리막길을 만나게 된다. '월터의 상상은 현실이 된다'는 꿈은 많고 상상력은 풍부하지만 한 번도 꿈과 상상력을 펼쳐볼 용기가 없었던 소심한 중년 남성이 폐간을 앞둔 라이프지의 마지막 호 표지 사진 대상을 찾아 나서면서 자아를 찾는 이야기를 담고 있다. 월터는 그린란드, 아이슬란드 등을 넘나들며 여행을 하게 되는데 배경으로 등장하는 장소들은 눈을 환하게 해주고 주요 장면마다 삽입된 곡들은 귀를 즐겁게 해준다.

　월터가 자전거를 타고 인적 없는 도로를 질주하다가 고장이 나서 도중에 스케이트보드를 빌려 타는 장면이 인상적인데, 세이디스피오르두르 마을로 이어지는 도로 끝에는 피오르가 무척 아름답게 담겨 있다. 아이슬란드로 여행가기 전 이 영화를 꼭 보고 갈 것을 추천한다.

트비손구르 Tvísöngur

　세이디스피오르두르 마을 산 중턱에 위치하고 있는 트비손구르는 독일 예술가 루카스 쿠네Lukas Kühne가 제작한 현장 전용 음향 조각물이다. 트비손구르는 마을의 브림베르그 피시 팩토리Brimberg Fish Factory에서 시작되는 자갈길을 따라 15~20분 정도 걸으면 도착할 수 있다.

　이 작품은 다른 5개의 콘크리트 돔으로 이루어져 있는데 돔 하나의 높이는 2~4m이고 약 30㎡의 면적을 차지한다. 각각의 돔은 5개의 조화를 이루는 아이슬란드 전통 음악의 음색에 해당하는 공명resonance을 가지고 있으며, 그 음색에 맞는 앰프로 작동한다.

　소리의 공명 원리를 계산하여 치밀하게 만들어졌기 때문에 소리를 내는 지점에 따라 그 울림과 크기가 다르게 느껴진다. 돔 안에 들어가서 직접 공명의 원리를 느끼면 좋은 경험이 될 것이다.

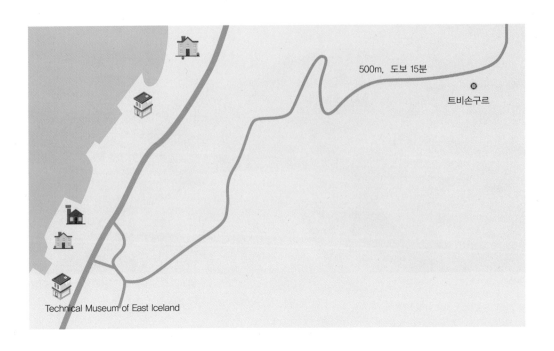

500m, 도보 15분

트비손구르

Technical Museum of East Iceland

푸른 교회 | *Blaá kirkjan*

이 지역의 아름다운 목조 건물들은 1930년대 노르웨이에서 이미 만들어진 상태로 들여온 것이라고 한다. 그 중 가장 유명한 것은 무지개 길을 따라 걸으면 만날 수 있는 푸른 교회이다. 아름다운 외관에 이끌려 교회로 들어가면 더욱 더 푸르고 매력적인 교회의 내부 모습에 감탄하게 된다.

처음 이 교회는 언덕 위에 세워졌으나 1894년 큰 폭풍으로 인해 재해를 입었다. 이후 교회는 세이디스피오르두르의 중심인 현재 위치에 재건되었다. 보수작업이 이루어지던 1989년 화재로 인해 교회가 불탔고, 1987년에 설치된 파이프 오르간마저 화염에 휩싸였다. 오늘날 푸른 교회는 화재로 잃었던 파이프 오르간과 같은 유형의 오르간을 가지고 있다. 교회 2층에 있으니 놓치지 말고 보길 바란다. 푸른 교회에서는 매년 7~8월에 Summer concert series가 열린다. 그랜드 피아노와 파이프 오르간 연주를 듣는 특별한 경험이 될 것이다.

볼푸르산 Bjólfur Mt.

　마을 서쪽에 있는 볼푸르산과 눈사태 차단벽은 세이디스피오르두르의 대표적인 뷰포인트이다. 마을에서 13㎞ 떨어져 있어 30분 정도 소요되는데, 93번 도로 중간에 빠져서 비포장도로를 달려가면 도착할 수 있다. 단 비포장도로는 6~9월에만 오픈하므로 비성수기에는 갈 수가 없다. 등반하는 것이 쉽지는 않지만 알록달록한 목조 건물이 아름다운 세이디스피오르두르 마을을 한눈에 조망할 수 있다. 이 외에도 세이디스피오르두르 마을에서는 하이킹, 마을 역사 투어 등 다양한 체험을 할 수 있다.

볼푸르산에서 바라 본 세이디스피오르두르

 **Accommodation**

랑가흘리드 코티지 Langahlid Cottages & Hot Tubs

주소 Langahlíd, Seyðisfjörður, Iceland
전화번호 +354-897-1524
홈페이지 www.langahlid.com

이 별장은 마을에서 3km 이내의 가까운 거리에 위
치한다. 바다가 보여 탁 트인 인상적인 전망을 제공
한다.

캠프사이트 : 세이디스피오르두르 캠핑 사이트 & 카라반 파크

주소 5, Ránargata, Seyðisfjörður, Iceland
전화번호 +354-472-1521
홈페이지 www.visitseydisfjordur.com

도시에 있는 캠프사이트로 푸른 교회 바로 옆에 위
치하고 5월부터 9월까지 운영한다.

 Tip

푸른 교회에서 열리는 음악회 Summer concert series

주소	44, Hafnargata, Seyðisfjörður, Iceland
홈페이지	www.blaakirkjan.is

콘서트는 7월부터 8월 초 수요일 밤에 열린다. 푸른 교회는 300명을 수용할 수 있는 콘서트 장소
이며 지역 주민들과 여행객들이 찾아온다. 콘서트는 20:30에 시작되며 티켓은 문 앞에서 구입할 수
있다.

입장료(2018년 기준)	일반 : 2800 ISK 67세 이상 노인, 장애인, 학생 : 1800 ISK 16세 이하 : 무료

페리 이용하기

예약 사이트	booking.smyrilline.com/

BORGARFJÖRÐUR EYSTRI

보르가르피오르두르
에이스트리

이사피오르두르

아쿠레이리

보르가르
피오르두르

에이일스타디르

레이카비크

비크

🪧 가는길

• 에이일스타디르에서 94번 도로를 따라 약 70.4㎞ 거리를 1시간 정도 주행하면 도착한다.

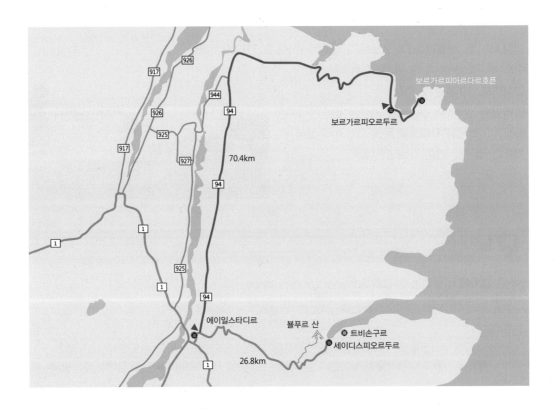

시간이 충분하다면 북동부 아이슬란드로 넘어가기 전에 보르가르피오르두르−에이스트리까지 가보는 것을 추천한다. 이곳은 주변에 넓은 늪지대가 펼쳐져 있고 전 지역이 산에 둘러싸여 있어 새들이 많이 서식한다. 이곳을 추천하는 이유는 퍼핀의 서식지 중 하나인 보르가르피아르다르호픈이 있기 때문이다.

보르가르피아르다르호픈 *Borgarfjarðarhöfn*

보르가르피아르다르호픈은 보르가르 피오르두르에서 약 6km 떨어진 곳에 있는 곳으로 94번 도로의 북동쪽 끝에 위치한다. 이곳은 육지와 노로로 연결된 섬으로 5~8월에 방문하면 계단을 통해 올라가 절벽에서 일광욕을 즐기고 있는 수많은 퍼핀을 관찰할 수 있다.

Food

알파카페 Alfacafe
주소 Borgarfjörður Eystri, Iceland
전화번호 +354-472-9900
홈페이지 www.borgarfjordureystri.is
음식과 더불어 보르가르피오르두르 에이스트리의
주변 산지에서 나오는 유문암으로 만든 장신구를
팔고 있다.

Accommodation

보르가르피오르두르 에이스트리 캠프사이트
주소 Borgarfjörður Eystri, Iceland
전화번호 +354-857-2005
홈페이지 www.borgarfjordureystri.is
운영기간 5월 15일~10월 15일(현장결제, 예약불가)
가격 성인 1,200 ISK(14세 이하 무료)
전기 1일 1,000 ISK
샤워장 400 ISK(4분)
세탁기 500 ISK

STUÐLAGIL CANYON
스투드라길 협곡

🪧 가는길

• 에이일스타디르에서 72㎞ 정도 떨어져 있어 1번 도로를 따라 약 40분 정도 주행하다 좌회전
하여 비포장도로를 18㎞, 20분 정도 주행하면 도착할 수 있다.

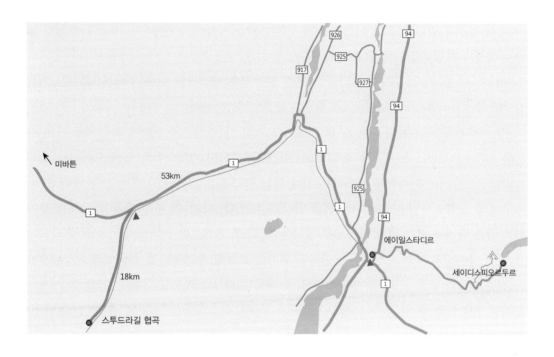

스투드라길 협곡은 요쿨사우 아우 브루Jökulsá á Brú강이 만든 협곡으로 에메랄드빛 강물과
가장 자리에 서있는 현무암 기둥은 놀라울 정도로 아름답지만 접근하기 어려워 많은 사람들
이 방문하지 않는 곳이다. 그러나 아이슬란드에서 가장 아름다운 숨겨진 보석 중 하나로 수
고로움을 들여서라도 꼭 가보아야 하는 곳이기도 하다.

비포장 도로를 이용하여 어렵게 주차장에 도착하니 오지까지 찾아온 것을 신기하게 여긴

　지역 농장주가 어떤 경로로 이곳을 알게 되었는지를 묻는 질문을 하며, 자신이 만들어 놓은 주차장과 탐방로를 자랑한다.

　이 주차장에 차를 주차하고 급한 사면을 5분 정도 내려가면 협곡 위에서 내려다보이는 장엄한 주상절리를 만날 수 있다.

　강 하부까지 내려가 협곡을 좀 더 자세히 보려면 다른 경로로 걸어야 하는 수고가 뒤따른다. 1번과 923번 도로 분기점에서 14㎞ 거리를 주행하면 스투드라길 협곡 도착 4㎞ 전에 갈림길이 나오는데 좌측으로 내려가는 길에 있는 클라우스투르셀Klaustursel 농장을 향해 간다. 이곳에서 요클라Jökla강을 건너는 다리를 발견할 수 있다. 다리 옆 서쪽 주차장에 차를 주차하고 좁은 다리를 건너 동쪽 강둑으로 걸어간 후, 스투드라길 협곡을 따라 약 4㎞ 정도 트랙을 따라 하이킹을 하면 주상절리가 발달된 협곡에 도착할 수 있다. 협곡에서 강으로 내려가는 길은 신중한 주의가 필요하지만 일단 강 아래로 내려가면 현무암 기둥의 경이로운 세계로 들어선 것을 느낄 수 있다.

NorthEast Iceland

북동부 아이슬란드 *Northeast Iceland*

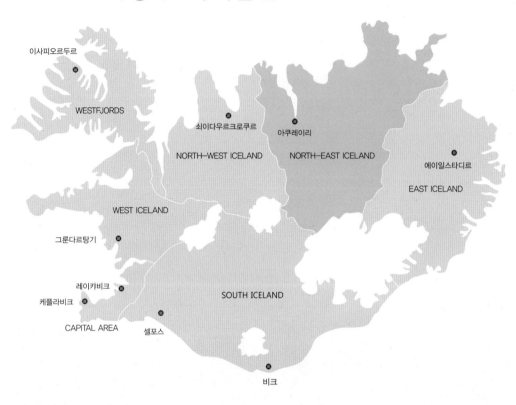

이사피오르두르

WESTFJORDS

쇠이다우르크로쿠르

아쿠레이리

NORTH−WEST ICELAND

NORTH−EAST ICELAND

에이일스타디르

EAST ICELAND

WEST ICELAND

그룬다르탕기

레이캬비크

케플라비크

SOUTH ICELAND

CAPITAL AREA

셀포스

비크

북동부 아이슬란드의 가장 큰 도시는 아쿠레이리로 17,000여 명의 사람이 살고 있다.

이 지역에서는 호수와 산, 평야, 강 그리고 용암 사막 등 흥미롭고 자연의 아름다움이 넘치는 풍경을 볼 수 있다. 화산, 분화구 및 지열 지역뿐만 아니라 아이슬란드에서 가장 넓은 용암대지가 있다. 용암대지에는 넓은 평야와 계곡이 있으며, 이는 아이슬란드에서 가장 비옥한 농지 중 하나이다.

아쿠레이리를 비롯한 이 지역의 작은 마을들은 어업이 번성하여 항구는 늘 생동감이 넘친다.

북동부 아이슬란드에는 흘리오다클레타르 Hljóðaklettar(에코 절벽), 고다포스, 알데이야르포스와 같은 관광 명소가 많으며, 후사비크에서는 고래 투어 등 다양한 액티비티를 체험할 수 있다.

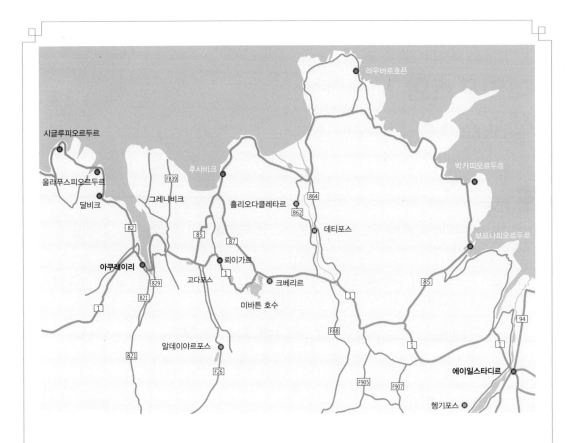

이 지역에는 유럽에서 가장 웅장한 폭포 중 하나인 데티포스와 생동감이 넘치는 미바튼 호수 주변지역, 거대한 협곡인 아우스비르기 국립공원 Ásbyrgi National Park 등이 있다.

주요 도시와 마을은 아쿠레이리, 후사비크, 코파스케르, 그레니비크, 레이캬흘리드 및 뢰이가르 등이다. 수많은 방문객들은 산과 계곡, 용암 지대, 들쭉날쭉한 해안 및 환상적인 전망을 갖춘 북동부 아이슬란드의 멋진 경관에 놀라게 된다.

DETTIFOSS & SELFOSS

데티포스와
셀포스

가는길

- 에이일스타디르에서 160㎞ 떨어져 있어 1번, 862번 도로를 따라 주행하면 2시간 정도 소요
된다.

- 데티포스 폭포는 동서 방향 두 곳에서 관람할 수 있으므로 동쪽인 경우는 864번 비포장도
로를 이용하고, 서쪽인 경우는 862번 포장도로를 이용해야 한다. (862번 도로는 데티포스까
지만 포장되어 있고 이외 도로는 2018년 현재 포장 공사 진행 중이다.)

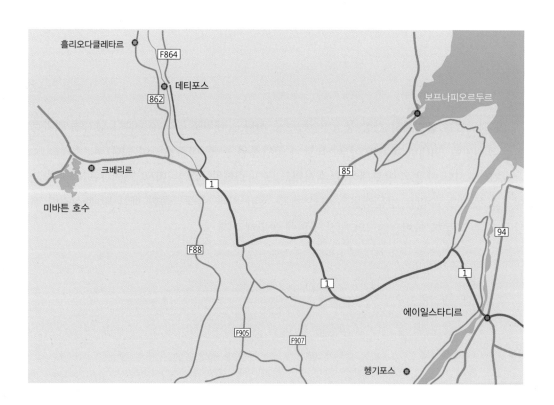

바트나요쿨 빙하에서 녹은 물이 요쿨사 아 피요들룸(Jökulsa a Fjöllum R.)강을 이루며 흐른다. 이 강에는 화산재 성분들이 많이 포함되어 있어 데티포스에서 쏟아져 내려오는 물의 색도 회색에 가깝다. 폭 100m, 높이 45m 규모로 유럽에서 가장 웅장한 폭포이며 초당 500㎥의 많은 물을 쏟아 붓는다. 리들리 스콧 감독의 영화 '프로메테우스'의 첫 장면에 나온 곳으로 유명하며 거대한 자연의 힘을 느낄 수 있는 곳이다. 폭포의 하류 쪽에서는 긴 협곡을 볼 수 있다.

데티포스 서쪽 강둑에 있는 862번 도로는 포장도로로 접근성이 좋으며 거리도 864번 도로보다 상대적으로 가깝고 주차장도 더 넓다. 862번 포장도로에 진입하여 약 20분 정도 주행하면 주차장에 도착한다. 주차장에서 15분 정도 걸어가면 폭포를 만날 수 있다. 동쪽에서 보는 것보다 역동적이지는 않지만 쏟아지는 폭포의 전체적인 모습을 제대로 볼 수 있다. 엄청난 물이 떨어지면서 내는 소리는 매우 웅장하다.

데티포스 전망대로 가는 길 중간 중간은 물보라로 몸이 흠뻑 젖는 구간이 많고, 바닥도 미끄럽다. 전망대에서는 물보라 때문에 물방울이 튀어 사진 찍기가 까다롭다. 폭포에서 눈을 뒤로 돌리면 푸른 초원과 넓게 뻗은 주상절리가 펼쳐져 있다.

862번 도로 서쪽에서 본 데티포스

보통 관광객들은 864번 도로를 이용하여 데티포스의 동쪽 관람 포인트를 많이 찾는다. 이 도로는 비포장도로로 되어 있어 운전하기 까다롭고 도로 상태에 따라 주행 속도는 달라진다. 비포장도로를 시속 60㎞로 주행했을 때 약 40분 정도 소요된다. 눈이나 습한 환경으로 인하여 겨울철에는 폐쇄되고 5월 말 이후 개방된다.

프로메테우스의 한 장면

　주차장에서 잘 닦여진 산책로를 10여 분 정도 걸어 들어가면 폭포를 만날 수 있다. 영화 '프로메테우스'의 첫 장면에 나온 데티포스가 이 지점에서 촬영되었다. 이곳은 세차게 쏟아지는 거대한 폭포수를 바로 눈앞에서 볼 수 있어 진한 감동을 느낄 수 있다. 떨어지는 사나운 폭포수에 직접 손을 담그고 있으면 폭포로 빨려 들어갈 것처럼 아찔하다. 이처럼 빙하나 폭포와 같은 멋진 자연 경관에 가까이 다가가서 느끼고 만져볼 수 있는 것이 아이슬란드 여행의 묘미이다.

864번 도로 동쪽에서 본 데티포스

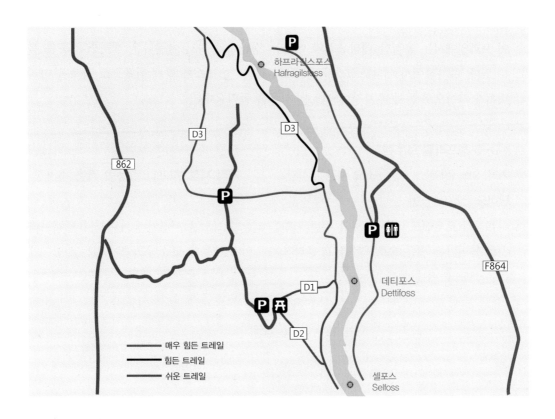

◆ D-1 데티포스 Dettifoss

거리 1.5㎞ (왕복)　　　**소요 시간** 0.5~1시간　　　**시작 지점** 데티포스 주차장

난이도 하

데티포스는 웅장한 폭포로 그 거대한 힘은 폭포 근처 바위에 손을 대보면 진동으로도 느낄 수 있다. 강은 천천히 폭포의 가장자리 쪽을 파고 있으며, 매년 0.5m 씩 남쪽으로 이동하고 있다. 주차장에서 데티포스까지는 1㎞ 가량 떨어져 있다.

주의 폭포에서 오는 물보라는 대부분 돌층계와 트레일을 넘어온다. 따라서 폭포 근처는 매우 물기가 많고 미끄러워 주의가 필요하다. 겨울에는 두꺼운 얼음이 쌓여 미끄러우므로 협곡 가장자리로 가지 말 것.

◆ D-2 데티포스와 셀포스 Dettifoss and Selfoss

거리 2.5㎞ (왕복)　　**소요 시간** 1시간　　**시작 지점** 데티포스 주차장
난이도 하

이 트레일에서는 웅장한 데티포스와 이와는 정반대로 작고 아름다운 셀포스 폭포를 볼 수 있다. 주차장에서 데티포스까지 편도로 1㎞이며 셀포스를 향해 남쪽으로 강둑을 따라 내려가 서쪽으로 돌아 주차장에 이르는 서클을 돌아온다.

◆ D-3 하프라길 로우랜드 Hafragil Lowland

거리 9㎞ (왕복)　　**소요 시간** 3시간　　**시작 지점** 하프라길 동쪽 작은 주차장
난이도 상

하프라길 로우랜드 Hafragil lowland 와 주변 지역을 걷는 트레일은 어렵지만 매력적이다. 하프라길로 돌아가는 길은 슬로프를 잡고 올라가는 길이기 때문에 고소공포증이 있는 사람에게는 이 코스를 추천하지 않는다.

셀포스 *Selfoss*

데티포스에서 남쪽 상류 1.4㎞ 지점에 위치한 셀포스는 가볍게 걸어서 20분 정도면 도착할 수 있다. 시간 여유가 있다면 데티포스에서 폭포를 따라 걸어서 방문하면 좋다.

약 10m의 낙차 폭과 약 180m의 너비를 갖고 있는 셀포스는 작은 폭포 여러 개가 모여 있는 모양으로 데티포스처럼 강한 힘은 느낄 수 없지만 또 다른 매력을 느낄 수 있다. 사진은 강의 동쪽 길을 따라 도착하여 찍은 것이다.

하프라길스 포스 *Hafragilsfoss*

데티포스에서 북쪽 방향으로 3.4㎞ 떨어져 있다. 864번 도로를 따라 10분 정도 차량으로 이동하여 주차한 뒤 10여 분 걸어가면 높이 약 27m의 아름다운 하프라길스 포스를 만날 수 있다.

VESTURDALUR
베스투르달루르

🪧 가는길

• 베스투르달루르는 데티포스 북쪽(하류)에 있는 계곡으로 862번 도로를 따라 23km, 40분 정도 소요된다. 데티포스에서 아우스비르기 캐니언$^{Ásbyrgi\ canyon}$으로 가는 길목에 있다.

• 비포장도로로 험난하며 가는 길 중간에 놓여있는 M 표지판은 맞은편에서 오는 차를 피해 대기하는 공간을 뜻한다.

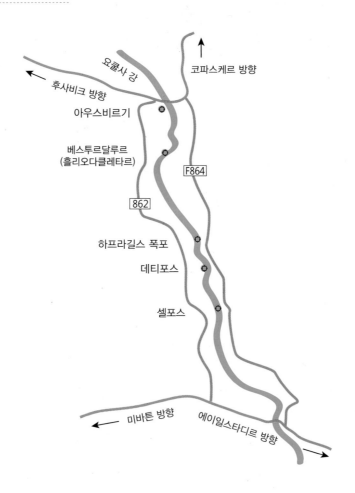

베스투르달루르는 '서쪽에 있는 계곡'이라는 뜻을 가지며 요쿨사 아 피요들룸강 서쪽에 위치한다. 데티포스 북쪽(하류)에 있는 계곡으로 이곳은 흘리오다클레타르와 로드홀라르가 주된 볼거리이며 주상절리로 이루어진 거대하고 기이한 바위산과 붉은 빛의 언덕이 어우러진 모습을 볼 수 있다.

흘리오다클레타르 Hljóðaklettar

흘리오다클레타르는 아이슬란드에서도 독특한 주상절리를 가진 암석 군집 지역이다. 기둥은 360도 회전 각도로 놓여 있어서 소리를 내면 메아리가 선명하게 들린다. 또한 주상절리 동굴과 마치 성 같은 주상절리 절벽 사이의 미로를 발견할 수 있고, 원주형 현무암 주상절리

가 방사상으로 배열된 현무암 장미basalt rosettes를 만나게 된다. 용암 장미는 기둥을 형성하는 용암 기류가 모든 방향에서 동시에 냉각될 때 생성되는데 그 모습은 매우 인상적이다.

이곳의 거대한 바위들 중 크게 세 곳이 유명한데 성채라는 의미의 카스탈리Kastali, 트롤 괴물을 의미하는 트롤리드Tröliд, 교회를 의미하는 키르캰Kirkjan이다.

사진으로 보는 것보다 규모가 굉장히 크며 주상절리 기둥들이 여러 방향으로 꼬여 있어 기이한 느낌을 준다. 주상절리에 가까이 다가가 자세히 관찰하면 각각의 주상절리 기둥 경계에 하얀 테두리들이 돋보이는데, 이것은 절리를 따라 흐른 토양과 석회물질이 침전되어 생긴 것이다.

동쪽 측면에서 본 카스탈리

강의 건너편에 위치한 트롤리드

로드홀라르Rauðhólar

키르캰Kirkjan에서 좀 더 올라가면 붉은 색의 언덕이라는 의미를 가진 로드홀라르가 보인다. 이는 붉은 화산송이(스코리아)로 이루어져 있는 분석구로 검은 용암지대와 붉은 언덕, 그 주변을 흐르는 강과 야생화가 어우러져 아름다운 풍경을 만든다.

Iceland Geological Prospecting

거의 완벽한 대칭 동굴을 갖는 키르칸

ÁSBYRGI
아우스비르기

이사피오르두르
아우스비르기
아쿠레이리
에이일스타디르
레이캬비크
비크

가는길

• 데티포스를 기준으로 서쪽의 862번 포장도로에서는 약 38㎞, 동쪽의 864번 비포장도로에서는 약 30㎞ 떨어져 있다. 두 방향 모두 데티포스에서 차량으로 60분 정도면 도착한다. 862번 도로는 현재 공사 중으로 길이 좁고 험하여 많은 시간이 소요된다.
• 아쿠레이리에서는 85번 도로를 따라 156㎞ 떨어져 있어 차량으로 약 2시간 정도 소요된다.

말발굽 모양으로 형성된 지형인 아우스비르기는 마지막 빙하기에 홍수로 인해 형성된 계곡으로 길이는 약 3.5㎞, 폭은 약 1㎞, 깊이는 100m 정도이다. 전설에 따르면 북유럽 신화 속에 등장하는 오딘Odin의 애마 슬레이프니르Sleipnir의 여덟 개의 다리 중 하나가 닿으며 형성된 말발굽 모양의 계곡이라고 한다.

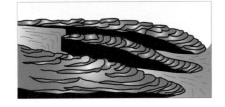

지질학자들은 말발굽 형태인 협곡의 생성에 대하여 다음과 같이 설명한다.

바트나요쿨 빙하의 북쪽 부분에서 발생한 빙하 화산 폭발로 인해 두 번 이상의 대홍수가 발생했다. 첫 번째 홍수는 8,000~10,000년 전, 두 번째는 약 3,000년 전에 일어났을 것으로 추정된다. 범람한 엄청난 양의 물이 흐르면서 왼쪽 그림과 같이 협곡을 만들었고 현재는 물이 마르고 말발굽 모양의 지형만 남게 되었다. 또한 이곳을 흐르던 강줄기의 흐름이 대홍수에 의해 아우스비르기 동쪽으로 이동했다.

에이얀Eyjan

아우스비르기의 중심에는 에이얀Eyjan이라고 하는 독특한 바위가 우뚝 솟아 있다. 에이얀은 아이슬란드어로 '섬'이라는 뜻이다. 트레킹 코스를 따라 올라가면 에이얀 위로 올라갈 수 있는데 이 절벽 위에서 바라보는 주변 풍경은 무척이나 아름답다.

최대 100m에 이르는 절벽으로 둘러싸여 있는 협곡 안으로 울창한 숲이 숨어 있다. 산림이 적은 아이슬란드에서 보기 드문 광경이다. 협곡의 중심에 있는 커다란 바위섬과 주변의 높은 절벽은 무성한 녹지가 자랄 수 있는 충분한 보호역할을 하였다.

협곡의 중심에 있는 커다란 바위섬인 에이얀

보튼스툐르든 연못

보튼스툐르든Botnstjörn 연못

아우스비르기 가장 안쪽에 있는 주차장에 차를 주차하고 30분에서 1시간 정도 걸어가면 보튼스툐르든을 볼 수 있다. 말발굽 모양 안쪽 끝에 울창한 초목으로 둘러싸인 작은 연못이다. 과거에는 이곳으로 물이 흐르고 폭포가 있었다고 한다.

말발굽 모양의 절벽 깊숙한 곳까지 계속되는 돌길과 흙길, 폭포와 주상절리를 거쳐 안으로 걸어 들어가 보면 초록 이끼의 고요한 연못을 만나게 된다. 이곳은 절벽이 바람을 막아주어 연못이 거울같이 잔잔하다. 그 위에서 유유히 노니는 오리들을 바라보고 있으면 정적인 평안함이 찾아오게 된다.

Trekking

아우스비르기 트레킹 코스

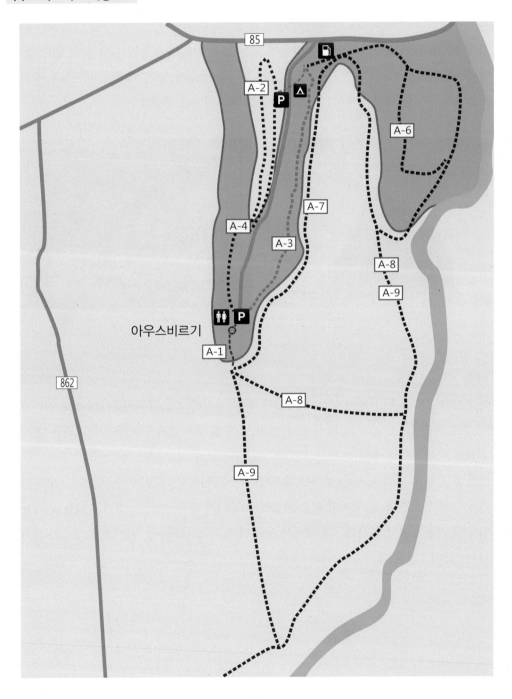

◆ A-1 보튼스툐르든Botnstjörn 연못

거리 1km (왕복)　　　**소요 시간** 30분~1시간

시작점 아우스비르기 가장 안쪽 주차장Asbyrgi campsite

난이도 하

아우스비르기 아래쪽에는 쉽고 흥미로운 트레일이 몇 개 있다. 돌계단을 내려가면 보튼스툐르든이라는 작은 연못에 도달한다. 이곳은 캐니언의 서쪽 벽면 아래쪽에 위치하며 멋진 풍경을 볼 수 있다.

◆ A-2 에이얀 힐Eyjan hill in Asbyrgi

거리 4~5km (왕복)　　　**소요 시간** 1시간 30분~2시간

시작점 캠프사이트 서비스 하우스의 앞에 있는 주차장

난이도 하

트레일의 처음은 북쪽을 향하여 가다가 나무로 만들어진 계단을 따라 절벽으로 올라간다. 에이얀에 올라오면 곧 오래된 돌 더미를 지나게 된다. 길을 돌면 2km 길이의 남쪽으로 쭉 뻗은 절벽을 보게 되는데 여기서부터 아우스비르기의 아름다운 풍경을 볼 수 있으며 저녁에는 더욱 멋진 모습을 볼 수 있다.

◆ A-3 스루 더 우즈Through the woods

거리 4km (편도)　　　**소요 시간** 1시간 30분~2시간

시작점 방문자 센터(관광안내소)

난이도 하

이 길에서는 자전거가 허용된다. 계곡의 아래쪽에서 아우스비르기의 한 면을 지나 보튼스툐르든 연못을 지나게 된다. 1947~1977년 동안 외래종 침엽수들이 이곳에 심어져 다양한 숲 환경이 만들어졌고 이곳에 둥지를 튼 다양한 새들도 볼 수 있다. 이 경로는 A-4와 연결하여 링 루트ring route로 만들 수 있다.

◆ A-4 버로우 에이얀 힐Below Eyjan hill

거리 3.5km (편도)　　　**소요 시간** 1시간

시작점 캠프사이트

난이도 상

이 길은 캠프사이트의 남서쪽에서 시작되며 벌집 모양의 풍화작용으로 이루어진 절벽 면의 아래쪽으로 이어진다.

◆ **A-5 아스호프디 서클** Ashöfði circle(around Ashöfði hill)

거리 7.5㎞ (왕복)　　**소요 시간** 2~3시간

시작점 방문자센터

난이도 상

처음에는 골프 코스 사이를 지나며 야생 새들이 많은 아스토르든 Astjörn 호수 쪽을 향하게 된다. 요쿨사강의 아름다운 풍경을 볼 수 있으며 다음 길은 길스바키 Gilsbakki 사이를 지난다.

◆ **A-6 아스호프디서클** Ashöfði circle(across Ashöfði hill)

거리 7㎞ (왕복)　　**소요 시간** 2~3시간

시작점 방문자센터

난이도 상

A-5처럼 방문자 센터에서 시작하며 아스토르든 Astjörn 호수 남쪽 끝과 섬머 캠프 및 언덕 주변을 지난다. 요쿨사강의 뷰포인트 앞에서 서쪽으로 가며 아스호프디 언덕을 지나게 된다. 오래된 농장과 아우스비르기 협곡과 요쿨사강이 만든 모래층을 볼 수 있다.

◆ **A-7 클라피르** Klappir

거리 9㎞ (왕복)　　**소요시간** 2시간 30분~3시간

시작점 방문자센터

난이도 상

이 길은 방문자센터에서 시작하여 클라피르에서 돌며 다시 똑같은 방법으로 돌아오게 된다. 아우스비르기의 풍경 사진으로 많이 본 모습을 볼 수 있는 곳이다. 요쿨사강에서 일어난 대홍수로 독특하게 형성된 팬 지형을 볼 수 있다.

◆ A-8 **쿠아크밤무르** Kúahvammur circle

거리 12㎞ (왕복)　　　**소요 시간** 2~5시간

시작점 방문자센터

난이도 상

방문자 센터에서 출발하여 절벽으로 올라가는 두 가지 방법이 있다. 첫 번째 방법은 골프 코스를 따라가다가 교차로에서 남쪽으로 방향을 바꿔서 가는 길로 좀 더 쉽다. 두 번째 방법은 방문자 센터에서 0.7㎞ 정도 남쪽으로 가다가 교차로에서 왼쪽으로 꺾고 줄을 잡고 절벽으로 올라가는 방법이다.

◆ A-9 **크비아르 서클** Kvíar circle

거리 17㎞ (왕복)　　　**소요 시간** 6~7시간

시작점 방문자센터

난이도 상

아우스비르기와 그 주변의 다양한 풍경을 지나며 하루 종일 걷는 코스이다. 길 위에서 보는 풍경은 스펙터클하며 요쿨사강에서 일어난 대홍수의 증거들을 볼 수 있다.

미바튼 지역

MYVATN
미바튼

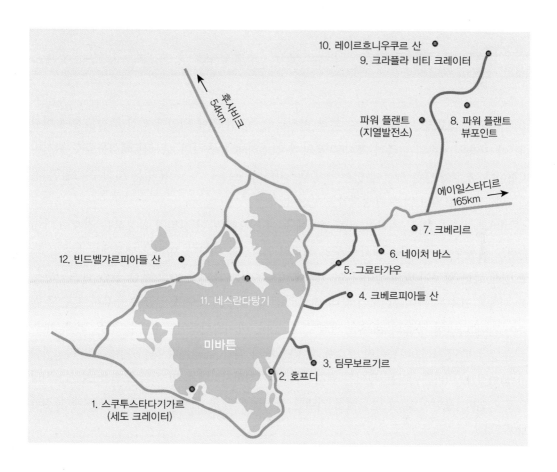

가는길

- 아쿠레이리에서 105㎞ 거리에 있으며 1번 도로를 따라 1시간 30분 정도 소요된다.
- 에이일스타디르에서는 163㎞ 거리에 있으며 1번 도로를 따라 2시간 정도 소요된다.

미바튼은 대표적인 아이슬란드 북부 명소로 2,300년 전에 있었던 화산 폭발로 만들어졌다. 이 지역은 계속되는 증기 폭발로 용암이 강렬하게 분출하며 부서진 쇄설물들로 퇴적된 지형이다. 호수의 남쪽 해안에 있는 스쿠투스타다기가르 Skútustaðagígar에 있는 분화구 그룹은 천연기념물로 보호되며 많은 관광객이 방문한다.

미바튼 지구는 화산 지역의 서쪽 경계에 놓여 있으며 판이 갈라져 확장하는 경계로 아이슬란드 북동부를 가로질러 대서양 중앙 해령의 연장선을 이룬다. 아직도 내부에는 높은 온도로 인해 화산 활동이 많이 일어나 이 지역에서는 온천, 머드팟*, 가스 분출 등을 볼 수 있다.

미바튼 호수는 아이슬란드에서 네 번째로 큰 아름다운 호수로 영양이 풍부하여 수생 곤충이 많아 다양한 종류의 새들을 관찰할 수 있다. 아이슬란드어로 미 mý는 작은 곤충, 바튼 vatn은 호수를 뜻한다. 여름이면 호수에 엄청난 파리 떼가 들끓는다 하여 미바튼이라는 이름이 붙여졌다. 미바튼이라는 용어는 현재 호수만 지칭하기보다는 이 지역 주변을 일컫는 지명으로 쓰인다. 용암이 굳어 만들어진 기괴한 암석들과 유황 냄새를 비롯한 화산지대 풍경을 보여준다.

---

* **머드팟**Mudpot 지하에 물이 적게 공급되는 고온의 지열 지대에서 부글부글 끓는 진흙 웅덩이가 만들어진다. 온천수에 포함된 산 성분이 주위의 암석을 녹이고, 녹은 진흙이 수증기와 탄산가스가 분출할 때 끓어오르게 되는 것이다.

◆ ① **빈드벨갸르피아들산** Vindbelgjarfjall(Vindbelgur Mountain)

빈드벨갸르피아들로 가는 길은 반브레카 Vagnbrekka 농장으로 이어지는 옆길에서 동쪽으로
30분 정도 떨어져 있다. 해발 529m에 이르는 산을 걷는 데 30분 정도 걸린다. 트레일은
가파르지만 정상에서 바라보는 경치는 장관이다.

◆ ② **스쿠투스타다기가르 분화구**Skútustaðagigar Craters

스타크홀스티오르든Stakhólstjörn 주위를 걷는데 약 1시간이 걸린다. 이 지역의 서쪽 부분에는 약 20~30분 정도 걸리는 짧은 순환 경로가 있다. 가분화구를 걷는 트레일은 오르기 쉬운 코스로 다양한 조류들을 가까이에서 볼 수 있다.

◆ ③ **카울바스트론드**Kálfaströnd **지역 및 호프디**Höfði

주차장에서 출발하여 호수 해안을 따라 작은 숲을 지나가는데 독특한 용암 지형들을 보며 산책할 수 있다.

◆ ④ **딤무보르기르**Dimmuborgir

독특한 바위로 이루어진 용암 지대를 볼 수 있으며, 대부분은 쉽게 걸을 수 있는 트레일로 도보로 15분 코스, 30분 코스, 1시간 코스 등 다양한 코스가 있다.

◆ ⑤ **스토라야 – 그료타갸우 – 크베르피아들 – 딤무보르기르**

레이캬흘리드Reykjahlíð 마을에서 출발하여 에이일스타디르Egilsstaðir 방면 동쪽으로 향하는 1번 도로의 교차로에서 시작된다. 거리는 약 14㎞이며 편도 3~4시간 소요된다. 그료타갸우Grjótagjá의 균열 지역을 지나 크베르피아들 방향으로 향하며 크베르피아들 분화구의 측면을 따라 위쪽으로 걷게 된다. 그 후 정상에서 분화구의 남쪽에 있는 가파른 언덕을 지나 딤무보르기르 용암 지대 방향으로 향한다.

◆ ⑥ **나우마피아들산**Námafjall **/ 크베리르**Hverir

크베리르는 나우마피아들 산의 동쪽에 위치한 아이슬란드의 고온 온천 지역 중 하나로 부주의할 경우 심각한 화상을 입을 수 있으므로 지정된 트레킹 코스로만 다녀야 안전하다.

◆ ⑦ **레이르흐니우쿠르산**Leirhnjukur Mountain

1975-1984년에 발생한 크라플라Krafla 분출로 형성된 용암 지역과 온천 지역을 걷게 된다. 트레킹 코스는 온천 지역에서 레이르흐니우쿠르의 북쪽에 있는 분화구 호푸르Hófur까지 이어진다. 1725~1729년 미바튼 분출로 형성된 아름다운 분화구를 걷게 되며, 트레킹 시

간은 1~3시간 소요된다.

◆ ⑧ 더 크라플라 루트The Krafla Route

레이르흐니우쿠르 남쪽에서 레이캬흘리드 마을로 이어진다. 1725–1729년 용암이 분출하여 흘러 생성된 지역을 가로질러 산 정상까지 오르게 된다. 엘다강을 따라 걷는데 트레킹 시간은 약 3~5시간 소요된다.

◆ ⑨ 흘리다르피아들산Hlíðarfjall Mountain

크라플라 루트에서 흘리다르피아들산의 정상까지 가는 경로이다. 이 트레일은 매우 가파르며 크라플라 루트에서 30~40분 소요된다. 771m 높이의 산 정상에서 호수와 주변 지역의 멋진 전망을 볼 수 있다.

◆ ⑩ 스토라 비티 마르The Stora Viti Maar by Mt. Krafla

1724년에 형성된 폭발 분화구인 스토라–비티Stora-Viti 마르maar* 주변의 짧은 트레일이다. 분화구의 동쪽에 있는 온천을 통과하는데 소요 시간은 약 40~60분이 걸린다.

◆ ⑪ 달피아들산 루트The Dalfjall Mt. Route

레이르흐니우쿠르 남쪽에서 시작하여 나마스카르드 도로에서 끝난다. 달피아들Dalfjall은 이 지역의 지질학적 발생 과정에 대한 호기심을 유발하며 이 트레킹은 약 3~5시간 소요된다.

◆ ⑫ 북쪽 경사지 서클The North Bank Circle

호텔 레이캬흘리드 건너편 호숫가에서 시작하여 호수 정면을 바라보며 거친 용암을 따라 걷는데 다양한 조류를 관찰할 수 있다. 트레킹 시간은 약 2~3시간 정도 소요된다.

＊ **마르**maar 용암분출로 생성되는 일반적인 분화구와는 달리 용암이나 화산재가 분출되지 않고 땅 속의 가스 또는 증기에 의해 폭발하여 구멍을 만들며 형성된 분화구이다. 우리나라에도 마르형 분화구가 존재하는데 제주도에 있는 산굼부리가 유일하다.

미바튼 네이처 바스 Myvatn Nature Baths

미바튼 네이처 바스는 주황빛과 갈색빛이 뒤섞인 모래 평원 뱌르나르플라그 지역에 위치해 황량하지만, 아이슬란드에서 블루 라군과 함께 가장 사랑받는 온천이다.

둘 다 자연적 노천온천이지만 블루 라군은 해수 온천, 미바튼 네이처 바스는 민물 온천으로 차이가 있다. 이곳은 유황성분이 풍부하고 수질이 뛰어나며 블루 라군에 비해 상대적으로 관광객이 적어 조용히 온천을 즐길 수 있으며 가격도 저렴하다.

블루 라군은 외국인들의 관광지로 개발하기 위해 근방의 지열발전소에서 깊은 지하에서 뜨거운 물을 끌어 올린 후 식히지만, 미바튼 네이처 바스의 물은 바로 밑의 지열원에서 약 38~40℃로 식혀 온천을 즐기게 되어 있다. 미바튼 네이처 바스는 보통 온도와 조금 더 높은 온도 두 영역으로 나뉘어 있다. 블루 라군은 규모가 2배 이상 더 크고 주로 관광객들이 이용하는 곳이며, 미바튼 네이처 바스는 주로 현지인들이 이용하고 메인 풀장 외에 두 개의 증기식 사우나와 열탕이 있다.

미바튼 네이처 바스에서는 드넓게 펼쳐진 평원을 보며 온천을 즐기면 몸도 마음도 힐링이 된다.

Tour

미바튼 네이처 바스 정보

주소 Jarðbaðshólar, 660 Mývatn

전화번호 +354-464-4411

홈페이지 www.myvatnnaturebaths.is

영업 시간
·여름 기간 (5.15~9.30) : 9:00~24:00 *23:30 이후로는 입장 불가
·겨울 기간 (10.1~5.14) : 12:00~22:00 *21:30 이후로는 입장 불가

입장료 (2018년 기준)

1/1~4/30	5/1~9/30	10/1~12/31
어른 : 4200 ISK	어른 : 4700 ISK	어른 : 4200 ISK
청소년(13~15세) : 1600 ISK	청소년(13~15세) : 2000 ISK	청소년(13~15세) : 1600 ISK
장애인, 노인, 학생 : 2700 ISK	장애인, 노인, 학생 : 3000 ISK	장애인, 노인, 학생 : 2700 ISK

＊ 부모 동반의 12세 이하 어린이는 무료

 Tip

미바튼 네이처 바스에 갈 때 챙겨야 할 물품

◦수영복, 수건을 미리 준비하여 라커룸에서 갈아입은 후 들어갈 수 있다. 만약 수영복이나 수건
이 없다면 일정 비용을 지불하고 빌릴 수 있다.

렌탈 비용 · 수건 700ISK · 수영복 700ISK · 목욕가운 1,500ISK

◦온천을 즐기고 나면 머리카락이 심하게 뻣뻣해진다. 따라서 샴푸뿐만 아니라 컨디셔너도 챙겨
가면 좋다.

나우마피아들Námafjall 과 크베리르Hverir

 가는길

- 에이일스타디르에서 160㎞ 떨어져 있어 1번 도로를 따라 2시간 정도 소요된다.
- 아쿠레이리에서는 107㎞ 거리로 약 1시간 30분 소요되며, 미바튼에서는 1번 도로를 따라 3 ㎞ 떨어진 거리에 위치한다.

아이슬란드 북부의 간헐천 및 화산지대로 지열 때문에 추운 겨울에 눈이 많이 내려도 항상 황토색을 띠는 특이한 지형이다. 뜨겁게 살아 움직이고 있는 지구를 온몸으로 느낄 수 있는 곳으로 유황 냄새와 함께 곳곳에서 올라오는 수증기와 부글부글 끓고 있는 물웅덩이는 마치 외계 행성에 와 있는 것 같은 느낌을 준다.

미바튼 지역을 향해 열심히 달려가다 보면 갑자기 유황 냄새가 코를 찌르기 시작하는데

이 냄새는 크베리르에 가까이 다가왔음을 알려준다. 황량하지만 지구 내부의 열수에 의해 형성된 특이한 화산 풍경 때문에 결코 지나칠 수 없는 곳이다.

이 지역은 화산 활동이 활발한 고온의 지열 지대로 지하 약 1,000m 깊이에서는 온도가 200℃를 넘는다. 지표의 흙이 녹아 만들어진 유기공의 일종인 머드팟, 뜨거운 수증기가 끊임없이 배출되는 열수 분기공들, 이산화황이 분출하여 생성된 노란색의 유황 결정이 지천으로 보인다. 부글부글 끓어오르는 진흙 구덩이들 덕분에 '지옥의 부엌'이라는 재미있는 별명도 갖고 있다. 여기저기 보이는 돌무더기는 유황으로 노랗게 덮여 있고, 하얀 수증기가 강한 소리를 내며 끊임없이 솟아오른다. 유독 진한 노란색과 오렌지색의 토양도 유황 성분 때문이다.

분기공에서 분출된 가스와 증기 때문에 유황 냄새가 상당히 강하므로 지열 지대에 너무 오래 있거나 바람이 강하게 부는 날이면 두통이 나거나 메스꺼워질 수 있으니 조심하는 것이 좋다.

분기공에서 유황 냄새를 풍기며 하얀 수증기가 끓어 분출하고 있다.

크라플라산 *Mt. Krafla* 과 스토라 비티 *Stora-Viti*

미바튼 호수 북쪽에 있는 용암류와 균열 및 협곡으로 가득한 활동적인 용암 지대이다. 크라플라 화산은 1970년대와 1980년대의 화산폭발로 이 지역에 혼란을 주기도 하였다.

크라플라 화산은 직경이 무려 10km나 되고 둘레는 90km에 달하는 거대한 칼데라이지만, 여러 번의 화산분출 및 침식작용으로 지금은 칼데라 형태를 알아볼 수 없다. 크라플라 화산은 역사상 상당히 활동적이어서 29번이나 분출하였는데 1975~1984년 사이에는 9번이나 폭발을 일으켰다. 마지막 폭발은 2주 동안 계속되어 용암이 24km² 면적을 뒤덮었으며 마지막 분화는 1984년에 있었다.

크라플라산 안에는 1724년에 형성된 스토라 비티라는 이름의 작은 칼데라호가 있다. 아이슬란드어로 '비티'는 지옥이라는 뜻으로 과거 아이슬란드인들은 화산 밑에 지옥이 있다고 믿었다.

이 고온의 지열 지대는 깊이 2㎞에서 온도는 340℃에 달할 정도의 에너지를 가지고 있어 이 에너지는 현재 지열 발전소에서 사용된다.

크라플라 지열 발전소 Krafla Power Plant

지열발전은 지하의 고온층에서 증기나 열수의 형태로 열을 받아들여 발전하는 방식을 말한다. 최초의 지열발선은 1904년 이탈리아 토스카나 Tuscany 지방의 라르데렐로 Larderello 마을에 세워진 것이 시초인데, 이곳에서는 땅에 솟아오른 140~260℃의 증기를 이용하여 터빈을 돌려 발전을 하였다.

발전소의 규모는 작지만 경제성을 지니고 있는 점이 강점이며, 소규모 분산형의 로컬에너지 자원으로서의 특색도 갖추고 있다. 또한, 지열발전은 원리적으로 연료를 필요로 하지 않으므로 연료 연소에 따르는 환경오염이 없는 클린에너지이다.

아이슬란드는 작은 면적의 영토임에도 불구하고 세계 7위의 지열발전 용량을 가진 나라로 생산된 총 전력량 중 지열발전이 차지하는 비율이 다른 나라의 10배가 넘는 35%에 달한다.

레이르흐니우쿠르Leirhnjukur 지열 지대

스토라 비티 옆에는 레이르흐니우쿠르 지역이 있다. 토양이 다채로운 색으로 물들어 있는 곳으로 이 지역을 걷다 보면 끓어오르는 진흙 구덩이, 검은 색의 화산암, 용암 지형 안쪽의 뜨거운 온천, 환상적인 색상으로 물들어 있는 언덕과 산을 만나볼 수 있다.

 Tip

○ 미바튼 지역을 관광할 때 거점 역할을 하는 도시는 북쪽 호숫가에 있는 '레이캬흘리드'로 이곳에는 은행, 우체국, 슈퍼마켓, 주유소 등 편의시설과 숙박시설이 있다.
○ 파리가 매우 많으므로 방충모자가 필요할 수 있다.

그료타가우 Grjótagjá

 가는길
- 레이캬흘리드에서 약 6㎞ 떨어진 지각의 분열 지역으로 차로 5분 정도 소요된다.

Grjóta(stone)+gjá(gap)으로 이루어진 말로 용암이 흘러서 굳어진 암석들에 균열이 생긴 곳이다. 이러한 암석 틈 사이로 모락모락 김이 올라오는데 그 안을 들여다보면 뜨거운 온천수가 보인다. 과거에는 천연 동굴 온천장으로 사용되어 목욕을 즐겼다고는 하나 화산 활동이 활발해지며 물의 온도가 높아져 목욕이 금지되었다고 한다. 현재는 온도가 점차 떨어지고 있으나 40℃를 웃돈다.

이곳을 둘러보면 균열 때문에 생긴 틈들이 많이 보인다. 그 이유는 이곳이 북아메리카판과 유라시아판이 멀어지고 있는 발산형 경계에 위치하기 때문이다.

크베르피아들 분화구Hverfjall Crater

미바튼 호수의 북쪽에 있는 크베르피아들 분화구는 약 2,800년 전에 발생한 강력한 화산 폭발로 형성되었다. 이 지역의 가장 남쪽에 위치하며 흘러나온 용암이 호수를 만나 강력한 폭발을 일으켰다. 이때 작은 입자인 화산재가 오랫동안 뿜어져 나온 후 다시 찾아온 폭발은 거대한 분화구를 만들었다.

폭이 약 1.6㎞인 크베르피아들 분화구는 이후 1720년대에 일어난 화산폭발과 1970년대의 크라플라 화산 폭발로 주위 지층에 분기공과 진흙 온천들이 만들어지게 되었다.

주차장에서 약 20여 분 올라가면 분화구의 정상에 도달할 수 있어 누구나 가볍게 올라갈 수 있다. 정상에서 주변을 둘러보면 작은 언덕들이 많이 보이는데, 모두 제주도의 오름과 같은 분석구들이다. 이 분석구들은 이 지역이 과거에 화산활동이 활발했던 곳임을 알려준다.

분화구 주위를 한 바퀴 돌다보면 검은 화산 분석들로 이루어진 척박한 곳에서도 예쁜 야생화가 피어나는 것을 볼 수 있는데, 생명의 강인함을 느낄 수 있다.

딤무보르기르 Dimmuborgir

 가는길

- 미바튼 호수의 동쪽 레이캬흘리드에서 848번 도로를 따라 남쪽으로 5㎞ 정도 가다보면 좌측으로 딤무보르기르 길이 나오는데 이 길을 따라 650m 정도 가면 도착한다.

딤무보르기르는 '검은 성'이라는 뜻을 가진 곳으로 약 2,300년 전에 습지 위를 흐르던 용암에 의해 형성된 아치형의 바위와 기둥, 동굴들로 이루어진 거대한 용암대지이다. 다양한 산책로를 따라 탐방하다 보면 기이한 암석들이 서 있는 모습을 볼 수 있다.

이곳은 점성이 큰 용암이 분출하여 부서지고 깨져서 만들어진 클링커*가 많은 지형으로 독특한 형태의 용암대지 지역이다.

입구에는 딤무보르기르를 걸어보는 몇 가지 트레킹 코스를 설명한 그림이 나오는데, 파란색은 쉬운 코스들을, 빨간색은 어려운 코스들로 소요 시간과 트레일의 특징을 설명하고 있다. 트레일은 쉬운 코스 내에서도 10~15분 정도부터 1시간 30분~2시간까지 다양하다.

용암 지형 사이로 잘 닦여진 포장된 길이 있어 산책하기 편한데, 다른 곳보다 관광객이 많이 찾지 않아서인지 바람 소리만 들릴 정도로 고요하다.

설화에 따르면 이곳은 율 라드 Yule Lads(트롤의 13명의 아들)가 살고 있는 곳으로 여름에는 이들이 쉬느라 보이지 않지만, 겨울이면 크리스마스를 준비하느라 분주하다고 한다.

----

* **클링커** clinker 점성이 큰 아아용암 aa lava이 냉각될 때 분출하여 부서지고 깨져 만들어진 거친 조직으로 작은 기포와 요철이 많은 지형

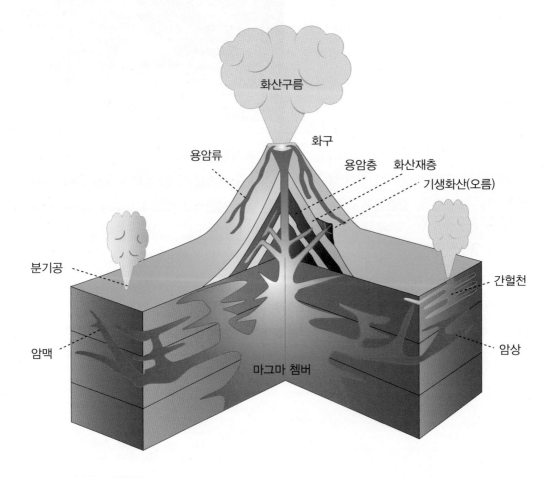

Science Plus

화산 이야기

　화산은 살아있는 지구의 모습을 증명하는 자연 현상 중의 하나다. 화산 폭발이 일어나면 큰 인명 피해와 기후 변화까지 초래하는 두려움의 대상이지만 화산 활동으로 생성된 독특한 지형들과 온천은 큰 볼거리를 만들며 관광자원으로 활용된다. 화산 활동으로 만들어진 지형들에 대해 알아보자.

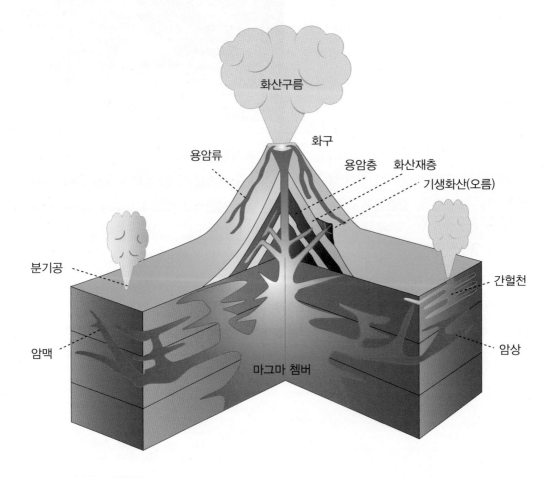

화산구름

화구

용암류　　용암층　화산재층

기생화산(오름)

분기공

간헐천

암맥

암상

마그마 쳄버

- 분화구^{Crater} : 원뿔 모양으로 함몰하여 가파른 경사를 보이는 화산의 꼭대기 부분으로 용암이나 화산가스가 땅 위로 분출되는 곳이다.
- 화도^{Vent} : 마그마가 빠져나가는 통로
- 마그마 체임버^{Magma chamber} : 상당량의 마그마가 저장된 곳이다.
- 분기공^{Fumarole} : 기체가 분출하는 구멍이라는 뜻으로 화산가스가 분출되어 나오는 구멍을 말한다. 이산화황^{SO2}이나 황화수소^{H2S}가 많은 경우에는 황기공이라고도 한다.
- 간헐천^{Geyser} : 간헐천은 영어로 'geyser'라고 하는데 이는 아이슬란드의 유명한 간헐천인 게이시르^{Geysir}에서 유래하였다. 뜨거운 물이 수증기와 함께 일정한 시간 간격으로 공중으로 솟구쳐 오르는 온천을 말한다.
- 기생 화산^{Parasitic Volcano} : 화산이 분출할 때 가지를 치듯 옆쪽으로 화도를 따라 용암이 분출하여 생기는 산이다. 제주도에서는 '오름'으로 불리며 360여 개가 넘는 오름이 있어 관광지로 유명하다.

분기공

간헐천

화산 활동이 일어나면 세 가지 상태의 물질이 분출되는데 바로 용암, 화산가스, 화산 쇄설물이다.

- 용암^{Lava} : 액체 상태의 물질로 마그마가 지표의 약한 부분을 뚫고 나오면 휘발 성분이 빠지면서 용암이 흐른다.
- 화산가스^{Volcanic gas} : 기체 상태의 물질로 화산이 분출되면 압력 감소로 인해 마그마에 녹아 있던 가스들이 빠져나오게 된다. 이러한 화산가스 중 대부분은 수증기이며 이산화탄소, 이산화황, 염소 등 다양한 기체들이 포함되어 있다. 다량의 화산가스가 분출되면 질식사의 위험이 있다.

• 화산쇄설물Pyroclastic material : 화산 폭발로 생겨난 고체 상태의 물질로 크기에 따라 화산암괴>화
산력>화산재>화산진으로 구분한다. 화산이 폭발할 때 분화구에서 분출되는 화산쇄설물의 흐
름을 '화쇄류'라고 하는데 온도만 500~700℃에 달하며 하강 속도는 시속 100~300㎞에 달할
정도로 매우 빠르기 때문에 피하기 어려워 큰 피해를 준다.

▶ 용암에 관한 몇 가지 기본적인 정보

용암은 화산 폭발 중에 화산에 의해 분출되는 녹은 암석이며, 이 용암이 냉각되어 굳으면
암석이 된다.

지구 표면의 거의 모든 용암의 조성은 규산염 광물에 의해 좌우된다. 규소와 산소의 비
율에 따라 다른 암석이 된다. 예로는 규소와 산소 성분이 적은 현무암과 많은 유문암 등이
있다.

일반적으로, 용암의 구성은 분출 온도에 따라 용암의 물리적인 성질이 달라 용암의 흐름
이나 화산의 형태를 다르게 만든다. 유동성 큰 용암류는 완만하거나 평탄한 화산체를 만들
고, 점성이 큰 용암은 울퉁불퉁한 괴상 바위의 덩어리를 형성하며 경사가 급한 화산체를 만
든다.

용암은 얇은 지각을 형성하는 동안에 처음에는 빨리 냉각되는데, 이 굳은 얇은 껍질은
내부 용암을 보온하는 역할을 한다. 이 단열 특성 때문에, 내부에 남아있는 용암은 냉각되기
까지 오랜 시간 이동할 수 있다.

호프디 Höfði

 가는길

• 레이캬흘리드에서 남쪽으로 우회하는 848번 도로를 따라 8㎞ 정도 주행하다 미바튼 호수를 오른쪽에 두고 10분 정도 가다가 호프디라고 쓰인 파란색의 작은 표지판이 보이면 이곳에 주차를 하면 된다.

이곳은 소유주의 이름을 따서 벅 포인트 Buck Point 라고도 불린다. 소유주 부부가 이곳에 나무와 식물들을 수십 년 동안 심어서 만들어진 곳이며 아이슬란드에서 보기 드문 숲을 만날 수 있는 곳이다. 사유지였던 이곳은 소유주가 죽고 난 뒤 아내가 국가에 기증하여 현재는 여행객들도 출입이 가능해졌다.

숲이 우거진 산책로를 따라 걷다 보면 아름다운 미바튼 호수의 전경이 보이는데 용암으로 만들어진 기암괴석들이 호수와 어우러진 모습이 아름다운 경치를 자아내어 사진 찍기 좋은 장소로 유명하다.

스쿠투스타다기가르 *Skútustaðagígar*

📍 **가는길**

• 레이캬흘리드에서 미바튼 호수의 남쪽으로 우회하는 848번 도로를 따라 15㎞ 이동하면 도착한다. 네비게이션 혹은 구글맵에서 '셀 호텔 미바튼 sel hotel myvatn'으로 검색하면 쉽게 찾을 수 있다.

미바튼 호수 남서쪽에 위치한 이곳은 '가짜 분화구 Pseudo Crater'라는 뜻을 가졌다. 분화구처럼 생긴 작은 오름들은 실제 용암이 분출하여 만들어진 화산 분화구가 아니라 뜨거운 수증기의 분출로 발생한 분화구이기 때문이다. 이 분화구들은 그리 높지 않아 트레킹하기 좋으며 곳곳에 야생화들로 가득하여 평온한 마음으로 둘러보면 좋다.

Iceland Geological Prospecting

🔬 Science Plus

가분화구 Pseudo Craters **란?**

미바튼 호숫가에 있는 이 분화구들은 용암이 호수 안으로 쏟아져 들어왔을 때 증기 폭발로 형성되었다. 다양한 형태의 분화구들은 증기 분출이 계속됨에 따라 어떤 형태를 가지게 되었는지를 알려준다.

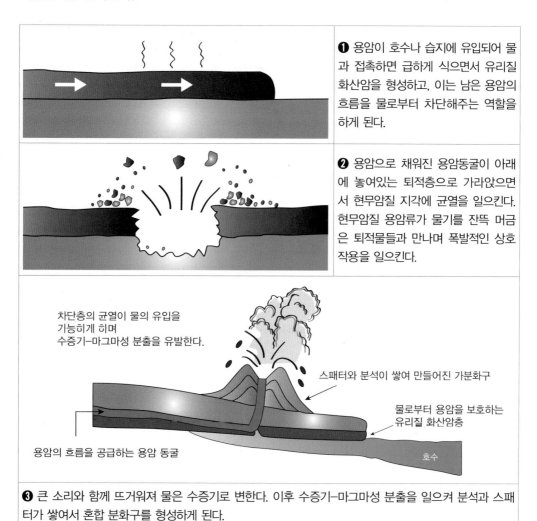

❶ 용암이 호수나 습지에 유입되어 물과 접촉하면 급하게 식으면서 유리질 화산암을 형성하고, 이는 남은 용암의 흐름을 물로부터 차단해주는 역할을 하게 된다.

❷ 용암으로 채워진 용암동굴이 아래에 놓여있는 퇴적층으로 가라앉으면서 현무암질 지각에 균열을 일으킨다. 현무암질 용암류가 물기를 잔뜩 머금은 퇴적물들과 만나며 폭발적인 상호작용을 일으킨다.

차단층의 균열이 물의 유입을 가능하게 히며 수증기-마그마성 분출을 유발한다.

스패터와 분석이 쌓여 만들어진 가분화구

물로부터 용암을 보호하는 유리질 화산암층

용암의 흐름을 공급하는 용암 동굴

호수

❸ 큰 소리와 함께 뜨거워져 물은 수증기로 변한다. 이후 수증기-마그마성 분출을 일으켜 분석과 스패터가 쌓여서 혼합 분화구를 형성하게 된다.

🛏 Accommodation

포스호텔 미바튼 Fosshotel Myvatn

주소 Grímsstaðir, 660 Skútustaðahreppur, iceland
전화번호 +354-453-0000
홈페이지 www.fosshotel.is

미바튼 호수 옆에 위치하고 있는 체인 호텔로 현대
적이고 깨끗한 숙소이다. 조식의 종류가 다양하고
맛있다. 호텔에서 바라보는 미바튼 호수가 아름다우
며 미바튼 네이처 바스에서 6.8㎞ 떨어져 있다.

호텔 락사 Hotel Laxa

주소 Hverfisgata 103, 101 Reykjavík, Iceland
전화번호 +354-590-7000
홈페이지 www.keahotels.is

2015년에 준공한 100개의 객실을 보유하고 있는 호
텔이다. 도심에서 가까워 접근성이 좋으며 호텔인
만큼 무료 조식, 무료 와이파이, 무료 신문 제공 등
다양한 서비스를 제공한다.

호텔 아이슬란드데어 Hotel Icelandair

주소 Reynihlid, 660 Mývatn, Iceland
전화번호 +354-444-4000
홈페이지 www.icelandairhotels.com

미바튼 호수 근처에 있으며 미바튼 네이처 바스와
는 3.3㎞ 떨어진 곳에 위치한다. 바와 무료 Wi-Fi
등 다양한 편의 시설이 마련되어 있다. 호텔은 현대
적이라 방과 욕실이 깨끗하고 인테리어가 훌륭하다.
레스토랑의 음식이 맛있고 조식도 질이 좋다.

페르다티온뉘스탄 뱌르그 Ferdatjonustan Bjarg

주소 Bjarg, On the shore of Myvatn lake, Lake Myvatn 660, Iceland

전화번호 +354-464-4240

미바튼 호수 근처에 텐트를 치고 캠핑을 하며 머무르고 싶다면 이곳을 추천한다. 공동 샤워실과 공동 식당도 있으며 여유롭게 캠핑을 하며 평화로운 미바튼의 풍경을 즐길 수 있다.

 Food

보가피오스 카우쉬드 카페 Vogafjós Cowshed Cafe

주소 Vogar, 660 Mývatn

전화번호 +354-464-3800

홈페이지 www.vogafjosfarmresort.is

지열로 구운 게이시르Geysir 빵, 아이스크림, 홈 메이드 케이크가 맛있다. 훈제 양고기, 볶음 송어도 독특하다.

영업시간
· 여름시즌(6월 1일~8월 31일) 09:00~24:00
· 겨울시즌 12:00~22:00

감리 비스트로 Gamli Bistro

주소 Reykjahlíð, 660 Mývatn, Iceland

전화번호 +354-464-4270

홈페이지 www.myvatnhotel.is

아이슬란드 현지 음식을 제공한다. 온천 빵, 전통적인 아이슬란드식 양고기 스프, 전통적인 빵 요리와 케이크가 유명하다.

영업시간 11:00~22:00

카피 보르기르 Kaffi Borgir

주소 Dimmuborgir, Lake Mývatn 660, Iceland
전화 +354-698-6810
홈페이지 www.kaffiborgir.is/en/

딤무보르기르 공원에 위치한 곳으로 멋진 풍경과
함께 식사 혹은 커피를 마실 수 있는 곳이다. 스프,
샐러드, 샌드위치, 버거, 스테이크와 립 등 다양한
음식과 아이슬란드 전통음식을 파는 곳이다.
영업시간 10:00~21:30

다디스 피자 Daddi's Pizza

주소 Vogar, Lake Mývatn 660, Iceland
전화번호 +354-773-6060
홈페이지 www.vogahraun.is

영어로 아빠라는 뜻이 아니라 식당 주인의 닉네임
을 딴 피자집이라고 한다. 딤무보르기르, 나우마피
아들, 크라플라 등 미바튼 지역 명소들의 이름을 딴
피자 메뉴들을 맛볼 수 있는 재미있는 곳이다.
영업시간 12:00~23:00

HÚSAVÍK
후사비크

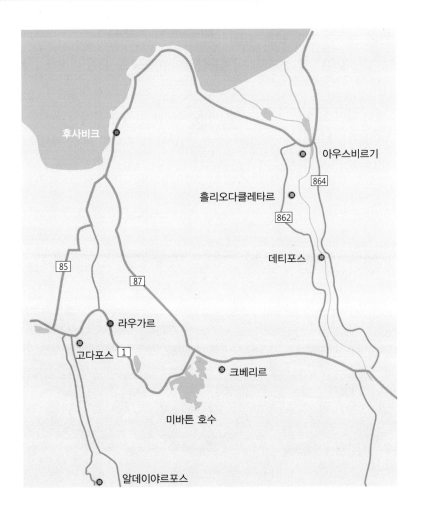

가는길

- 아쿠레이리에서 1번 도로를 따라 48㎞ 이동 후 좌회전하여 85번 도로를 따라 45㎞ 이동하면 된다. 총 1시간 20분 정도 소요된다.
- 레이캬흘리드에서는 약 78㎞ 떨어져 있으며 87번 도로를 따라 1시간 정도 소요된다.

스칼판디 Skjálfandi 만의 동쪽 해안에 있으며 약 2,500명의 주민이 사는 평온하고 조용한 항구 마을이다.

스칼판디만의 바다는 차가운 해류와 온난한 해류가 만나는 독특한 특징을 가지기 때문에 다양한 크릴과 생선이 풍부하여 수많은 종의 고래 떼들이 찾아온다. 그 결과 작은 북쪽의 아이슬란드 동네는 현재 세계에서 고래관광 투어의 중심으로 변화되었다.

고래 투어로 유명한 후사비크는 95%의 확률로 고래를 볼 수 있다. 하얀 부리의 돌고래, 쥐돌고래 혹은 거대한 흰긴수염고래 등을 만날 수도 있지만, 그중에서 으뜸은 밍크고래다. 밍크고래는 호기심이 많아 보트에 가까이 접근하는 경우가 있어 특별한 경험을 할 수 있다. 또한 배를 타고 항해하며 설산을 감상할 수 있고 아이슬란드의 마스코트 새인 퍼핀까지 함께 만날 수 있다.

후사비크 캔디 데이즈 Húsavík Candy Days 라는 마을 축제는 가족과 문화의 축제로 매년 7월 마지막 주말에 개최된다. 퍼레이드, 모닥불, 램 쇼, 어린이 놀이터 및 야외 콘서트와 같은 대규모 이벤트가 있다.

Tour

고래 투어 whale watching

North sailing		Gentle giants	
전통 고기잡이배를 개조한 보트로 고래를 보러 가는 투어이다.		전통 나무 보트 투어와 스피드 보트 투어가 있으며 고래가 나타나면 빠르게 이동하여 근처까지 갈 수 있는 스피드 보트 투어가 유명하다.	
홈페이지 : www.northsailing.is		홈페이지 : www.gentlegiants.is	
대표 상품		대표 상품	
고래 투어	고래 퍼핀 투어	고래 투어	고래 퍼핀 투어
•가격 – 성인 : 10,500ISK – 7〜15세 : 4,500ISK – 6세 이하 : 무료 •기간 3월 1일〜10월 14일	•가격 – 성인 : 14,500ISK – 7〜15세 : 6,500ISK – 7세 미만 : 무료 •기간 5월 1일〜8월 20일	•가격 – 성인 : 10,300ISK – 7〜15세 : 4,200ISK – 6세 이하 : 무료 •기간 4월 1일〜11월 30일	•가격 – 성인 : 18,900ISK – 7세 이하 : 추천안함 •기간 4월 1일〜10월 30일

 Tip

투어 배의 선택

투어 배는 두 가지 방법으로 선택할 수 있는데, 돈을 더 내고 빠른 고속정을 타는 방법과 저렴하게 일반 배를 타는 방법이 있다. 느리게 움직이는 빙하를 관찰할 때는 배의 속력이 중요하지 않지만, 고래 투어는 고래를 발견하고 근처로 빨리 이동을 해야 하기에 속도가 빠른 고속정을 선택하는 것이 좋다.

퍼핀을 보고 싶다면?

퍼핀은 철새로 볼 수 있는 기간(4월 중순〜8월 말)이 정해져 있으므로 여행 기간에 퍼핀 투어가 가능한지 확인해야 한다.

 **Accommodation**

감리 스콜린 후사비크 Gamli Skólinn Húsavík

주소 Stórigarður 6, 640 Norðurþing

전화번호 +354-847-5722

후사비크 항구에서 도보로 3분 정도 거리에 위치해 있다. 시설은 매우 깨끗하고 현대적이며 세탁기와 건조기도 준비되어 있다.

스타인달루르 툐르네스 Steindalur Tjörnes

주소 Steindalur, Húsavík, 641 Húsavík

전화번호 +354-865-7446

후사비크에서 북쪽으로 8㎞ 떨어져 있다. 조그마한 단독 2층 건물로 테라스와 발코니를 갖추고 있다. 주방에는 커피 기계뿐만 아니라 오븐과 전자레인지가 있다. 방문자의 평점이 높다.

Food

감리 뵈이쿠르 Gamli Baukur 레스토랑

주소 9 IS-640, Hafnarstétt, Húsavík

전화번호 +354-464-2442

홈페이지 gamlibaukur.is

목재로 만든 아름다운 레스토랑이다. 생선 요리가
유명하며 특히 아이슬란드의 유제품인 스키르^{skyr}로
만들어진 디저트가 환상적이다. 북동부 지역에서 라
이브 뮤직을 많이 하는 곳으로 유명하다.

영업시간 11:30~23:30 (주문은 22:00시까지 가능)

뇌이스티드 Naustid 레스토랑

주소 Ásgarðsvegur, Húsavík

전화번호 +354-464-1520

규모는 작지만 생선스프가 맛있다. 야채가 매우 부
드러우며 메인 요리인 연어 요리가 일품이다.

영업시간 11:45~22:00

GOÐAFOSS

고다포스

가는길

• 케플라비크 국제공항에서 41번 도로를 따라 약 49㎞

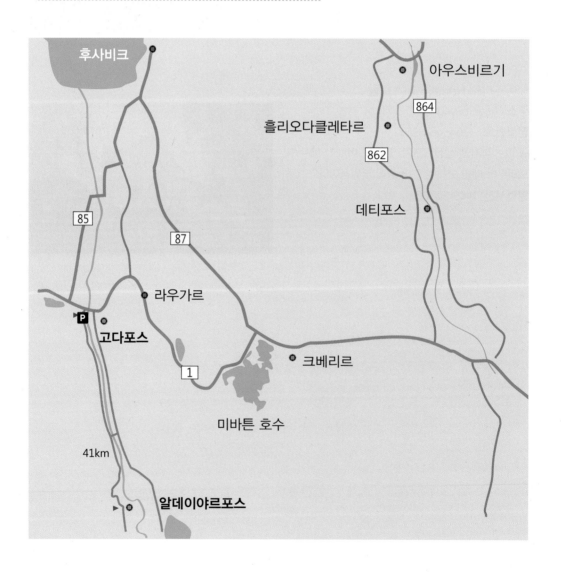

고다포스는 화산지대를 흐르는 스캴판다플료트Skjálfandafljót강이 만든 웅장한 폭포이다. 높이 12m, 폭 30m를 가진 고다포스의 세찬 물줄기는 사진만으로는 표현하기 어려운 또 다른 아름다움이 있다.

고다포스가 신의 폭포라 불리는 이유는 아이슬란드의 종교적인 역사와 관련 있는 곳이기 때문이다. A.D. 999~1000년경 아이슬란드가 국교를 기독교로 정한 후 의회에서 돌아오던 보르게이르Borgeir 의원이 자신이 가지고 있던 여러 신의 신상들을 이곳에 던져버려 '신의 폭포'라는 이름을 가지게 되었다.

고다포스는 데티포스와는 달리 양쪽으로 이동하기에 접근성이 좋아 양쪽에서 모두 감상하는 사람들이 많다. 협곡 사이로 뿜어져 나오는 물줄기는 멀리서 보더라도 아이슬란드 3대 폭포 중 하나인 이유를 실감하게 해준다.

고다포스의 하류에는 규모가 작은 폭포인 게이타포스geitafoss가 있다. 여유가 있다면 트레킹을 하여 고다포스와는 또 다른 풍경을 보러가길 추천한다.

게이타포스

고다포스

ALDEYJARFOSS
알데이야르포스

🪧 가는길

- 고다포스에서 남쪽으로 40㎞ 정도 떨어진 곳에 있어 1시간 15분 정도 소요된다.
- 고다포스에서 844번 도로를 타고 가다가 F26 도로로 접어들어 알데이야르포스 길로 좌회전 하면 주차장에 도착한다.
- 주차장에서 약 10분 정도 걸으면 알데이야르포스에 도착한다.

알데이야르포스Aldeyjarfoss는 굴포스나 스코가포스, 데티포스 같은 아이슬란드의 다른 유명한 폭포에 비해 아직까지는 많이 알려지지 않은 폭포이다. 그 이유는 링로드 주변에 위치한 다른 아이슬란드의 대표적 관광지와 달리 링로드에서 꽤 멀리 떨어져 있고 가는 길이 험하기 때문이다.

고다포스에서 알데이야르포스까지 가는 길은 약 40㎞ 정도 비포장도로를 운전해야 한다. 강 옆의 842번, 844번 두 도로를 이용할 수 있는데 어느 도로를 이용해도 비슷한 거리이지만 844번 도로의 상태가 조금 더 좋은 편이다. 844번 비포장도로를 따라 24㎞ 정도 달리면 두 도로가 만나는 다리가 나타난다. 이 다리를 건넌 후 사륜구동만 갈 수 있는 'F도로'로 약 6㎞ 구간을 주행하면 주차장에 도착할 수 있다. 주차장은 규모가 작고 비포장이지만 무료 화장실도 있다. 주차장에서 폭포까지는 300m정도 걸어야 한다.

스칼판다플료트Skjálfandafljót강은 흘러가며 고다포스와 알데이야르포스 등 두 개의 폭포를 만들었다. 바트나요쿨 빙하에서 발원한 이 강은 상류에서 좁은 협곡을 따라 20m 정도 아래로 떨어지는 알데이야르포스를 만들고 넓은 유역으로 흐른다. 푸른 폭포수와 현무암 바위들, 그리고 주상절리로 둘러싸인 주변 경관은 이곳의 아름다움을 더 극적으로 느끼게 만든다. 해가 뜰 때 주황빛으로 물든 하늘과 폭포의 실루엣은 환상적인 풍경을 만든다. 겨울에는 눈이 쌓인 모습이 절경을 이루어 계절마다 다른 매력을 보여준다.

관광객들에게는 숨겨진 명소로 조용히 풍경을 감상하며 사진 찍기에 좋은 곳이다. 특히, 울타리처럼 펼쳐진 폭포 양 측면의 주상절리 절벽이 폭포를 더 한층 아름답게 만든다. 폭포의 절벽을 이루는 용암은 4차례 이상 서로 다른 시기에 분출하여 용암절벽을 만들었고 중간에 위치한 용암층이 급히 냉각하여 주상절리를 만들었다.

알데이야르포스는 고다포스에서도 한 시간 넘게 남쪽으로 내려온다는 것과 비포장도로를 따라 이동한다는 것 때문에 방문하기에 만만치 않은 곳이지만 이곳의 모습은 시간과 노력이 전혀 아깝지 않은 곳이다.

AKUREYRI
아쿠레이리

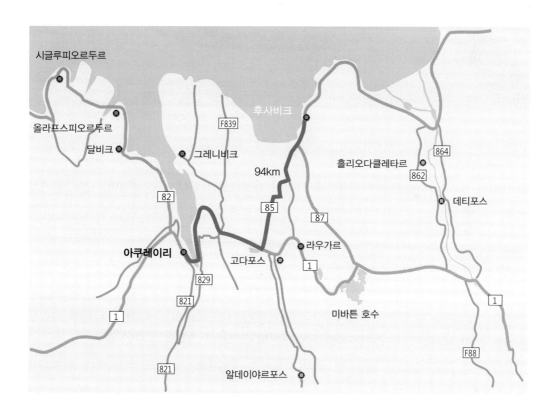

가는길

- 미바튼에서 101㎞ 떨어져 있어 1번 도로를 따라 1시간 30분 정도 소요된다.

- 후사비크에서는 85번 도로를 따라 45㎞를 주행한 후 우회전하여 1번 도로를 따라 49㎞ 이동하면 도착한다. 이동 시간은 1시간 20분 정도 소요된다.

아이슬란드의 가장 긴 피오르인 에이야피오르두르Eyjafjörður에 위치하며 주변에는 넓은 낙농 지대가 펼쳐져 있다. 아쿠레이리에는 약 18,500명의 인구가 거주하며 수도 레이캬비크 다

음으로 큰 도시이기 때문에 아이슬란드 북부의 수도라고 불린다. 아쿠레이리는 북극권에서 남쪽으로 약 100㎞밖에 떨어지지 않은 도시이기 때문에 오로라를 자주 볼 수 있다.

아쿠레이라르키르캬Akureyrarkirkja

아쿠레이리의 랜드마크로는 아쿠레이라르키르캬가 있는데, 수도 레이캬비크에 있는 할그림스키르캬교회를 건축한 건축가 그뷔드존 사무엘손Guðjón Samúelsson에 의해 1940년에 세워진 교회이다. 두 교회는 모두 스카프타펠 국립공원의 스바르티 폭포의 현무암 육각기둥 모양에 영감을 받아 건축되었다고 한다. 이 교회는 도시가 내려다보이는 작은 언덕 위에 위치하여 112개의 계단을 올라가야 한다.

교회 안으로 들어가면 성경 내용이 담겨 있는 17개의 스테인드글라스 창이 아름다움을 더하다. 교회는 월요일부터 금요일까지 오전 10시부터 오후 4시까지 개방한다.

아쿠레이라르키르캬

아쿠레이리 보타닉 가든 *Akureyri Botanic Garden*

아쿠레이리의 또 다른 명소로는 북극
권에서 가장 가까운 식물원인 아쿠레이리
식물원이 있다. 1ha의 부지에서 시작된
아이슬란드의 첫 공공 공원이기도 하다.
1957년 이후 계속 조금씩 늘어나 현재는
400여 종의 토종 식물과 6,600종의 외래
종 식물을 보유하고 있는 멋진 공원이 되
었다. 개장 초기에는 일요일 오후에만 개
방했지만 현재는 여름 내내 저녁 늦게까지 개방하고 있다.

라우파스laufas 잔디 집

라우파스 잔디 집은 아쿠레이리에서 에이야피오르두르Eyjafjörður에 위치한 그레니비크Grenivík 마을 근처 83번 도로에서 1㎞ 떨어진 곳에 위치한다.

1865년에 지어진 라우파스 잔디 집은 아이슬란드의 옛 거주 양식을 보여주는 곳 중 가장 잘 보존된 곳이다. 20명이 넘는 사람들이 살던 이곳에는 20세기 초에 쓰던 가구들이 그대로 남아 있다. 아쿠레이리에서 멀지 않으므로 아이슬란드의 역사를 느껴보고 싶다면 꼭 들러보자.

라우파스 잔디 집은 현재 아이슬란드 국립 박물관에 속해 있으며 아쿠레이리 박물관 Akureyri Museum이 운영한다. 여름철에는 오전 9시부터 오후 9시까지 개장한다.

Tour

가이드 투 아이슬란드 오로라 투어

여름이 아닐 때는 밤에 오로라를 볼 수 있으니 아이슬란드 어느 지역이나 마찬가지로 아쿠레이리에서도 밤하늘을 올려다보면 오로라를 만나볼 수 있다. 오로라를 보기 위해 계획했다면 차를 타고 오로라를 찾아다니는 오로라 헌팅 투어를 예약하면 된다. 이곳의 오로라 투어는 한 장소에서 머물러 관측하는 캐나다 옐로나이프와는 달리 날씨를 보고 그날의 기상상태에 따라 맑은 곳으로 이동하여 오로라를 찾아가는 방식이라 오로라 헌팅이라고 부른다.

전화번호 +354-867-7072   **홈페이지** guidetoiceland.is
소요 시간 3시간   **이용 가능 기간** 9월~4월
가격 $80~152 (투어 종류별로 금액이 다르다.)

Food

럽 23 RUB 23

주소 Kaupvangsstræti 6, Akureyri 600
전화번호 +354-462-2223
홈페이지 www.rub23.is

연어, 홍합 등 해산물 요리는 물론 초밥이나 롤, 스테이크, 디저트까지 갖춰진 인기 음식점이다. 여행 중 아시아인과 현지인들도 많이 찾는 곳이다.

영업시간 점심 11:30~14:00 토, 일요일은 점심시간 운영 안함. 저녁 17:30~22:00(일~목), 17:30~23:00(금~토)

브리냐 Brynja

주소 Aðalstræti 3, Akureyri 600
전화번호 +354-462-4478
홈페이지 www.facebook.com/pg/Brynjuis

아이스크림 위에 과자, 견과류, 과일 등 토핑을 다양하게 선택하여 먹을 수 있는 아이슬란드 최고의 아이스크림 가게이다.

영업시간 매일 10:00~23:30

🛏 Accommodation

케이 16 아파트먼트 K16 Apartments
주소 39, Freyjugata, Reykjavík, Iceland
전화번호 +354-615-9555
홈페이지 www.freyjaguesthouse.com
레이캬비크 도심에 위치하는 숙소이다. 호텔 정보
사이트에서 높은 평점을 자랑하는 만큼 청결도와
위치가 훌륭하다. 24시간 공항 셔틀을 운영한다. 하
들그림스키르캬 교회 바로 근처에 있어 레이캬비크
의 어느 관광지든 접근이 용이하다.

호텔 케아 Hotel kea by keahotels
주소 Hverfisgata 103, 101 Reykjavík, Iceland
전화번호 +354-590-7000
홈페이지 www.keahotels.is
2015년에 준공한 100개의 객실을 보유하고 있는 호
텔이다. 도심에서 가까워 접근성이 좋으며 호텔인
만큼 무료 조식, 무료 와이파이, 무료 신문 제공 등
다양한 서비스를 제공한다.

아이슬란드데어 호텔 아쿠레이리 Icelandair Hotel Akureyri
주소 Thingvallastraeti 23, 600 Akureyri
전화번호 +354-518-1000
　　　　　(호텔)+354-444-4000(예약)
홈페이지 www.icelandairhotels.com/en/hotels/
akureyri
예쁜 정원을 가지고 있는 호텔로 북유럽식 인테리어
의 호텔이다. 시내 중심가와는 조금은 거리가 떨어
져 있지만 깔끔하고 세련된 시설을 장점으로 갖춘
곳이다.

하늘을 수놓는 빛의 향연 오로라

전기를 띠고 있는 대전 입자들을 포함한 태양풍이 극지방의 하늘을 뚫고 들어올 때, 붉은색과 녹색 빛 그리고 황록색 빛이 밤하늘의 총총한 별을 배경으로 띠와 커튼 모양을 이룬다. 우주의 리듬에 맞추어 굽이치며 춤을 추는 오로라는 경외감을 불러일으킨다.

▶ 태양풍이 없다면 오로라도 없다

지구에 오로라를 일으키는 원인은 태양에서 뿜어져 나오는 태양풍이다. 태양풍은 태양의 상층대기가 팽창하여 전자, 양성자, 헬륨, 원자핵 등 플라스마 상태의 입자가 우주 공간으로 빠른 속도(지구 근방을 지날 때의 속도는 약 400㎞/s)로 불어나가는 것을 말한다. 플라스마는 물질의 세 가지 형태인 고체, 액체, 기체와 더불어 '제4의 물질상태'로 불리며 상상을 초월하는 뜨거운 열에 의해 만들어지는 입자이다.

▶ 오로라가 빛을 내는 이유

주로 남·북반구의 고위도에서 나타나는 상층 대기의 발광현상이다. 태양에서 날아오는 전기를 띤 입자가 지구의 자기장에 끌려 지구의 자력권 안으로 파고 들어와 극지 상공에서 공기 입자와 부딪힌다.

대기 속에서 공기 입자와 대전입자가 서로 충돌하면 기체 분자 내부의 전자가 에너지가 높은 들뜬상태_excitation_가 된다. 원래 상태보다 높은 에너지를 가진 전자가 다시 원래 상태로 돌아오면서 빛을 방출하게 되는데 이것이 오로라이다.

▶ 오로라의 색

태양에서 날아온 대전입자와 부딪히는 공기의 성분에 따라 아름다운 여러 가지 빛을 내게 된다. 오로라의 대표적인 빛은 산소 원자가 방출하는 녹색광(파장 557.7nm) 및 적색광(파장 63nm, 636.4nm), 질소 분자가 방출하는 청색광(파장 427.8nm 등), 그리고 질소 분자의 적색 또는 보라색광 등이다. 이들 빛은 각각 높이와 분포지대가 다른데, 예를 들어 산소 원자의 적색은 200km보다 높은 곳에서 강하고, 산소 원자의 녹색과 질소 분자의 청색은 100~200km에서 강하며, 질소 분자의 보라색은 높이 100km 이하에서 강하다. 따라서 활동적인 커튼형 오로라는 상부가 진홍빛이고 중앙이 청록색, 하부가 녹색 또는 핑크색 등으로 다채롭다.

▶ 오로라의 발생지역

오로라가 가장 잘 나타나고 있는 지역은 지구자기의 북극을 중심으로 반경 약 20°~25°부근 떨어진 곳으로 '오로라대' 라고 부른다. 오로라대는 지자기 위도 65°~90°에서 타원을 이룬다.

오로라는 매년 100회 이상 빈번히 나타나고 있으며 시베리아 북부 연안, 알래스카 중부, 캐나다 중북부, 아이슬란드 남부, 스칸디나비아 북부 등에서 관측되고 있다.

그러면 오로라는 언제, 어디에서, 얼마나 자주 나타날까? 태양으로부터 나오는 태양풍이 항상 지구 자기장과 만나 에너지를 전달해주고 있으므로 극지 고층 대기 어딘가에는 항상 오로라가 나타나는 곳이 있다.

그러나 태양 폭발과 같은 현상이 일어날 때는 평상시보다 훨씬 큰 에너지를 갖는 태양풍이 지구에 도달하고, 이에 따라 많은 에너지가 지구 고층 대기에 전달되어 강하고 밝은 오로라가 더 광범위한 지역에서 나타날 수 있게 된다. 즉 오로라는 태양폭발과 같은 우주기상 현상과 밀접한 관련이 있고, 우리의 맨눈으로 직접 확인이 가능한 유일한 물리적 현상이다.

오로라는 수시로 모양을 바꾸며 빠른 속도로 움직여 나가기 때문에 정확한 형태를 말하기는 어려우며 사실상 그 종류를 가리기 역시 쉽지가 않다. 오로라의 형태

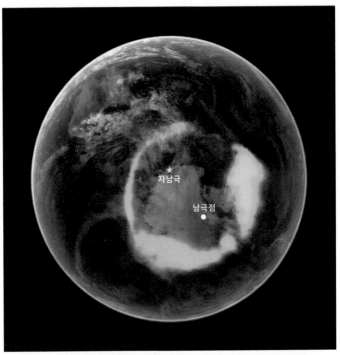

2005년 9월 NASA IMAGE 위성에서 촬영된 오로라. 남극 대륙 윗부분에 자남극Magnetic Southern Pole이 있고, 그 주위에 원형으로 오로라 띠가 밤 쪽으로 치우쳐져서 형성되어 있다. (출처: 미국 NASA 홈페이지)

는 갑자기 하늘에 띠 형태로 나타난 빛이 궤적을 그리며 길게 이어지다 넓게 퍼지며 유영을 하다 사라지기도 한다. 색깔 역시 황록색, 붉은색, 오렌지색, 푸른색, 보라색, 회색 등 다양하게 나타나며 오로라의 색상별로 그 종류가 나뉘기도 한다.

DALVIK

달비크

가는길

• 아쿠레이리에서 42㎞ 떨어져 있어 82번 도로를 따라 주행하면 약 40분 정도 소요된다.

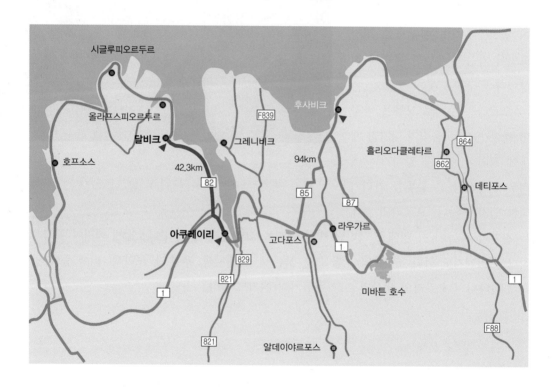

　　달비크는 아이슬란드 북부에 위치한 도시로 인구는 약 1,500명이다. 행정 구역상으로는 노르두를란드 에이스트라에 속하며 도시 이름은 아이슬란드어로 '골짜기Dal에 들어오는 강 Vik'을 뜻한다.

　　달비크는 대규모 어업 및 상업이 발달한 항구도시로 달비크 항은 이 지역의 중요한 항구이자 어항 역할을 담당한다. 달비크에서 출발하는 페리는 북극권에 속한 아이슬란드의 북쪽에 있는 그림세이^{Grímsey}섬을 왕복하고 있다. 후사비크도 고래 투어가 유명하지만, 이곳 달비크도 새롭게 고래 투어가 각광받고 있는데 후사비크보다 투어비가 더 저렴하다. 이곳에서의 북극해 고래 투어에서는 주로 혹등고래를 볼 수 있으며 2011년에서 2016년까지 이 투어에서 고래를 본 확률은 98% 이상이라고 한다.

 Tour

북극해 고래 투어 Arctic whale watching

| **홈페이지** www.arcticseatours.is | **소요 시간** 3시간 |

가격 · 성인 : 9,900ISK　　· 7~15세 : 4,950ISK　　· 6세 이하 : 무료

달비크 교회 Dalvik kirkja

ÓLAFSFJÖRÐUR
올라프스피오르두르

가는길

- 아쿠레이리에서 60㎞ 떨어져 있어 82번 도로를 따라 주행하면 약 50분 정도 소요된다.

- 달비크에서는 18㎞ 거리로, 20분 소요된다.

아쿠레이리에서 60㎞ 떨어진 지점에 있는 올라프스피오르두르는 아이슬란드 북동부에 위치한 해안 피오르 지역으로 뛰어난 경치를 즐길 수 있어 일반 관광은 물론 야외 활동하는 사람들에게 많은 흥미와 즐거움을 주는 휴양도시다.

일반적으로 아쿠레이리 중심부에서 82번 해안도로를 타고 북쪽의 중심도시 달비크를 거쳐 도착한다. 인구는 약 800명으로 겨울에는 스키의 천국이기도 하며 여름에는 호수와 바다에서 스노모빌, 낚시, 요트, 골프 등을 즐기고 주변에 하이킹 코스도 많아 산책하기 좋은 여건을 갖고 있다. 이곳에서는 낚싯대를 제공하기 때문에 마을의 부두에서 낚시할 수 있다. 다른 곳으로 여행을 하고자 한다면 자정 크루즈 여행과 북극권 여행도 가능하다.

연중 가장 따뜻한 달의 온도도 매우 낮아 쾨펜의 기후 구분으로는 한대지역 툰트라에 해당한다. 연평균 기온은 2.4℃이며, 연 강수량은 약 660㎜이다.

SIGLUFJÖRÐUR
시글루피오르두르

시글루피오르두르
이사피오르두르
아쿠레이리
에이일스타디르
레이캬비크
비크

가는길

• 아쿠레이리에서 77㎞ 떨어져 있어 82번 도로를 따라 주행하면 약 1시간 정도 소요된다.

시글루피오르두르는 1940~1950년대에 청어 산업을 중심으로 성장한 마을로 인구는 약 1,200여 명이다. 아이슬란드 최고의 항구 중 하나를 가지고 있으며 낚시 산업은 오랫동안 경제의 주류였지만, 최근에는 서비스가 경제의 일부가 되어 가파르게 증가하고 있다. 빙하로 뒤덮인 산맥 한복판에 자리 잡은 이곳은 2010년까지는 주변으로부터 고립되어 있었지만, 현재는 올라프스피오르두르와 두 개의 긴 산악 터널로 연결되어 좀 더 쉽게 접근할 수 있다.

시글루피오르두르는 조용하고 평온해 그 속에서 산과 계곡 주변의 다양한 하이킹과 독특한 경치를 즐길 수 있으며, 9홀의 골프 코스, 수영장, 수많은 박제 조류를 볼 수 있는 국립 자연 박물관도 둘러볼 수 있다. 또한, 청어 산업의 중심지로서 유럽에서 가장 큰 해양 광업

및 산업 박물관인 청어 박물관이 위치하는데, 과거의 영광스럽던 날들을 그곳에서 볼 수 있다. 이 박물관은 2004년 유럽의 박물관 상을 받은 바가 있어 한 번쯤 방문해 볼 만하다. 청어 박물관은 3개의 아름다운 건물로 총 다섯 개의 전시관으로 구성되어 있다.

청어박물관

🔍 Tour

청어박물관 Herring Era Museum

주소 Snorragata 15, 580 Siglufjörður

홈페이지 www.sild.is

영업시간 6월~8월 10:00~18:00
　　　　　5월과 9월 13:00~17:00

입장료 · 성인 1,800 ISK　· 어린이 1,000 ISK

Food

카피 뢰이드카 Kaffi Rauðka

주소 Gránugata 19, 580 Siglufjörður, Iceland
전화번호 +354-461-7733

피쉬 앤 칩스는 맛있고 신선하며 생선 수프는 짠 맛이 있지만 뜨겁지 않다. 수프는 한 스프에 1,200~1,500 ISK 정도 하며 레스토랑은 훌륭한 장식과 맛있는 음식을 제공하고 서비스는 빠른 편이다. 다른 지역보다 가격은 비싸지 않다.

Accommodation

브림네스 산장 Brimnes Bungalows

주소 Bylgjubyggð 2, 625 Ólafsfjörður, Iceland
전화번호 +354-466-2400

야외 온수 욕조가 갖춰진 전용 테라스가 있는 목조 방갈로 형식의 숙소이다. 샤워 시설이 완비된 욕실이 있고 바비큐 시설을 대여하여 사용 가능하다.

시글로 호텔 Siglo Hotel

주소 Snorragata 3, 580 Siglufjörður, Iceland
전화번호 +354-461-7730
홈페이지 www.siglohotel.is

이 지역에서 가장 고급스럽고 규모가 큰 호텔로 정원, 테라스 및 무료 Wi-Fi, 공유 라운지와 바가 있다. 온천욕을 이용하거나 실내 골프를 즐길 수 있다.

기스티후스 조아 Gistihus Joa

주소 Strandgata 2, 625 Ólafsfjörður, Iceland

전화번호 +354-695-7718

근처에 식당, 슈퍼마켓, 은행, 우체국이 있어 편리하며 카페에서 조식이 제공되며 다과 등을 즐길 수 있다.

알데이야르포스

CHAPTER 05

북서부
아이슬란드

NorthWest Iceland

북서부 아이슬란드 *NorthWest Iceland*

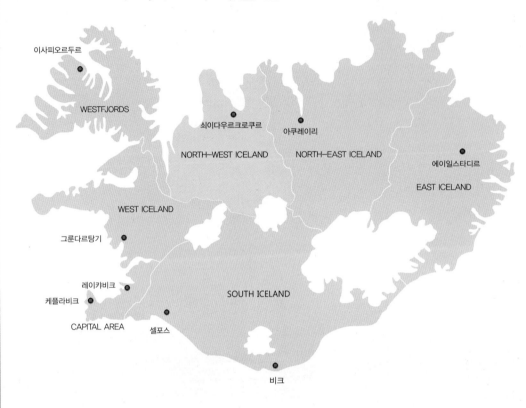

북서부 아이슬란드는 서부 피오르 지역과 비교하면 훨씬 부드러운 경관을 보여주면서도 훼손되지 않은 자연 그대로의 아이슬란드를 만끽할 수 있는 곳이다.

아이슬란드 북쪽 지역은 12세기와 종교 개혁 사이에는 '전 세계 모든 교회는 하나'를 뜻하는 에큐메니칼 교육의 중심지였다. 아이슬란드는 1000년경에 기독교를 국교로 받아들여 매우 평화적으로 전 국민이 개종을 하긴 했지만, 이에 반발하는 곳들도 있었다. 따라서 이를 감시하고 교육하는 역할을 담당하는 종교적 중심지가 두 지역에 있었는데, 아이슬란드 북쪽에 위치한 홀라르Hólar와 남서부에 위치한 스카울홀트Skálholt이다.

또한, 이 지역에는 아이슬란드 기독교의 역사적인 장소인 홀라르Hólar와 더불어 아이슬란드에서 오래된 무역 센터 중의 하나였던 호프소스Hofsós 마을이 있다.

자연경관으로는 스카가피오르두르Skagafjörður 및 드랑게이Drangey섬을 내려다보며 멋진 바다 경관을 감상할 수 있는 화려한 경치의 쇠이다우르크로쿠르Sauðárkrókur 마을이 있다.

북서부 아이슬란드 지역의 최대 관광지는 크비트세르쿠르Hvitserkur이다. 크비트세르쿠르는 바튼스네스Vatnsnes반도 해안가에 있는 15m 높이의 장엄한 현무암 바위로, 코뿔소 혹은 공룡이 물을 마시는 모습처럼 보인다.

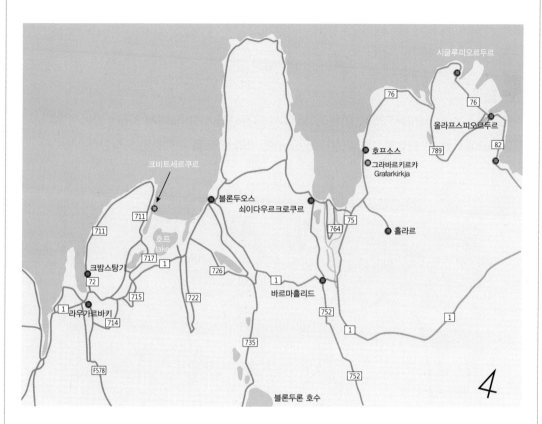

HOFSÓS

호프소스 지역

🪧 가는길

• 호프소스는 홀라르에서 25㎞, 아쿠레이리에서 132㎞, 레이캬비크에서 326㎞ 떨어져 있다.

• 달비크에서 82번 도로에 이어 76번 해안도로를 따라 95㎞를 주행하면 도착한다.

　호프소스는 스카가피오르두르의 동쪽에 있는 인구 약 200명 규모의 작은 마을이지만 역사적으로는 16세기까지 거슬러 올라가는 북부 아이슬란드에서 가장 오래된 무역항 중 하나이다. 매년 여름에는 마을 축제가 열려 잠시 떠들썩하지만 다른 기간에는 조용하고 고즈넉한 작은 마을이다. 규모는 작은 마을이지만 게스트 하우스, 레스토랑, 커피 하우스, 캠핑장 등을 갖추고 있다. 이곳에는 17세기 덴마크가 무역을 독점하던 시기에 지어진 통나무 건물 파크후시드Pakkhúsið가 남아있는데, 그 주변에는 북미로 이주한 아이슬란드 선조들을 기리기 위한 전시관들이 있다.

　이곳의 명소는 멋진 피오르를 보며 수영을 즐길 수 있는 수영장이다. 이 수영장은, 아이슬란드에서 가장 아름다운 수영장으로 유명한 블루 라군을 설계한 건축가의 작품으로, 2010년에 현지 거주자인 할리우드 영화감독 발타자르 코루마쿠르 부부의 기부로 지어졌다. 디자인이 아름다워 건축 디자인상을 여러 번 수상하여 아이슬란드 건축에 관심 있는 사람들의 방문지이기도 하다. 이 수영장의 가장 큰 장점은 위치한 장소이다. 도로 언덕 아래에 위치하고 있어 도시로 향하는 도로에서는 보이지 않지만, 수영장에서는 넓은 바다와 멋진 피오르를 잘 볼 수 있다. 조용한 호프소스는 아름다운 바다를 바라보는 이 수영장으로 관광객들을 끌어 모으고 있다.

수영장의 남쪽 해변을 따라 내려가면 산책로가 조성되어 있어 이곳을 따라 걸으면 멋진 육각형의 현무암 기둥을 볼 수 있다.

호프소스 수영장

코브 스타다르비아르가비크 Stadarbjargavík

 Tour

호프소스 수영장 Hofsós Sundlaug

주소 Hofsósbraut, Hofsós

개장 시간 6월~8월 07:00~21:00, 9월~5월 주중 07:00~13:00, 17:15~20:15,
주말에는 11:00~15:00 동안 운영한다.

입장료 ·성인 900 ISK   ·18세 이하 300 ISK   ·6세 이하 무료(2018년 기준)

전화번호 +354-455-6070

홈페이지 www.facebook.com/sundlauginhofsosi

렌탈 비용 ·수영복 대여 650 ISK   ·수건 대여 650 ISK

 Food

솔비크 Restaurant Sólvik

주소 Suðurbraut, Hofsós

전화번호 +354-861-3463

영업시간 10:00~22:00

회와 양고기 볶음, 햄버거 등 메뉴가 다양하며 식당 내에서 멋진 뷰를 감상할 수 있다. 가격은 비교적 저렴한 편이다.

그라바르키르캬 Grafarkirkja

그라바르키르캬는 호프소스에서 76번 국도를 따라 남쪽으로 약 4㎞ 떨어진 곳에 있다. 주차장이 따로 없으므로 길가에 주차하고 도보로 5분 정도 걸어 들어가야 한다.

그라바르키르캬는 다른 전통 건물과 마찬가지로 지붕이 잔디로 덮여 있으며, 화려한 장식이 특징적인, 아이슬란드에 남아있는 6개의 잔디 교회 중 가장 오래된 교회이다.

목재와 잔디로 만들어진 이 교회는 17세기 후반에 지어졌으며, 그뷔드뮌뒤르 그뷔드문드손 Guðmundur Guðmundsson 이라는 유명한 나무 조각가의 작품이다. 바로크식 디자인 패턴은 서까래의 일부를 장식하고 제단은 독특한 조각품으로 유명하다. 교회 꼭대기에는 '16'이라는 글자가 새겨져 있는데 마지막 두 개의 상징이 빠져 있다. 교회 제단에는 중앙에 십자가와 최후의 만찬 그림이 있고, 측면에는 안드레 Andrew 와 도마 Thomas 사도가 그려져 있다.

당시 대부분의 다른 잔디 구조물은 디자인 면에서 아름다움을 추구하지 않고 단순하게 지어졌지만, 그라바르키르캬는 유적지 중에서 특별한 아름다움을 지니고 있으며, 묘지와 교회 주변에 원형의 옹벽이 있는 아이슬란드의 유일한 교회이다.

그라바르키르캬는 건축이 끝나고 얼마 되지 않아 교회로서의 역할이 모호해져 농부들의 헛간으로 사용된 적도 있다. 그러나 이 잔디 교회는 건축물의 중요성이 인정되어 1933년 아이슬란드 국립 박물관에 소속되었고, 1950년 아이슬란드 국립 박물관에서는 원래의 모습으로 재건해 2011년 다시 수리가 이루어졌다.

내부는 구경이 가능하나 매우 작고 좁으므로 들어갈 때 머리를 조심해야 한다. 잔디 교회는 도로변에서 직선거리로 300m 정도 떨어져 있지만 평야 지역에 있어 쉽게 발견할 수 있다.

호프소스 주상절리

홀라르Hólar

 가는길

• 호프소스에서 76번 도로를 따라 16㎞를 주
  행한 후 좌회전하여 767번 도로로 11㎞를
  주행하면 도착할 수 있다. 총 27㎞, 25분 정
  도 소요된다.

홀라르는 수 세기 동안 아이슬란드에서 역사적으로 가장 유명한 지역 중 하나였지만 현재
는 주민이 약 200여 명인 작은 마을이다. 이렇게 규모가 작은 마을이지만 농업 중심의 홀라
르 대학Hólar University College과 기독교 관련 역사적인 건물들이 있으며 고고학 발굴지인 곳이다.

가톨릭 시대 동안 홀라르는 막대한 부를 축적했고 인구 밀도가 꽤 높은 지역이었다. 특
히, 주교시대의 절정기 동안 홀라르는 북쪽의 모든 영지 중 4분의 1에 해당하는 352개의 영
지를 소유한 대단한 권력의 중심지였다. 1530년경 당시 발달한 문화의 상징인 아이슬란드의
첫 번째 인쇄기가 이곳에 설치될 정도로 종교 개혁 기간 가톨릭교회의 마지막 거점이었다.
이 시대 동안 홀라르는 북부 아이슬란드의 진정한 중심이었고, 이 지역의 주요 문화 센터 중
하나였다.

이 마을의 대표적 건물인 교회는, 아이슬란드에서 역사가 1세기부터 시작되는 가장 오래
된 돌로 지어진 교회이다. 현재의 교회 건물은 1763년에 재건축되어 봉헌되었는데 산악 지대
의 붉은 사암으로 지어졌다.

이곳에 있는 최초의 학교는 1106년에 설립된 신학교였으나 1550년 종교 개혁 이후부
터 1801년까지는 라틴 학교로 운영되었다. 1882년 농업학교가 설립되어 Hólar University
College의 기반이 되었다. 전통적인 농업학교에서 현대 대학 수준의 교육 기관으로 발전하여
2003년에 석사과정이 설치되었다. 이 학교에는 양식 및 어류 생물학과, 말horse 연구과, 관광
학과가 있다.

작은 마을이지만 홀라르는 최근 몇 년 동안 급속도로 발전했으며 숲 주변에는 고대 역사 유적지를 둘러볼 수 있는 멋진 자연 속 등산로도 있다. 8월 중순에 열리는 홀라르 축제에는 성지 순례 및 교회가 주최하는 문화 행사가 있어 기회가 된다면 일정을 조정해 참가해 보는 것도 좋다.

 **Accommodation**

유니크 코티지 빌라 Unique Cottage Villa
주소 8, Ntthagi, 245, Sandgerði, Iceland
전화번호 +354-777-4077
홈페이지 www.unique-cottages.co.uk
코티지 빌라는 뛰어난 전망과 자연경관을 가지고 있으며 2개의 침실, TV 및 식기 세척기, 오븐 및 세탁기를 갖춘 주방을 갖고 있다. 무선 인터넷은 시간당 6EUR이다.

글뢰임바이르 *Glaumbær*

 가는길

• 아쿠레이리에서 1번 도로를 따라 93㎞를
주행한 후 우회전하여 75번 도로로 7㎞ 정
도 이동하면 바로 도착한다. 총 100㎞ 거리
에 이동 시간은 1시간 10분 정도 소요된다.

글뢰임바이르는 아이슬란드 초기 정착민인 바이킹족들이 상륙하여 형성한 주거 형태이
다. 그 형태는 지붕이 잔디로 덮인 모습으로, 자작나무를 이용하여 지붕을 만들고 그 위에
잔디를 올려 자작나무와 잔디 사이에 공기층을 형성한다. 이러한 구조는 겨울에는 보온성을
높이고 여름에는 외부 열을 차단하는 효과가 있어 아이슬란드 사람들의 지혜를 엿볼 수 있
다. 지금도 노르웨이에는 초기 가옥 형태인 잔디 지붕 마을들이 많이 남아있으며, 이러한 잔
디 지붕 마을은 거친 자연환경에 적응해 살아가는 옛 아이슬란드인의 모습을 보고 느낄 수
있게 해준다.

스카가피오르두르

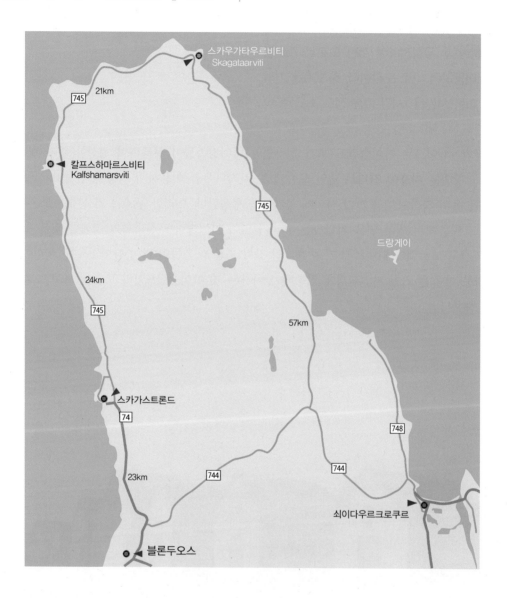

스카우가타우르비티
Skagataarviti

21km
745

칼프스하마르스비티
Kalfshamarsviti

745

드랑게이

24km

745

57km

스카가스트론드
74

748

23km   744   744

쇠이다우르크로쿠르

블론두오스

북부 아이슬란드의 중앙에 있는 스카가반도는 산, 폭포, 절벽, 섬들로 이루어진 험난한 지역으로 인해 관광객들이 많이 찾지 않는 곳이다. 비포장도로를 따라가면 현무암 절벽과 검은 모래사장, 새들과 바다표범이 찾아오는 해변을 만날 수 있다.

이 지역은 아름다운 주변 환경에서 다양한 활동을 할 수 있는 곳이다. 빙하가 녹아 만들어진 강을 타고 짜릿한 래프팅을 즐길 수 있으며, 승마를 하면서 놀랍고 독특한 풍경을 볼 수도 있고, 장엄한 섬 드랑게이Drangey로 항해할 수도 있다. 자연 온천에서 휴식을 취하거나, 겨울의 고요함 속에서 오로라의 마법을 즐길 수 있다. 또한, 현지 농산물로 만든 질 좋은 음식을 맛보거나, 아무것도 하지 않고 누워서 휴식을 취하며 즐거운 시간을 보낼 수도 있다.

스카가피오르두르반도는 아이슬란드의 북쪽에 위치한 아름다운 피오르 지역으로 약 4,000명의 주민이 거주하고 있으며, 그중 약 2,600명이 쇠이다우르크로쿠르에 살고 있다. 피오르의 규모는 길이 약 40㎞, 폭이 30㎞이며 중간에 드랑게이Drangey, 마울메이Málmey 및 룬데이Lundey 등 3개의 섬이 있다.

피오르의 끝을 향해 장엄한 산, 초원, 푸른 호수와 빙하의 강으로 둘러싸인 아름답고 넓은 계곡이 있다. 이곳에는 화산 활동이 없지만, 바르마흘리드Varmahlíð 주위에는 많은 지열 온천과 증기가 뿜어져 나오고 있다.

스카가피오르두르는 13세기 아이슬란드 내전 당시 역사적인 다섯 번의 큰 전투가 있었던 지리적으로도 중요한 곳이었다.

쇠이다우르크로쿠르 *Sauðárkrókur*

 가는길

- 아쿠레이리에서 118㎞ 떨어진 거리로 1번 도로를 따라 서쪽으로 1시간 30분 정도 주행하면 도착한다.
- 호프소스에서는 76번, 75번 도로를 따라 37㎞ 주행하면 도착하며, 30분 정도 소요된다.

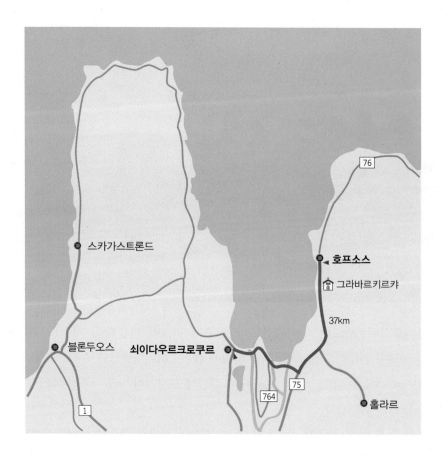

쇠이다우르크로쿠르는 아이슬란드 북서부에 위치한 도시로, 스카가피오르두르반도의 남서쪽 해안에 놓여 있다. 인구는 2016년 기준으로 약 2,600명으로 북쪽에서 두 번째로 큰 도시이며 이 지역 상업과 서비스업의 중심지 역할을 담당한다. 최근에는 어업과 유제품 생산,

경공업, 기초 서비스업 등의 발전으로 인구가 크게 증가하고 있다. 천연 온천으로도 유명해 전시회장, 박물관, 엔터테인먼트 장소, 상점, 식당, 숙박 시설, 병원, 수영장 등의 다양한 편의시설이 들어서있다.

아달가타Aðalgata에는 1919년부터 현재까지 계속 운영되고 있는 하랄두르 줄리우손Haraldur Júlíusson이라는 전통 있는 상점이 있다. 민쟈후시드Minjahúsið 민속 박물관에서는 기계 워크숍, 목공 워크숍, 암석 전시회 등 많은 전시회가 열리며, 2008년 수집된 북극곰도 전시한다. 마을 위에 우뚝 솟아 있는 나피르Nafir 언덕은 골프장과 피오르를 가로지르는 멋진 경치를 볼 수 있는 뷰 파인더 지점이 있다.

쇠이다우르크로쿠르의 동쪽 해안은 약 4㎞에 이르는 검은 모래사장이 길게 뻗어있어 아이들이 뛰어놀며 물놀이와 산책하기에 좋은 곳이다. 또한, 조금 더 남쪽에 위치한 아실다르홀트스바튼Áshildarholtsvatn 호수는 생물 다양성이 뛰어나 계절에 따라 다양한 새들을 발견할 수 있다.

이사피오르두르

스카가스트론드

아쿠레이리

에이일스타디르

레이캬비크

비크

스카가스트론드 *Skagaströnd*

 가는길

- 아쿠레이리에서 달비크와 호프소스를 거쳐
  오는 길은 224㎞, 3시간 정도 소요된다.

- 아쿠레이리에서 1번 도로로 93㎞ 주행 후
  75번 도로, 744번 도로를 따라가는 길이 빠르며, 총 171㎞, 2시간 10분 정도 소요된다.

스카가스트론드의 아름답고 웅장한 자연과 문화는 특별하다. 특히 문화 공연이 활발하여 예술가들은 네스 아트 센터Nes Art Center에서 예술 작품을 공연한다. 이곳은 16세기에는 주요 무역항이었지만 현재는 약 500명의 사람만이 사는 조용한 어촌마을이다. 그 중 우뚝 솟아있는 스파우코누페들Spákonufell은 마을의 대표적인 중요한 산으로 인기 있는 하이킹 코스가 개발되어 있고, 새와 초목 안내 보드가 곳곳에 설치되어 있다.

이곳에는 화장실, 세탁 시설 및 음식을 조리할 수 있는 시설이 갖춰진 아름다운 무료 캠프장이 있다. 또한, 이 마을에는 하이킹을 마친 후에 피로를 풀 수 있는 작은 규모의 수영장이 있다.

 Tour

스카가스트론드 수영장 Skagaströnd Sundlaug

개장 시간 6~8월 주중 13:00~21:00, 주말 13:00~17:00, 겨울에는 휴무

Accommodation

스카가스트론드 캠프사이트 Skagaströnd Campsite

주소 Skagaströnd, Iceland

전화번호 +354-848-7706

홈페이지 www.skagastrond.is

바람을 피하기 위한 적당한 대피소가 있는 조용하고 멋진 캠프장이다. 좋은 부엌과 깨끗한 화장실을 가지고 있다. 샤워는 500ISK로 매우 비싸며 가끔 온수가 안 나오는 경우도 있다.

블론두오스 Blönduós

가는길

- 쇠이다우르크로쿠르에서 약 48㎞거리, 744 번 도로로 40분 정도 주행하면 도착한다.
- 레이캬비크에서 245㎞ 정도 떨어진 곳에 위치하여 1번 도로로 3시간 정도 소요된다.

블론두오스는 아이슬란드 북부에 위치한 도시로 노르두를란드 베스트라 지역에 속하며, 면적은 183㎢, 인구는 900명 정도이다.

블론두오스는 아이슬란드어로 '빙하의 물이 흐르는 강'이라는 의미다. 아이슬란드에서 빙하가 녹아 흘러 생성된 강 중에서 가장 큰 규모인 블란다Blanda R.강이 흐루테이Hrútey 마을로 흘러 들어간다. 호프스요쿨Hofsjökull 빙산에서 발원한 블란다강은 바다와 만나는 곳에 위치하여 연어가 많이 잡힌다.

블란다강 중앙의 작은 섬인 흐루테이에 다리가 연결되어 있어 가볍게 산책해보는 것도 좋다.

1번 도로인 링로드는 블란다강 위를 가로지르고, 주변에는 산책로가 있어 블란다강은 물론 바다까지 멀리 바라다 보이는 낭만적인 하이킹을 즐길 수 있다.

블론두오스 중심부로 가는 갈림길로 접어들면 세 개의 작은 박물관이 있는데, 이곳에는 아이슬란드의 전통의상, 연어, 해빙, 그리고 북극곰들을 전시해 놓았다. 또한 이곳에서 하이킹뿐만 아니라 골프, 수영장, 말 대여를 할 수 있으며 숙박 서비스로 호텔, 게스트하우스, 캠핑장 등을 이용할 수 있다.

블론두오스키르캬Blönduóskirkja

아이슬란드 북부의 작은 도시인 블론두오스의 상징인 이 교회는 도시가 한 눈에 내려다 보이는 언덕에 위치하고 있다. 마기 욘슨이 아이슬란드의 분출하는 화산에서 영감을 얻어 설계한 독특한 외형의 이 교회는 1982년부터 지어지기 시작하여 1993년에 완공을 하였다. 독특한 아이슬란드의 교회 중에서도 더욱 특별한 외형을 가진 이 교회는 아이슬란드 북부 산맥과 어우러져 환상적인 뷰를 보여준다.

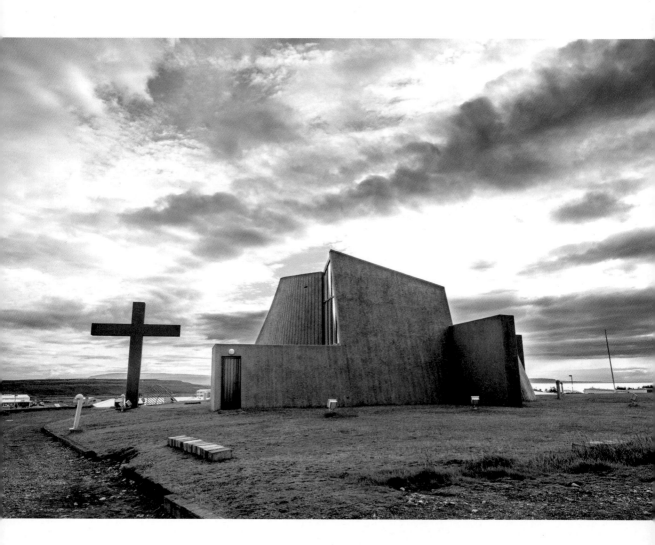

Food

B&S 레스토랑

주소 Húnabraut 19, 540 Blönduós, Iceland
전화번호 +354-453-5060
홈페이지 www.eyvindarstofa.is

어린 양을 이용한 BBQ와 특별한 소스, 그리고 생선 요리가 일품이다. 치즈 피자, 버섯 수프, 연어, 대구, 메기, 해산물 파스타, 채식 플래터 등의 요리가 있다. 비싼 가격이 단점이지만 이 지역에서는 가장 많이 찾는 식당이다.

 Accommodation

에이에프지 AFG Guesthouse

주소 Húnabraut 19, 540 Blönduós, Iceland
전화번호 +354-895-7117
참고사항 무료 전용주차, 무료 wi-fi

시내 중심지에서 400m 거리에 있으며, 아쿠레이리 공항에서 101km 떨어진 곳에 위치하고 있고 시설이 조금 열악하지만 방문객들의 평점이 좋은 곳이다.

호텔 블란다 Hotel Blanda

주소 Aðalgata 6, 540 Blönduós, Iceland
전화번호 +354-898-1832
참고사항 무료 셀프주차, 객실 및 공용구역에서의 무료 wi-fi

블란다 강과 북대서양이 내려다보이는 곳에 위치하며 가장 가까운 검은 모래 해변에서 1분 거리, 1번 도로에서 1km 거리에 있다. 건물은 낡았지만 매우 청결하다.

HVITSERKUR
크비트세르쿠르

가는길

- 아쿠레이리에서 블론두오스 방향으로 1번 도로를 따라 약 180㎞를 주행한 후, 비포장도로인 F711번 도로로 접어들어 20㎞ 정도 이동하면 된다.
- 다른 방법으로는 피오르를 따라 북쪽으로 달비크와 호프소스 경로를 이용한다면 총 275㎞의 거리로 4시간 정도 소요된다.

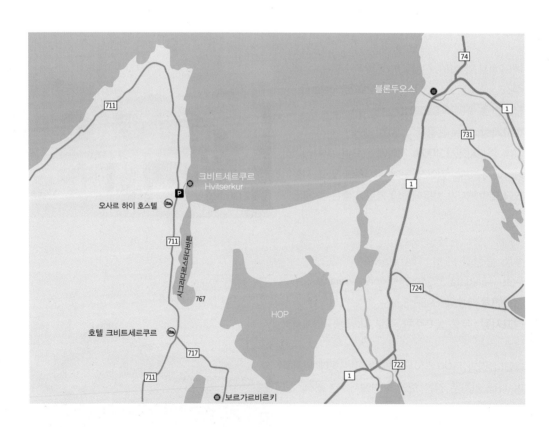

크비트세르쿠르는 주차장에서 300m 떨어져 있어 약 10분간 해안가로 걸어가야 볼 수 있다. 아이슬란드 북서쪽 바튼스네스 Vatnsnes 반도의 해안에 서 있는 높이 15m의 현무암 바위로 하단에 2개의 해식동굴이 있어서 더욱 신비한 모습이다. 파도에 의해 깎여진 현무암으로 전체 모양은 마치 물을 마시고 있는 듯한 공룡이나 코뿔소의 모양이며 단연 아이슬란드 북부의 핵심 명소라고 할 수 있는 곳이다.

크밤스탕기 Hvammstangi 라고 불리는 오지인 이 마을은 오로지 이 바위를 보기 위해 찾아오는 관광객들로 붐빈다. 주변에는 크비트세르쿠르를 제외하고는 볼 경치가 없어 허전하기도 하지만 아쉬움을 달래 줄 만큼 일몰과 일출 시의 모습이 무척이나 아름다워 프로 사진작가들이 가장 좋아하는 장소 중 한 곳이며, 아이슬란드 관광엽서에 단골로 등장하는 명승지이기도 하다. 파도에 의해 침식되어 바위 하단이 다소 부실해 보이지만 콘크리트로 보강작업을 해서 큰 파도가 밀려와도 안전하게 유지되어 있다.

크비트세르쿠르를 제대로 보려면 적절한 시기에 방문해야 한다. 간조와 만조 시기에 따라 접근성이 달라지고 일몰과 일출에 따라 풍경이 달라지기 때문이다. 만조가 되어 바위가 물에

잠기면 물먹는 공룡의 모습을 볼 수 있고, 간조 시에는 바닥이 드러나 크비트세르쿠르의 바로 앞까지 접근할 수 있는 또 다른 묘미를 준다. 바위 모양을 잘 살펴보면 등이 솟아있어 낙타 같기도 하고, 머리 부분의 돌출된 암석이 마치 코뿔소 같기도 하다. 언덕 위에서 전체 배경과 함께 보면 운치 있는 멋을 느낄 수 있고, 가파른 절벽 아래로 내려가 실물을 가까이에서 보면 생각보다 규모가 커 웅장함을 느낄 수 있다. 절벽은 난이도가 제법 있어 내려갈 때는 미끄러우니 조심해야 한다.

BORGARVIRKI
보르가르비르키

🪧 가는길

• 보르가르비르키는 크비트세르쿠르에서 비포장도로인 F711번 도로로 9.3㎞ 주행하다 크비트
세르쿠르 호텔 근처에서 좌회전하여 F717번 도로로 약 80㎞ 정도 이동하면 된다.

보르가르비르키는 아이슬란드의 북쪽에 베스투르호프Vesturhop와 비디달루르Viðidalur 사이에
위치하는 해발 177m의 현무암 바위로 수 세기 동안 군사적 요새로 사용되던 곳이다. 주상절
리 모양의 바위 위에 오르면 황량한 아이슬란드 들판이 파노라마처럼 보여 나름대로 멋진 곳
이다.

CHAPTER 06

서부
피오르 지역

West fjords

서부 피오르 *Westfjords*

이사피오르두르

WESTFJORDS

쇠이다우르크로쿠르

아쿠레이리

에이일스타디르

NORTH-WEST ICELAND

NORTH-EAST ICELAND

EAST ICELAND

WEST ICELAND

그룬다르탕기

레이캬비크

케플라비크

SOUTH ICELAND

CAPITAL AREA

셀포스

비크

서부 피오르*는 아이슬란드의 8개 지역 중 하나로 아이슬란드 북서쪽에 있는 큰 반도이다. 아이슬란드의 나머지 지역과는 길스피오르두르와 비트루피오르두르의 사이에 있는 폭이 7㎞인 지협으로 연결된다.

발바닥처럼 생긴 서쪽의 끝에 위치한 서부 피오르는 접근하기가 어려워 아이슬란드 현지인들도 거의 찾지 않는 관광지이다. 이곳은 작은 마을과 험준한 산으로 이루어져 있으며 비포장도로가 많은 험한 지형이다.

최악의 도로들을 포함해 여러 장애물들이 여행자를 기다린다. 하지만 아이슬란드의 가장 드라마틱한 피오르 풍경을 볼 수 있는 곳이다. 멋진 하이킹 코스에서는 북극여우들과 깎아지른 절벽에 앉아 있는 수백만 마리의 바다 새들을 볼 수 있다.

---

* **피오르** fiord 빙하에 의해 침식된 지형이 침강하여 해수로 침수되어 형성된 좁고 긴 만. 여기서는 피오르라는 영어식 발음을 사용하며 현지 지명은 아이슬란드식 발음으로 피오르두르라 기술하였다.

서부 피오르 지역은 1번 도로인 '링로드'에서 떨어져 있어 접근하기 힘든 곳이지만 아이슬란드의 다른 지역에서는 보기 어려운 아름다움과 풍부한 자연보존지구를 가지고 있다. 대부분의 여행자들이 서부 피오르를 지나쳐 가지만 점점 내륙의 하이랜드를 뚫고 서부 피오르를 찾고 있는 여행자들이 증가하고 있다.

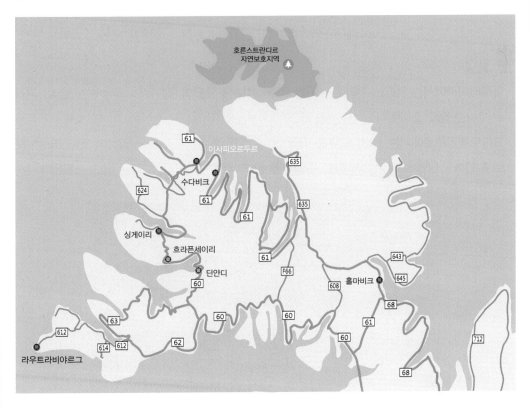

피오르 지역은 육로로 접근하는 것이 어렵고 힘들어 거친 바위산 아래에서 독자적으로 이 지역만의 독특한 문화를 발전시켰고, 괴물과 유령, 악령의 이야기들을 만들어 내었다.

서부 피오르의 거센 파도는 해안을 매섭게 침식하고, 가파른 산의 눈과 흙은 눈사태 혹은 산사태로 마을을 자주 위협해 거친 환경에서 살아온 아이슬란드인들을 강인하게 만들었다. 거칠고 톱니모양 같은 해안 지형은 이곳을 여행하기 망설이게 만들지만 아이슬란드를 다시 찾는 여행자들이 꼭 둘러보아야 할 아름다운 풍경이며, 영혼마저 감동하게 되는 곳이다. 아이슬란드에서 가장 멋진 풍경을 가진 서부 피오르는 색다른 아이슬란드를 발견하고 싶어하는 여행객들이 마지막으로 찾는 보물 같은 지역으로 이곳을 찾는 모든 이들의 감탄을 자아낸다.

HOLMAVÍK
홀마비크

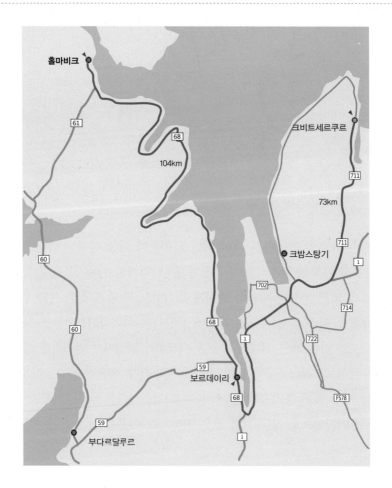

가는길

- 아쿠레이리에서는 333㎞ 거리로, 4시간 20분 정도 소요되며, 레이캬비크에서는 225㎞ 거리로, 3시간 정도 소요된다.
- 크비트세르쿠르에서는 711번 도로를 따라 30㎞ 주행 후 1번 도로로 진입하여 35㎞, 68번 도로로 104㎞, 61번 도로로 6㎞ 정도 주행하면 된다. 총 176㎞, 2시간 30분 정도 소요된다.

홀마비크는 서부 피오르에 들어서는 입구이자 관문과 같은 곳으로 이 지역에 진입하기 전 잠시 휴식을 취하며 식사하기에 좋은 곳이다. 홀마비크는 서부 피오르 지역에서는 제법 큰 도시라고 하지만 실제로 도착해보면 보통의 아이슬란드 지역이 다 그렇듯이 정말 작은 마을임을 피부로 느끼게 된다. 그렇지만 이곳에는 제법 큰 마트도 있고 그나마 사람 구경도 할 수 있는 도시라서 서부 피오르에 가고자 하는 여행객이라면 시간을 내어 잠시 둘러보는 것도 좋다.

마을이 마치 정지된 듯한 느낌을 많이 받지만 여기저기 그물이 흩어져 있어 삶의 현장인 어업의 흔적도 찾아볼 수 있다. 날씨까지 좋지 않다면 이곳에서는 황량한 느낌만 강하게 받을 것이다.

홀마비크는 요술, 마녀 사냥, 마법 등 흥미롭고 비극적인 역사가 있는 지역이며 이곳에 있는 마술 박물관Museum of Sorcery & Witchcraft은 방문객들을 초자연적인 신비로운 세계로 안내한다. 마녀 박물관은 규모는 작지만 아기자기하게 마녀에 관한 역사와 여러 가지 마법 도구 등이 전시되어 있다. 이 박물관은 식사할 수 있는 레스토랑도 갖추고 있다.

SÚÐAVÍK
수다비크

작고 친근한 어촌인 수다비크는 1995년 발생한 눈사태가 마을을 덮쳐 마을이 크게 두 지역으로 나뉘었다. 옛 마을은 여행자들을 위한 하계 피서지로서 완전한 상태로 재건되었으며, 눈사태로부터 안전한 지역에는 새로운 마을이 세워졌다.

수다비크는 특히 가족들과 방문하기 좋은 곳이다. 옛 마을의 중심부에 있는 라그가가르두르Raggagarður 패밀리 가든은 아이들과 어른 등 온 가족이 함께 즐거운 시간을 보낼 수 있는 곳이다.

또 다른 볼거리는 아이슬란드에서 유일한 토종 포유류인 북극 여우를 전시·설명하고 있는 북극 여우 센터로, 이곳은 이 지역의 정보 센터 역할도 한다.

아이슬란드의 바다낚시는 서부 피오르 지역의 전통적인 프로젝트로, 수다비크 역시 오래된 전통인 바다낚시로 유명한데 타울크나피오르두르Tálknafjörður와 볼룬가르비크Bolungarvík 지역은 배와 숙박 시설을 제공한다.

수다비크에는 카페와 멋지고 조용한 캠핑장, 식료품점, 주유소, 우체국, 은행 등이 있으며 더불어 두 개의 식당이 있다. 수다비크는 풍부한 블루베리 밭으로 알려져 있으며, 8월에는 여름 수확을 축하하는 블루베리 축제를 연다.

좌측은 알타피오르두르, 우측은 세이디스피오르두르이다. 수다비크는 좌측 피오르에 있다.

ISAFJÖRÐUR
이사피오르두르

🪧 가는길

- 레이캬비크에서 이사피오르두르까지는 60번, 61번 도로를 이용한다. 이동 거리는 약 455㎞, 시간은 5시간 50분 정도 소요된다.
- 수다비크에서는 약 20㎞ 거리로 20분이 소요된다. 피오르의 구불구불한 길로 인해 운행 시간이 거리에 비해 길며, 동절기에는 길이 얼어붙어 일부 구간이 폐쇄되기도 한다.

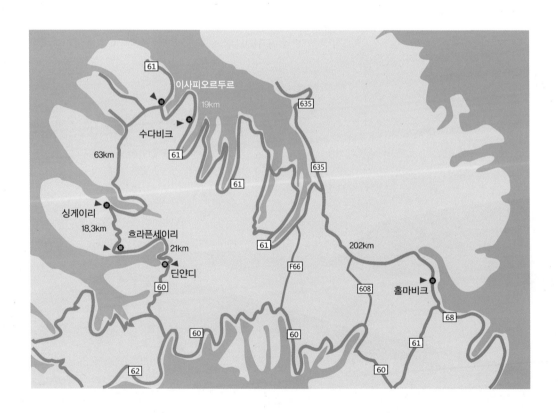

이사피오르두르는 2,600여 명의 주민이 사는 서부 피오르반도에서 가장 큰 도시이다. 이 도시는 역사적으로 볼 때 최소한 16세기부터 번영한 고대 교회의 장소이자 교역소^{trading post}였던 곳이었지만, 현재처럼 번화한 도시가 형성되기 시작한 것은 19세기 중반 이후부터였다. 이 마을의 초기 성장을 이끈 것은 염장 생선^{salt fish}의 산업이었다. 그 이후로 어업은 지역 사회를 위한 필수산업으로 성장하였으며 이후 최근 몇 년 동안 관광업과 서비스업과 같은 산업들이 급속히 성장해 왔다.

이사피오르두르는 서부 피오르의 가장 큰 도시답게 유치원에서 작은 대학에 이르는 학교들과 다양한 정부 기관의 지부들 그리고 병원을 쉽게 찾을 수 있다. 또한, 탐험할 매력적인 것들이 많아 관광객이 많이 늘었으며 관광객의 취향에 맞는 다양한 숙박 시설, 식당, 레크리에이션 등을 갖춘 도시이다. 골프 코스, 하이킹 코스, 자전거 타기 코스, 승마, 탐조대, 스키, 카약 등의 레포츠 장소는 쉽게 접근할 수 있는 가까운 거리에 있다.

이사피오르두르는 아름다운 절경의 자연과 항구가 절묘하게 어우러진 명승지이며, 서부 피오르의 굴곡진 해안선을 따라 장거리 운전으로 이동하는 동안 보이는 비현실적인 풍경들은 피로감을 충분히 보상해 줄 만큼 환상적이다.

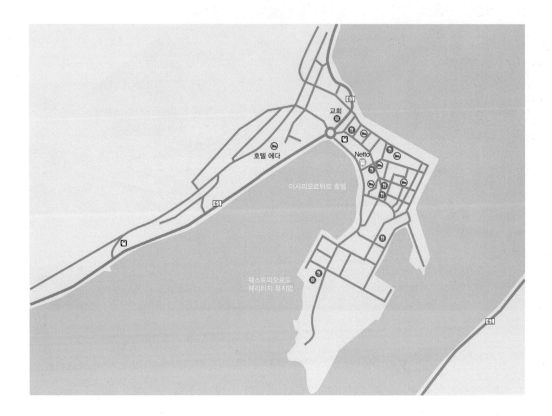

아이슬란드는 각 지역마다 상징적인 교회가 있는데, 이사피오르두르에 있는 교회 건물 역시 독특하면서도 아름답다. 문을 열고 내부로 들어가 보면 전면 강단에 철새들이 떼 지어 날아가는 특이하고 아름다운 디자인이 눈을 떼지 못하게 하며, 은은한 조명과 작은 파이프오르간도 눈에 들어온다.

이사피오르두르에서는 해마다 부활절이 되면 '알드레이 포 이에 수두르'Aldrei for eg sudur라는 뮤직페스티벌이 열리는데, 이사피오르두르 출신의 무기손Mugison 등 아이슬란드의 다양한 음악가들이 출연한다.

이사피오르두르 교회

Tip

◦ 공항을 이용해 이사피오르두르를 방문할 경우 시내로 들어가는 방법은 셔틀 버스를 이용하거나 택시를 이용하는 방법이 있다.

◦ 셔틀 버스는 비행기가 도착했을 때 한 번밖에 운행하지 않기 때문에 주의해야 차를 놓치지 않는다. 셔틀버스는 우리가 생각하는 버스의 형태가 아니라 작은 승합차 형태이다.

◦ 셔틀버스는 약 500 ISK, 택시를 이용한다면 2,000 ISK 정도 비용이 든다.

 Food

에딘보르그-비스트로 카페 앤 바 Edinborg-Bistró Cafe & Bar

주소 Aðalstræti 7, Isafjordur, 아이슬란드
전화번호 +354-456-8335
홈페이지 www.facebook.com/EdinborgBistro-CafeBar
영업시간 10:30~21:00

아이슬란드 음식 문화를 즐길 수 있는 곳이다. 커피와 케이크, 식사를 할 수 있다.

티오루후시드 Tjöruhúsið

주소 Neðstakaupstað, 400 Ísafjörður
전화번호 +354-456-4419
영업시간 12:00~24:00

가족이 함께 운영하는 레스토랑으로 당일 잡은 생선으로 요리를 한다. 사전에 미리 예약을 하는 것을 추천한다.

 **Accommodation**

호텔 호른 Hotel Horn

주소 Austurvegur, 400 Ísafjörður, Iceland

전화번호 +354-456-4111

홈페이지 www.hotelhorn.is

마을 중심부에 위치한 호텔 호른의 로비는 매일 16
시부터 20시까지 운영한다. 만약 다른 시간에 도착
한다면, 같은 주인이 운영하는 200m 거리에 있는
Hotel Ísafjörður에서 열쇠를 받을 수 있다.

호텔 에다 이사피오르두르 Hotel Edda Ísafjörður

주소 Torfnes, 400 Ísafjörður, Iceland

전화번호 +354-444-4000

홈페이지 www.hoteledda.is

호텔 에다 이사피오르두르는 40개의 방을 가지고
있고, 캠핑 사이트를 함께 운영하고 있다. 편의 시설
이 잘 갖추어져 있으며 룸에서 바라보는 뷰도 일품
이다. 호텔을 운영하지 않는 기간이 있으므로 미리
홈페이지를 방문하여 운영 기간을 확인해야 한다.

HORNSTRANDIR
호른스트란디르

자연 보호 구역인 호른스트란디르는 서부 피오르의 가장 북단에 있는 지역으로, 아이슬 란드에서 가장 접근하기 어려운 지역 중 하나이다.

호른스트란디르 자연 보호 구역은 1975년에 지정되었다. 이 보호 구역은 스코라르헤이디 Skorarheiði 북부 전체를 포함하는 흐라픈피오르두르 Hrafnfjörður의 끝부터 푸루피오르두르 Furufjörður 끝까지의 넓은 영역을 포함한다.

호른스트란디르는 아이슬란드의 가장 극한 환경을 가진 지역으로, 험준한 산들과 위태로 운 바다 절벽, 깎아지른 듯한 폭포수로 이루어져 있다. 이 지역은 하이킹을 위한 환상적인 장 소로, 접근하기 어려운 지형이기에 놀랄 만큼 원시적이고 초목이 풍부하며 다른 지역에서는

쉽게 관찰되지 않는 북극여우, 물개, 고래, 그리고 많은 새를 만날 수 있다.

이 지역은 오늘날 자연에 의해 둘러싸인 엄청난 규모의 산을 트레킹 하는 코스로 인기를 끌고 있다. 이 지역은 육로가 없어 자동차로는 접근이 어렵기 때문에 볼룬가로비크^{Bolungarovick} 또는 옵사르쿠르^{Obsarchur}에서 배를 타고 가야한다.

이곳은 1950년대까지 소수의 농부들이 살았던 버려진 황무지였다. 1950년대 이후로 완전히 교통수단의 출입이 제한되어 문명으로부터 고립된 덕분에 야생과의 자연스러운 조화가 이루어진 멋진 장소로 가득 차게 되었다.

이곳에 살던 농부 중 몇몇은 다시 돌아와 그들의 오래된 집들을 재건축하여 자연 보호 구역 내에 12채의 집들을 여름 농장, 새로운 여름 별장들로 바꿔놓았다. 사람들은 종종 이 집에서 여름을 보내기 때문에 관광객들은 텐트를 치고 야영할 때 너무 가까이 가는 것을 삼가야 한다. 또한, 관광객들은 낚시하거나 캠핑을 할 때 항상 현지 허가를 받아야 한다.

호른스트란디르를 방문하기에 가장 좋은 시기는 7월로 여름 시즌(6월 하순부터 8월 중순까지로 이 시즌에 페리가 운행된다.) 외에는 사람들이 거의 방문하지 않으며, 날씨도 예측하기 어렵다. 만약 6월 15일 이전에 공원을 방문할 계획이라면, 사전에 산림 경비대에 반드시 등록해야 한다.

호른스트란디르에는 1975년 이래로 58㎢의 툰드라, 피오르, 빙하 그리고 알파인 고지대가 호른스트란디르 자연 보호 구역으로 지정되어 사람들로부터 보호되어 왔다. 이 지역은 풍부하지만 멸종되기 쉬운 식물돌 덕분에 아이슬란드에서 가장 엄격한 보존 규칙들을 가지고 있다.

ÞINGEYRI

싱게이리

🪧 가는길

• 이사피오르두르에서는 60㎞ 거리로 60번 도로로 50분 정도 소요된다.
• 플라테이리에서는 40㎞ 거리로 30분 정도 소요된다.

싱게이리는 아이슬란드의 가장 경치 좋은 피오르 지역인 디라피오르두르Dýrafjörður에 있는 인구 260명 정도의 작은 마을이다. 아이슬란드 대부분의 다른 해안 마을처럼 문화와 산업은 수 세기 동안 바다와 관련되어 형성되었다.

싱게이리는 1787년 사람이 살기 시작한 이래 1909년에 최초로 병원이 설립되었고, 1910년에 교회가 설립되었다. 1957년에는 300m×20m의 활주로를 갖춘 의료용 공항이 완공되었으며 스포츠 홀, 우체국, 은행, 수영장 등 다양한 서비스를 제공하는 건물들을 갖추었다.

근처에 있는 산다페들산Sandafell Mt.정상은 사륜구동 자동차를 타고 가거나 하이킹을 하여 접근할 수 있는데 이곳에서 내려다보는 피오르와 싱게이리의 풍경은 아름답기로 유명한 관광지이다.

산다페들산 정상에서 바라본 싱게이리

 Food

심바호들린 Simbahöllin
주소 470, Fjarðargata, Thingeyri, Iceland
전화번호 +354-899-6659
홈페이지 www.simbahollin.is
영업시간 동절기 / 12:00~18:00
　　　　　하절기 / 10:00~22:00
1915년에 오래된 노르웨이 집을 아름답게 단장해
만든 소박한 카페로 특히 벨기에 와플이 유명하다.

DYNJANDI WATERFALL
딘얀디 폭포

가는길

• 이사피오르두르에서는 85㎞ 거리로 60번 도로로 1시간 30분 정도 소요된다.

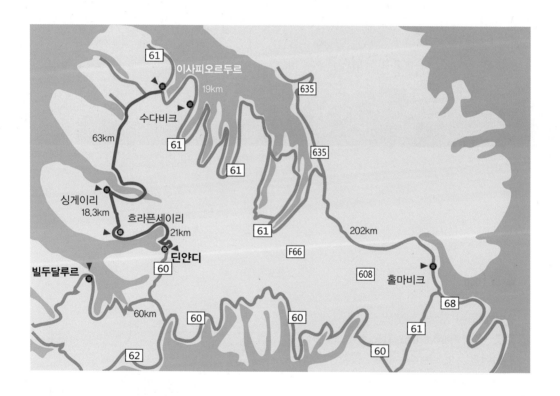

　　딘얀디는 아이슬란드에서 가장 웅장한 폭포 중 하나로 서부 피오르 지역에서 가장 크다. 숨이 멎을 정도로 경관이 아름다워 수십 년 동안 가장 인기가 많은 곳이다. 약 100m의 높이로 물줄기가 계단처럼 흘러내려 계단식 폭포라고 한다.

딘얀디의 최상층 폭포인 피아들포스 Fjallfoss

딘얀디는 가기 다른 이름을 가지고 있는 7개의 폭포로 이루어져 있으며, 단순히 폭포라고 하기에는 너무나 아름다운 모습을 하고 있다.

가장 위에 있는 최상층 폭포인 피아들포스 Fjallfoss 는 사다리꼴 형태로 상단이 30m, 하단이 60m의 폭을 가진다. 7개의 폭포 중에 가장 눈에 띄기 때문에 많은 곳에서 딘얀디 폭포를 대표하는 지점으로 소개하고 있다.

'Dynjandi'라는 단어가 아이슬란드어에 서 '치명적인' 것을 의미하는데 단어만큼 강렬하다. 직접 폭포를 보게 되면 감탄이 절로 나온다. 딘얀디는 '피아들포스'라는 매우 독특한 형태의 폭포와 함께 깔끔한 캠핑장,

피오르 해안이 한 장소에서 어우러져 있어 마치 아이슬란드의 전형적인 모습을 보는 듯하다.
주차장에서 정상까지 간다면 총 20여 분 정도의 시간이 소요된다.

 Tip

◦ 딘얀디로 가는 도중에 비포장도로로 바뀌고 폭이 좁아지는 구간이 있으므로 렌터카로 갈 때는
각별한 주의가 필요하다.
◦ 캠핑장에는 물을 사용할 수 있고 화장실도 있는데 사용료는 150ISK이다.
◦ 주차장 옆에는 캠핑장이 있어 조용하고 여유로운 캠핑도 가능하다.
◦ 7개의 폭포 이름은 다음과 같다.
· Bæjarfoss (Farm Falls)
· Hundafoss (Dog Falls)
· Hrísvaðsoss (Shaking Ford Falls)
· Göngumannafoss (Traveler 's Falls)
· Strompgljúfrafoss (Chimney Canyon Falls)
· Hæstajallafoss (Talking Horse Falls)
· Fjallfoss

BÍLDUDALUR
빌두달루르

🪧 가는길

- 이사피오르두르에서는 143㎞ 거리로 60번, 63번 도로를 따라 2시간 30분 정도 소요된다.

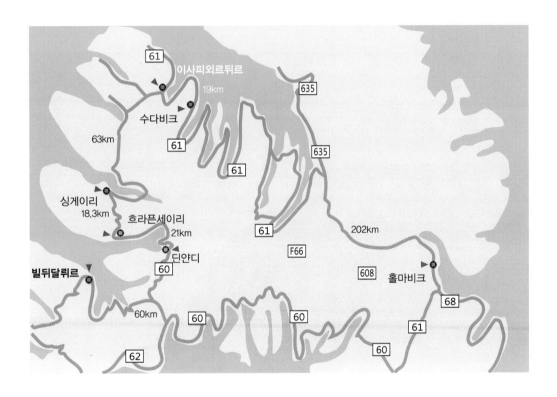

    빌두달루르는 서부 피오르 지역에서 여름철 날씨가 가장 좋은 작은 마을이다. 이 마을의 가장 큰 산업은 해양 광물 가공으로 해저로부터 수확된 석회화된 홍조를 동물 사료, 위생 및 비료 제품으로 만드는 것이다.

    이 마을은 인구가 약 200명 남짓밖에 되지 않지만, 주민들은 음악과 문화를 사랑하여 매년 민속 음악 축제를 열고 있을 정도이다.

이 작은 마을에 박물관이 2개씩이나 있는 것은 놀라운 일도 아니며, 얼마나 문화가 발달했는지 보여준다. 특히, 이 마을에는 아이슬란드 음악사에서 기억할 만한 사건을 중심으로 전시하고 있는 독특한 음악 박물관이 있다.

아이슬란드 해양 몬스터 박물관Sea Monster Museum은 2009년에 문을 열었다. 이곳은 수 세기 동안 아이슬란드 민속 문화에서 다채로운 역할을 했던, 액션으로 가득한 바다 괴물 이야기를 멀티미디어로 보여주고 있다.

LÁTRABJARG CLIFF
라우트라비야르그
절벽

가는길

- 딘얀디에서 60번 도로를 따라 약 30㎞를 주행한 후 62번 도로로 47㎞를 주행한다. 이후 갈림길에서 612번 비포장도로를 47㎞ 주행하면 도착한다. 총 거리 124㎞, 2시간 10분 정도 소요된다.

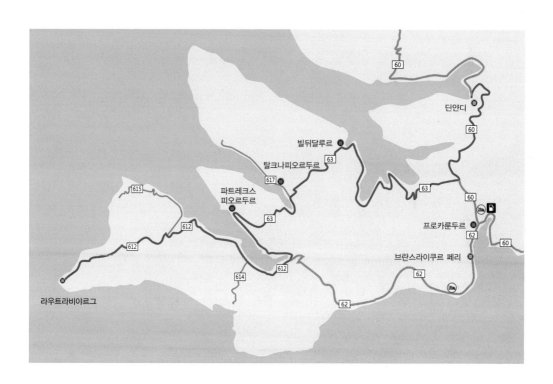

라우투라비야르그 절벽으로 가는 도로는 비포장도로이긴 하지만 운전해서 갈만한 곳이다. 라우투라비야르그 절벽은 아이슬란드의 가장 서쪽에 있으며, 높이가 441m, 길이가 14㎞인 아이슬란드에서 가장 유명한 절벽이다.

아이슬란드 서부 피오르의 경이로운 자연을 보여주는 이곳은 가위제비갈매기^{Razorbills}, 바다오리^{Guillemot}, 그리고 퍼핀^{Puffin} 등 다양한 새들의 세계를 볼 수 있다. 이 절벽은 바닷새들의 최대 서식지 중 하나로, 천적이 없고, 바닷새들의 멋진 모습을 포착하기 좋은 장소이다. 특히 퍼핀을 관찰하기에는 최고의 장소로 많은 이들이 퍼핀을 보기 위해 이곳을 찾는다.

라우트라비야르그 절벽에는 사람들에게 가장자리에 너무 가까이 가지 말라고 경고하는 흰색 줄이 가로막고 있지만, 대부분의 사람들은 경고를 무시하고 절벽에 다가간다. 안전을 위해 절벽 가장자리까지 가지 않도록 특히 주의해야 한다.

라우트라비야르그에서 쉽게 볼 수 있는 퍼핀

CHAPTER 07

서부
아이슬란드

Western Iceland

서부 아이슬란드 *Western Iceland*

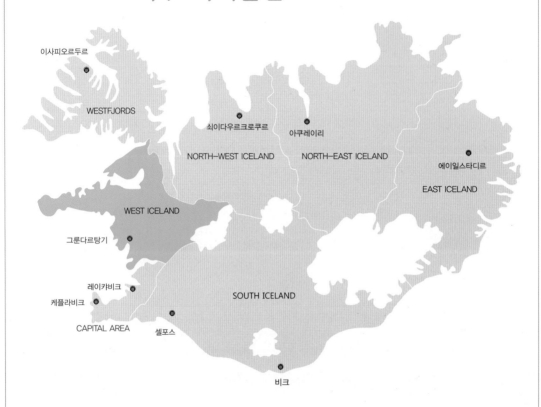

아이슬란드어로 베스투르란드 Vesturland라 불리는 서부 아이슬란드는 아이슬란드의 8개 지역 중 하나로 서부 피오르 지역 아래에 위치한다.

이 지역에서 가장 큰 도시는 아크라네스 Akranes로 인구는 약 6,600명이다. 이 지역은 링로드의 마지막 종착지로 아이슬란드 일주를 하며 거쳐 가거나, 수도인 레이캬비크와의 접근성이 좋아 당일치기로 주요 명소들을 방문하는 곳이다.

아이슬란드에서 가장 유명한 산인 키르큐페들 Kirkjufell을 비롯하여 서부의 대표적인 관광지들이 모여 있는 곳이 바로 스나이페들스네스 Snæfellsnes반도이다. 반도의 가장 서쪽에는 스나이페들스네스 국립공원이 있어 동굴투어, 하이킹, 트레킹 등을 할 수 있다. 이 공원은 아이슬란드에서 유일하게 해안가에 위치한 국립공원으로 국립공원의 가장자리를 따라 다양한 해양 생물 및 지형들을 관찰할 수 있다.

스나이페들스네스반도로 가기 전 보르가르네스 Borgarnes, 아크라네스와 같은 마을을 지나면서 서부 아이슬란드 사람들의 생활을 엿볼 수 있다.

이 지역은 크발피오르두르 Hvalfjörður 해저터널이 개통되면서 훨씬 더 빠르게 레이캬비크를 왕래할 수 있게 되었다. 터널을 통과하지 않고 피오르 지형을 여유 있게 돌아보는 경우 시간 은 더 걸리지만 서부 아이슬란드의 색다른 경치를 즐길 수도 있다.

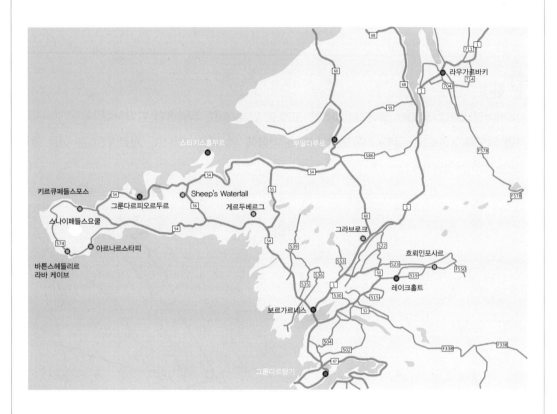

GRABROK

그라브로크

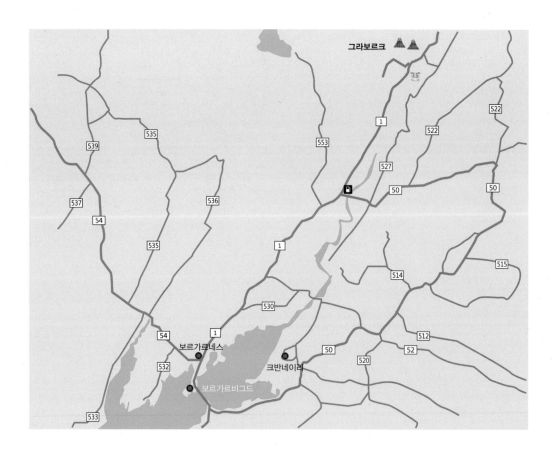

🪧 가는길

•보르가르네스에서 30㎞ 떨어져 있어 1번 도로로 25분 정도 주행하면 도착한다.

•1번 국도를 기준으로 글라니 폭포의 정반대 방향에 위치하고 있으며, 차로 약 5분 이동 후 도보로 이동하면 된다.

아이슬란드에 있는 화산 분화구 중에서 가장 아름다운 분화구로 유명하며, 정식 명칭은 그라우브로카르기가르Grábrókargígar 분화구이다. 이곳에는 스토라 그라브로크Stora Grabrok, 그라브로카르페들Grabrokarfell, 리틀라 그라브로크Litla Grabrok의 세 개의 크레이터가 있는데, 이 중에서 가장 큰 스토라 그라브로크 분화구는 약 3,400년 전에 폭발하여 형성되었다. 이 세 개의 분화구에서 분출된 용암이 그라브로카르흐뢰인Grabrokarhraun 용암대지lava field를 만들었다.

가장 큰 스토라 그라브로크는 분화구 주위를 한 바퀴 도는 하이킹 코스가 있어서 색다른 풍경을 즐길 수 있다. 주차장에서 분화구 꼭대기까지 빠른 걸음으로 걸어 올라갔다가 다시 되돌아오는데 약 40분이 걸린다. 꼭대기에 올라가면 보르가르피오르두르Borgarfjörður 주변의 시골 풍경과 주변을 둘러싸고 있는 산을 볼 수 있다.

적색, 녹색, 흑색의 암석들이 분화구를 덮고 있어서 오묘한 색감을 형성한다. 보르가르네스, 레이크홀트와 가깝고 링 로드를 따라 쉽게 접근할 수 있어서 많은 사람들이 찾곤 한다.

Science Plus

리오수피오들 Ljósufjöll 화산 시스템

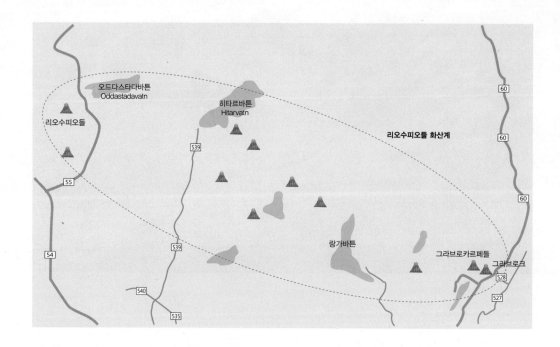

스나이페들스네스반도의 동쪽 끝에 있는 리오수피오들^{Ljósufjöll} 화산 시스템은 북서서−동남동$^{NWW-ESE}$ 방향의 갈라진 틈으로 감람석을 포함한 현무암질의 용암과 분석구$^{Cinder cone}$*가 분출하여 형성된 약 90㎞ 길이의 화산대이다. 화산 지대는 넓은 곳은 약 20㎞, 좁은 곳은 약 10㎞ 너비를 가진다. 이 화산계의 마지막 폭발은 약 천 년 전에 흐나파달루르^{Hnappadalur}에서 일어났다.

이 화산 지대는 스나이페들스네스 화산지대에서 신생대 플라이스토세 중반부터 후반기에 분출한 규질 유문암과 조면암의 거대한 암석을 포함한다.

최근의 분출은 아이슬란드 정착 이후였으며 약 1,000년 전에 일어났다.

* **분석구**$^{cinder cone}$ 주로 스코리아질의 쇄설물로 형성된 화산 쇄설구로서 스코리아 구와 같은 말이다. 물과 접하지 않은 환경에서 폭발적 분화에 의하여 화구 주변에 분석^{scoria}이 퇴적하여 생성된다. 높이는 대개 200~300m 이하로서 규모가 작으며, 보통 정상에는 깔때기 모양의 화구가 있다. 제주도 한라산 기슭에 분포하는 360여 개의 오름은 모두 분석구이다.

HRAUNFOSSAR
흐뢰인포사르

🚏 가는길

- 레이크홀트에서 19㎞ 떨어져 있어 518번 도로로 15분 정도 주행하면 도착한다.

- 레이캬비크에서는 118㎞, 1시간 40분 정도 소요된다.

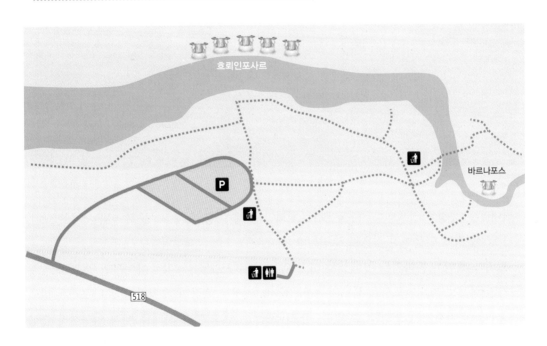

흐뢰인포사르 폭포는 아름답고 특이한 자연 현상으로, 지하의 맑고 차가운 샘이 용암을 뚫고 흘러나와 작은 폭포처럼 줄지어 흐르며 크비타강으로 흐른다.

흐뢰인포사르 폭포는 빙하 아래에 위치한, 하들문다르흐뢰인Hallmundarhraun 용암 평원의 가장자리 아래서 분출되는 수많은 맑은 개울로 이루어진, 너비 약 900m의 낙차가 낮은 폭포를 형성한다. 폭포는 터키 블루의 청록색을 띠며, 주변 환경과 어우러져 독특한 풍경을 자아낸다. 표층수와 빙하가 녹은 물은 용암 층 사이를 흐르며 병풍같이 펼쳐진 폭포를 형성하여

흘러내리는 풍경이 장관이다. 하들문다르흐뢰인은 베개 용암^{pillow lava}*들로 이루어져 있으며, 서기 800년경에 만들어진 것으로 추정된다.

크비타 해협이 좁아지는 곳에 위치하고 있는 바르나포스^{Barnafoss}는 '아이들의 폭포'라는 뜻을 가진 폭포로 흐뢰인포사르 폭포와는 약 300m 거리로 굉장히 가깝다. 바르나포스는 다리가 놓여있어 가까이서 구경할 수 있다. 바르나포스는 두 아이가 사고로 빠져 익사하자 슬픔에 빠진 엄마가 폭포 옆에 있는 다리를 부수었다는 설화가 전해지는 곳이다. 1987년에 두 폭포 일대가 자연기념물로 지정되었다.

하이킹 코스는 흐뢰인포사르에서 바르나포스까지 이어지는데, 폭포를 따라 데크를 걸어가면서 중간 중간 전망대에서 폭포를 볼 수 있는 포인트가 있다. 뷰포인트에서는 용암 폭포와 크비타강을 내려다볼 수 있으며 폭포에 있는 커피숍은 여름에만 문을 연다.

※ **베개 용암** 해저 화산에서 용암이 분출하면 차가운 해수로 인해 급히 식으면서 표면이 수축하여 타원형의 베개 모양을 이루게 된다. 단면에서 보면 부푼 빵 모양으로 방사상 절리가 있다. 베개 모양의 암석 가장자리는 유리질로 피복되어있다.

GERDUBERG CLIFFS
게르두베르그 절벽

가는길

• 보르가르네스에서 출발할 경우 54번 국도를 타고 북쪽으로 약 43㎞를 이동하면 도착할 수 있다. 비포장 구역인 주차장에 도착하여 5분 정도 걸으면 도착한다.

현무암 주상절리 절벽인 게르두베르그 절벽은 스나이페들스네스반도 초입에 위치하고 있다. 게르두베르그 절벽은 길이가 약 500m이고, 도로 옆에 있어도 거의 눈에 띄지 않아서 잘 찾아가야 한다. 이곳은 기하학적인 무늬를 이루고 있는 인상적인 거대하고 아름다운 현무암 주상절리를 볼 수 있는 완벽한 장소이며, 자연의 위대함을 느낄 수 있는 곳이다. 주상절리는 대부분 12~14m의 높이이며, 지름은 약 1~1.5m정도이다. 주상절리 옆에 오래 된 산책로가 있어서 걸으며 구경할 수도 있고, 사진을 찍기에도 좋은 장소이다.

STYKKISHÓLMUR

스티키스홀무르

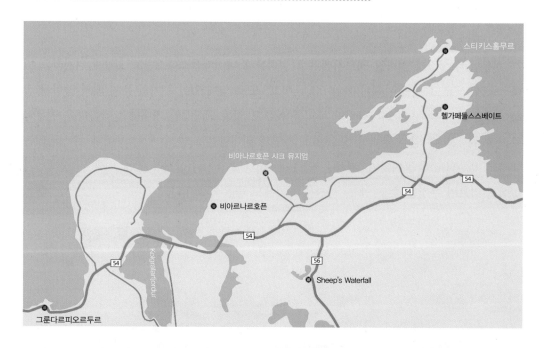

가는길

• 그룬다르피오르두르에서 38㎞ 떨어져 있어 54번 도로로 35분 정도 주행하면 도착한다.

• 블론두오스에서는 264㎞, 레이캬비크에서는 172㎞ 거리에 있다.

    스티키스홀무르는 스나이페들스네스^{Snaefellsnes}반도 북쪽의 아름다운 곳에 위치해 있으며 마을 중심에는 오래된 주택이 아름답게 잘 보존되어 있다.

    이 마을은 친환경적인 지도자와 주민들이 스나이페들스네스반도의 다른 4개 지자체와 함께 지구환경 인증을 획득한 유럽 최초의 공동체이다. 도시는 가능한 한 다양한 환경 지표를 지속적으로 측정하여 환경 친화적인 방법으로 운영된다. 이 도시는 아이슬란드에서 쓰레기와 폐기물의 완전 분류를 시작한 최초의 도시였고, 이에 유명한 블루 플래그 에코 라벨^{Blue-flag}

*eco-label*을 받았다.

스티키스홀무르 교회는 건축학적으로 흥미로운데, 육지와 바다에서 보는 모습이 모두 아름다워 이 지역의 랜드마크인 곳이다.

마을은 19세기 가옥들로 유명한 작은 어촌마을이며, 항구 앞의 절벽은 커다란 주상절리가 발달해있다. 이곳은 보너스 마트가 있는 몇 안 되는 마을로 아이슬란드에서 규모가 큰 마을에 속한다. 또한 이 마을 전체에서 무료 Wi-Fi를 이용할 수 있다.

이곳 역시 영화 '월터의 상상은 현실이 된다'의 촬영지이다. 월터가 헬리콥터를 타는 장면에서 스티키스홀무르의 가옥들이 등장한다. 사진과 같은 장소에서 주인공 월터가 달려 나온다.

스티키스홀무르 교회

'월터의 상상은 현실이 된다'의 촬영지

스티키스홀무르 항구

GRUNDARFJÖRÐUR
그룬다르피오르두르

가는길

•레이캬비크에서는 1번 도로를 따라 116㎞를 주행한 후 보르가르브로이트에서 54번 도로로 101㎞를 주행하면 도착한다. 총거리 216㎞, 약 3시간 정도 소요된다.

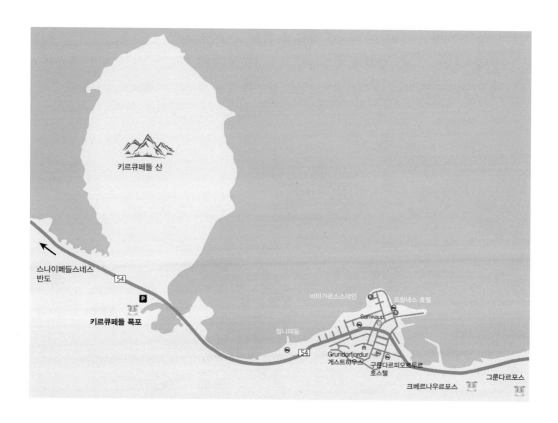

그룬다르피오르두르는 스나이페들스네스반도의 중앙에 위치하고 있어 스티키스홀무르, 스나이페들스네스 국립공원에 쉽게 접근할 수 있는 항구 도시이다. 주변에 비해 규모가 큰 마을 중 하나로 1,000명 이상의 주민들이 거주하고 있으며 좋은 호텔과 호스텔, 게스트 하

우스를 이용할 수 있다.

그룬다르피오르두르의 주변에는 키르큐페들 외에도 그룬다르포스, 크베르나우르포스가 있다.

그룬다르피오르두르 지역은 여러 영화에서 메인 장면으로 등장하였기에 전 세계의 사진 작가들이 이 지역의 독특한 랜드마크 지형을 촬영하기 위해 방문하곤 한다. 이곳에는 웅장한 산들 이상의 훨씬 더 많은 것들을 볼 수 있다. 눈부신 폭포, 멋진 하이킹 코스 그리고 물개나 고래와 같은 해양 생물들 등이다.

겨울에는 인근 해역에서 유영하는 범고래를 관찰할 수 있으며, 흰꼬리수리의 서식지이기도 해 종종 수리의 모습도 볼 수 있다. 또한, 새 관찰, 낚시, 승마, 스키, 캠핑, 그리고 골프와 보트투어까지 다양한 아웃도어 레저를 즐길 수 있는 곳이기도 하다.

그룬다르피오르두르는 방문객 대부분이 자동차를 이용해 육로로 찾아오지만, 최근에는 수천 명 이상의 방문객이 그룬다르피오르두르 항구를 통해 크루즈 여행으로 방문한다.

그룬다르포스*Grundarfoss*, 크베르나우르포스*Kvernárfoss*

그룬다르피오르두르 지역에서 가장 많이 찾는 폭포는 당연히 키르큐페들 폭포이다. 그룬다르피오르두르 마을의 외곽에 있는 크베르나우^{Kverná} 근처에서 대부분의 사람들은 그냥 지나치지만, 여기에서는 두 개의 멋진 폭포를 발견할 수 있다. 이 폭포는 바로 그룬다르포스와 크베르나우르포스이다. 이 두 폭포는 서로 가까이 있어 두 곳을 동시에 즐길 수 있다.

이 폭포들은 54번 도로에서 산 쪽으로 약 300~700m 떨어진 곳에 있어 도로에서도 조망할 수 있다.

그룬다르포스는 그룬다라우^{Grundará}강가에 있는 한 줄기의 폭포로 그 길이가 70m에 달한다. 이곳에 도착하기 위해서는 54번 도로에서 그룬다르피오르두르 마을 도착 전 2km 정도에 있는 작은 그룬다르포스 푯말을 보고 좌회전하여 자그마한 농장 문을 열고 닫아야하며, 매우 짧은 자갈길을 운전해야 한다. 이 폭포까지는 15분 정도 걸어가야 하지만 쉽게 접근할 수 있다.

크베르나우강에 있는 폭포 중 하나인 크베르나우르 폭포에 가려면 크베르나 농장 위의 목초지를 걸어가야 한다. 따라서 농장주의 사전 허락을 얻어야 접근할 수 있다.

그룬다르포스

크베르나우르포스

KIRKJUFELL
키르큐페들

이사피오르두르

아쿠레이리

키르큐페들

에이일스타디르

레이캬비크

비크

🪧 가는길

- 올라프스비크에서는 54번 도로를 따라 23㎞ 거리로 20분, 그룬다르피오르두르에서 2.9㎞, 5분이면 도착한다.
- 헬가페들에서 약 35㎞ 떨어진 곳에 위치하고 있으며 30분 정도가 소요된다.

스나이페들스네스반도를 한 바퀴 순환하는 54번 국도를 따라 쉽게 갈 수 있는 곳이다. 이 지역은 키르큐페들산을 직접 등반하기보다는 주차장에 주차한 후, 폭포와 함께 산을 배경으로 촬영하는 사람들이 대부분이다.

키르큐페들은 스나이페들스네스반도뿐만 아니라 아이슬란드의 랜드마크로 자리 잡고 있는 곳 중 하나로 아이슬란드에서 가장 많이 촬영된 산이다. 레이캬비크에서 두 시간 정도 달리면 도착할 수 있는 거리에 있으며, 근처에 어촌 마을인 그룬다르피오르두르가 있어 숙박 및 접근성이 좋은 곳이다. 그래서인지 키르큐페들산과 키르큐페들 폭포 주변에서 멋진 사진을 찍기 위해 집중하고 있는 사진가들의 모습을 쉽게 볼 수 있다. 밤낮으로 황홀한 풍경을 유지하는 이곳을 한마디로 표현할 단어가 있을까?

스나이페들스네스반도의 북쪽 해안가에 위치하고 있는 이곳은 높이 462m로 주변에 비해서 고도가 높고 아이슬란드의 '영혼이 담긴 교회 산'이라는 의미를 가지고 있다. 키르큐페들을 바라본 상태에서 오른편은 그룬다르피오르두르 항구 마을, 왼편으로는 키르큐페들포스가 자리하고 있다.

이 폭포는 실제로는 조그마한 폭포임에도 키르큐페들 봉우리와 어우러진 아름다운 풍경으로 여행객들이 자주 찾는 폭포 중의 하나이다. 주차장에 차를 주차하고 5분 남짓 거리에 있는 촬영 포인트는 언제나 사진을 촬영하려는 인파들로 북적거린다. 작지만 아름다운 키르큐페들 폭포와 그 뒤에 배경으로 키르큐페들 봉우리가 우뚝 서 어울리는 풍경은 아이슬란드를 대표하는 랜드마크와 같은 촬영지이다. 일출과 일몰의 명소이자 겨울에는 오로라 촬영지로 유명한 곳이다.

폭포 옆 산기슭에서는 작은 호수를 찾을 수 있는데, 이 호수는 평온하고 맑은 날에는 키르큐페들산의 완벽한 거울 이미지를 반영하여 환상적인 사진 촬영 기회를 제공한다. 또한, 계절에 따라 키르큐페들산의 색깔이 변하여 여름에는 푸르고 생기 넘치는 푸른색의 옷을 입고, 겨울철에는 황량한 갈색과 흰색의 옷으로 치장한다.

Food

뱌르가르스테인 Bjargarsteinn

주소 Sólvellir 15, 350 Grundarfjörður

전화번호 +354-438-6770

홈페이지 www.bjargarsteinn.is

바닷가에 위치한 고풍스럽고 오래된 건물에 자리한 새로운 레스토랑으로 블루링Blue Ling이라는 대구에 속하는 흰 살 생선이 유명하다.

라키 하프나르카피 Laki Hafnarkaffi

주소 Grundarfjörður

전화번호 +354-546-6808

홈페이지 www.lakitours.com

그룬다피오르두르 중심가에 있는 여행사도 같이하는 피자 전문집으로 화덕 피자의 맛이 담백하다. 가격은 2,500ISK 정도로 무난하다.

 Accommodation

그룬다르피오르두르 하이 호스텔 Grundarfjordur HI Hostel

주소 Hlíðarvegur, 350 Grundarfjörður, Iceland

전화번호 +354-562-6533

홈페이지 www.hostel.is/hostels/grundarfjordur-hi-hostel

2성급 호스텔로 공용 지역 무료 무선 인터넷을 이용할 수 있다. 30개의 객실이 있으며 차로 30분 이내에 스티키스홀무르, 올라프스비크로 이동할 수 있어 접근성이 좋다.

호텔 프람네스 Hotel Framnes

주소 Nesvegur 8, 350 Grundarfjörður, Iceland

전화번호 +354-438-6893

홈페이지 www.hotelframnes.is

29개의 객실을 갖추었으며 동쪽은 피오르 바다를, 서쪽은 멋진 산맥의 뷰를 제공한다. 바다 전경을 보는 온수 욕조를 제공하며 1층에 60명을 수용하는 레스토랑이 있다.

그룬다르피오르두르 캠핑 그라운드

주소 Borgarbraut 19, Grundarfjörður, Iceland

홈페이지 Claim this business

운영기간 6월 1일~8월 31일

1인 1박 1,000 ISK, 전기 500 ISK, 일부 온수, 화장실, 개수대, Wi-Fi 없음.

OLAFSVIK
올라프스비크

가는길

• 스나이페들스네스반도를 한 바퀴 도는 54번 국도를 따라 쉽게 갈 수 있는 마을로 그룬다르
피오르두르에서 약 25㎞ 떨어진 곳에 위치하고 있다.

키르큐페들과 가까운 거리에 있어 관광객들이 많이 묵는 마을로, 유명 관광지인 다른 곳
에 비해 쾌적한 시설로 알려져 있다. 또한, 스나이페들스네스반도의 북쪽에 위치하고 있어 스
나이페들스네스요쿨과도 가깝다.

모든 실내외를 삼각형만으로 디자인하여 만든 Olafsvikurkirkja 교회

올라프스비크 인포메이션 센터에서 무료로 Wi-Fi를 사용할 수 있으며 친절하게 스나이페들스네스반도에 대한 정보들을 얻을 수 있다. 올라프스비크 인포메이션으로 가기 위해선 'Olafsvikurkirkja'로 검색하여 교회가 보이기 전 건물을 찾으면 된다. 이 지역의 교회는 아이슬란드의 다른 마을과는 다른 디자인이 특이한 아름다움을 보여주는 명소이다.

인포메이션 센터

Food

흐뢰인 Hraun

주소 Grundarbraut 2, Ólafsvík, Iceland
전화번호 +354-464-3800
홈페이지 www.facebook.com/hraun.veitingahus
영업시간 평일 11:30~22:00, 주말 12:00~22:00

레스토랑이며 해산물 요리부터 아이들이 좋아하는 햄버거 요리 등도 제공된다. 와인과 맥주를 곁들여 즐길 수 있다.

 Accommodation

올라프스비크 캠핑장 Camp Site Olafsvik

주소 Island, Ólafsvík, Iceland
전화번호 +354-433-6929
홈페이지 www.snb.is

화장실과 샤워실 및 주방시설이 있다. 캠핑장과 인포메이션 센터는 1.5㎞ 거리로 차로 10분이면 이동할 수 있는 거리이다. 1인 1박 1,000 ISK, 전기 500 ISK, Wi-Fi 없음.

비드 하비드 게스트하우스 Vid Hafid Guesthouse

주소 355, Ólafsbraut 55, Ólafsvík, Iceland
전화번호 +354-436-1166

10개의 객실이 있는 게스트 하우스이며 인근에 다양한 카페와 레스토랑이 있다. 차를 이용해 그룬다르피오르두르와 헬리산두르로 쉽게 이동할 수 있으며 객실에서 바다를 볼 수 있다. 이불 값 1,100 ISK와 세탁실 이용비 500 ISK가 추가로 들어가는 것을 유의해야 한다.

SNÆFELLSNES
스나이페들스네스
북부

🪧 가는길

- 스나이페들스네스 국립공원은 레이캬비크에서 약 150㎞, 2시간 10분 정도 소요된다.
- 1번 도로를 따라 보르가르네스까지 69㎞를 주행 후 54번 국도를 타고 약 80㎞를 이동하면 도착한다.

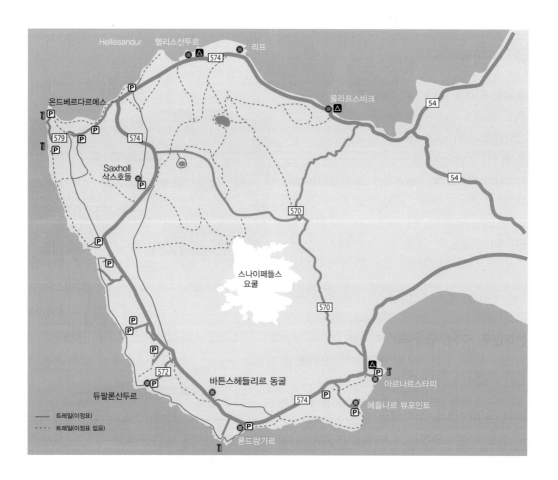

서부 아이슬란드의 대표적인 관광지가 모여 있는 곳이 바로 스나이페들스네스반도이다. 레이캬비크와 가까워 당일치기로 주요 지역들을 방문할 수도 있으며, 스나이페들스네스반도에 머물면서 지역 전체를 돌며 하이킹할 수 있는 곳이기도 하다.

연중 빙하가 있는 높이 1,446m의 화산인 스나이페들스요쿨과 국립공원이 있으며, 반도의 북쪽 해안에는 스티키스홀무르, 그룬다르피오르두르, 올라프스비크 등의 마을이 있다. 서쪽에서 남쪽 해안은 하이킹 코스로 유명하며 수많은 갈매기의 서식지이다.

스나이페들스네스 Snæfellsnes 국립공원

스나이페들스네스 국립공원은 2001년 6월 28일에 지정되었다. 이 공원의 설립 목적은 독특한 역사적 유물뿐만 아니라 특이한 경관, 토착 동식물의 생명을 보호하고 보존하여 방문객들이 더 쉽게 접근할 수 있도록 하는 것이다. 이곳은 바다로 뻗어있는 유일한 아이슬란드 국립공원으로 아이슬란드에서 가장 훌륭한 자산이며 모든 사람들이 자유롭게 탐험할 수 있는 곳이다. 이 국립공원은 바다, 해안선 및 해변, 바닷새 및 기타 삶의 모험을 즐기는 세계를 탐험하기에 완벽한 곳으로, 해양 환경 요소를 기본으로 지질학, 특히 화산 활동에 관심이 있는 사람들에게 놀라운 경험을 주는 곳이다.

스나이페들스요쿨 화산은 용암으로 뒤덮인 활화산, 분화구, 동굴, 바다, 그리고 검은 모래 해변으로 가득한 바위투성이의 해변을 누빌 수 있는 곳이다.

📺 Tip

주소	Klettsbud 7, 360 Hellissandur, Iceland
전화	+354-436-6860
홈페이지	www.ust.is/snaefellsjokull-national-park/
E-mail	snaefellsjokull@ust.is

방문객 센터 이용 안내	
기간	이용 가능 시간
5월 1일~10월 21일	10:00~17:00, 평일·주말 개장
10월 21일~11월 30일	11:00~16:00, 평일·주말 개장
12월 1일~4월 30일	11:00~16:00, 평일만 개장

＊ 성탄절 주간 폐장, 1월 2일 재개장, 화장실은 연중무휴로 이용 가능

스나이페들스요쿨 _Snæfellsjökull_

아이슬란드 서부 스나이페들스네스반도의 가장 서쪽에 위치한 스나이페들스요쿨은 만년설이 덮인 70만 년 된 성층화산으로 화산 주변이 국립공원으로 관리되고 있다. 날씨가 좋을 경우에는 120㎞ 떨어진 레이캬비크에서도 볼 수 있으며, 쥘 베른의 소설 '지구 속 여행'에서 지구 속으로 들어가는 입구가 바로 이 화산에 위치하고 있다.

스나이페들스요쿨을 트레킹하려면 오른쪽으로 난 가파른 비포장도로인 F570을 타야 한다. 반도의 가장 서쪽에는 스나이페들스네스 국립공원이 있어 주변을 돌며 동굴투어, 하이킹, 트레킹 등을 할 수 있다. 해안가에 위치한 국립공원답게 공원을 한 바퀴 돌며 다양한 해양 생물 및 지형들을 관찰할 수 있다.

삭스호들Saxhóll

스나이페들스요쿨의 북쪽에 위치하며, 스나이페들스네스반도 가장자리를 경유하는 우트네스베귀르Útnesvegur 도로를 따라가다 볼 수 있는 곳이다.

약 3,000~4,000년 전에 만들어진 109m의 분화구로, 분화구의 주변은 매우 연약한 분석들로 되어 있어 조심해야 한다. 분화구로 접근하는 길은 미끄러지지 않게 경사로에 발판이 설치되어 있어서 쉽게 하이킹을 즐길 수 있다. 어렵지 않게 쉽게 오를 수 있는 분화구로 언덕을 올라가 정상에 다다르면 훌륭한 전망을 보여준다.

🔍 Tour

바튼스헤들리르 동굴투어 Vatnshellir Cave Tour

바튼스헤들리르 동굴은 스나이페들스네스 국립공원 내에 위치하고 있으며 574번 도로를 타고 가다 만날 수 있다. 정확한 명칭은 바튼스헤들리르 라바 케이브Vatnshellir lava cave로 전형적인 용암 튜브lava tube 형태의 동굴이다. 쥘 베른의 소설 '지구 속 여행'에 나오는 지하 세계로 가는 관문의 모티브가 된 동굴이다.

투어는 35m 아래 지하로 내려가서 200m 가량의 용암 동굴 안을 구경하게 된다. 투어는 2011년에 처음 공개된 1단계와 최근 공개된 2단계 동굴로 모두 2단계의 투어로 구성되어 있으며, 지형을 훼손하지 않기 위해 가이드를 따라 안내된 길로만 다녀야 한다.

주소 Road 574, 356 Snæfellsbær, Iceland

전화번호 +354-665-2818

투어 시간은 1시간으로 구성되어 있으며, 가격은 성인 2,500ISK, 12~16세 1,000ISK, 0~11세 무료입장, 홈페이지와 전화를 통한 사전 예약을 해야 한다.

홈페이지 www.vatnshellir.is

www.guidetoiceland.is/book-holiday-trips/cave-vatnshellir

이용 안내

기간	이용 가능 시간
5월 15일~9월 30일	10:00~18:00
10월 1일~5월 14일	11:00~15:00

＊ 날씨 상태에 따라 동굴 입장이 불가능할 수 있음

SNÆFELLSNES
스나이페들스네스
남부

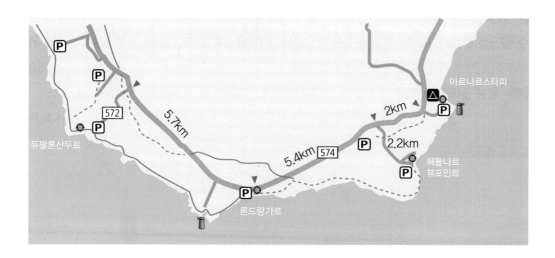

가는길

• 올라프스비크에서 54번 도로를 이용하여 시계방향으로 순환하는 길은 헤들나르까지 약 40
km, 40분이 소요된다. 반시계 방향으로 순환한다면 약 45km, 40분이 소요된다.

아이슬란드 서쪽 스나이페들스네스반도 남쪽 지역은 전체적으로 해안선이 아름다운 지역
이다.

이곳에는 화산 활동으로 만들어진 현무암의 론드랑가르 해식절벽, 서부 아이슬란드에서
가장 유명한 코스 중 하나인 웅장한 해식 아치인 가트클레투르 Gatklettur, 사람 형상을 한 거대
한 석상인 '바우르두르 스나이페들사우스 Bárðar Snæfellsáss' 조각상이 있는 아르나르스타피 마을
등이 주요 볼거리이다.

듀팔론산두르 비치|Djupalonssandur Beach

바튼스헤들리르 동굴과 멀지 않은 곳
에 듀팔론산두르 해변이 있다. 이곳은 해
안을 따라 바다로 이어지는 높이가 매우
높은 극적인 모습을 보여주는 절벽이다.

듀팔론산두르 비치는 바다에서 솟아
오르는 듯한 신비한 형태의 바위들이 있
고 아름다운 자갈로 덮인 검은 모래 해변
이다. 해변에는 다양한 크기의 돌들이 펼
쳐져 있으며, 해안가에 형성된 해안지형은 아름다워 감탄을 자아낸다.

이 해변에는 4개의 크기가 다른 바위가 있는데, 무게가 달라서 큰 것부터 strong, half
strong, half as good, lightweight란 의미의 이름을 가지고 있다. 이 돌을 들어 올려서 어
부들이 서로의 힘을 비교해보곤 했다고 한다.

론드랑가르 Lóndrangar

 가는길

- 론드랑가르는 듀팔론산두르 비치에서 약 7.7㎞ 정도 떨어져 있어 10분 정도 주행하면 도착할 수 있다.

아이슬란드 서쪽의 스나이페들스네스반도 남쪽 지역에 위치하는 론드랑가르와 스발수바 Svalþúfa Mt.산은 화산 활동으로 만들어졌다. 이 지역은 오랜 시간 바다에 의해 현재의 형태로 침식되어 온 분화구로, 과거 화산 폭발에 의해 만들어진 특이한 형태의 현무암 잔해들을 볼 수 있다. 론드랑가르 해안 절벽에는 두 개의 큰 바위가 서있는데, 이 바위는 침식에 강한 화산암체가 남아 있는 것으로 높이는 각각 75m, 61m이다. 이 바위는 해식 절벽에 높게 솟아올라 있어 어느 방향에서든 볼 수 있으며 경관이 매우 아름답다. 론드랑가르는 바다 쪽으로 뻗어 있는 거대한 성처럼 보이는데, 높고 긴 절벽에 수많은 갈매기와 바다오리들이 앉아있는 광경을 볼 수 있다. 장엄한 해안을 보며 걷다 보면 푸르고 부드러운 이끼로 덮여 녹색 카펫처럼 보이는 거친 용암 들판이 인상적이다.

헤들나르 Hellnar

가는길

• 헤들나르는 론드랑가르에서 7.7㎞ 떨어져 있어 차로 약 10분 정도 소요된다.

헤들나르는 스나이페들스네스반도의 아래쪽에 위치한 작은 마을이다. 절벽을 따라 계속 트레킹을 하다 잠시 휴식을 취할 수 있는 곳이다. 명성에 맞게 인포메이션이 깔끔하게 되어있어 여러 가지 정보들을 얻을 수 있다.

헤들나르에서 아르나르스타피까지 이어지는 해안선은 유명한 자연 보호 지역으로 서부 아이슬란드에서 가장 유명한 코스 중 하나이다. 2.5㎞의 하이킹 코스는 바다로 이어지는 웅장한 해식 아치인 가트클레투르 Gatklettur를 포함한 멋진 풍경을 볼 수 있다.

바드스토바 Baðstofa 동굴은 판상절리와 초록빛 바닷물이 조화를 이루는 특유의 모습으로 인해 유명하다. 이 지역에서 가장 눈에 띄는 또 다른 자연경관은 굴뚝 모양의 특이한 암석 구조물과 거대한 새들이 무리 지어 사는 절벽이다.

헤들나르에서는 언덕 위에 아이슬란드의 전형적인 교회도 발견할 수 있다. 산악 풍경이나 스나이페들스요쿨 빙하를 배경으로 하는 헤들나르 교회는 여행자들에게 사진 촬영을 통해 매력적이고 멋진 아이슬란드의 풍경을 담을 기회를 준다.

절벽과 용암지대를 따라서 트레킹을 하다보면 보호 구역에서 볼 수 있는 식물들과 새의 종류에 대한 팻말을 쉽게 볼 수 있다. 또한 아르나르스타피부터는 용암지대로 이루어진 트레일 코스를 따라 부디르Búðir마을까지도 이동할 수 있다.

헤들나르의 바드스토바 Baðstofa 동굴

아르나르스타피|Arnarstapi

 가는길

• 헤들나르에서 5km 정도, 차로 5분 거리에 위치하고 있으며, 하이킹 코스가 있기 때문에 걸어 가도 된다. 걸어갈 경우 약 1시간 정도가 소요된다.

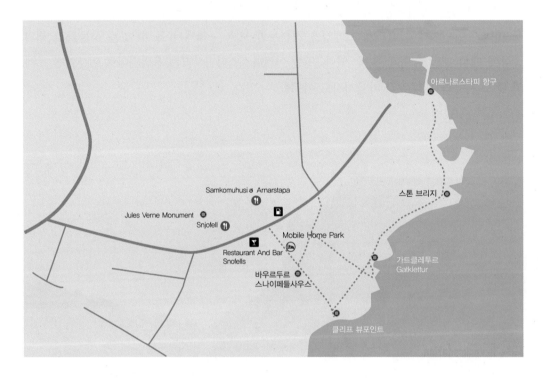

아르나르스타피는 건물이 약 10채 정도에 불과한 작은 어촌 마을이다. 항구 주변에는 특이한 모양의 주상절리들과 협곡 그리고 동굴들이 무리를 지어 있으며, 마을 전체가 북극 제비갈매기 서식지로 해안선을 따라 북극 제비갈매기, 풀마르fulmar 갈매기 같은 새들을 많이 볼 수 있는 마을로 유명하다. 아르나르스타피와 헤들나르 사이의 해안과 절벽은 1979년에 자연 보호 구역으로 지정되었다.

아르나르스타피 마을 입구에는 사람의 형상을 한 굉장히 큰 석상이 있는데, 라냐르 스카르탄손의 '바우르두르 스나이페들사우스Bárðar Snæfellsáss' 조각상이다.

아르나르스타피 해안가에서 볼 수 있는 해식 아치인, 가트클레투르 Gatklettur의 모습

사람의 머리와 수염, 다리가 묘사되어 있으며 다리 사이로 사람이 지나갈 수 있을 정도로 거대한 크기를 자랑하고 있다. 이 석상의 주인공은 전설 속에 나오는 바우르두르 스나이페들사우스 *Bárður Snæfellsáss*라는 영웅이다. 실제로 스나이페들스네스반도의 이름은 이 영웅의 이름에서 유래되었다고 한다.

바우르두르 스나이페들사우스 Bárður Snæfellsáss

아르나르스타피 Arnarstapi의 클리프 포인트에서 본 동쪽 절벽

가트클레투르와 아르나르스타피 항구 사이에 위치한 스톤 브리지 Stone Bridge

뢰이드펠드스갸우 고지 *Rauðfeldsgjá Gorge*

아르나르스타피에서 54번 도로를 따라 북쪽으로 이동하는 길에 뢰이드펠드스갸우 고지 *Rauðfeldsgjá Gorge*가 위치하고 있다. 갈라진 틈 사이로 사람 여러 명이 지나다닐 수 있는 정도의 좁은 협곡 지형이다.

HVALFJÖRÐUR
크발피오르두르
지역

크발피오르두르 지역은 아크라네스와 레이캬비크를 이어주는 약 62㎞의 피오르 지형이다. 아크라네스에서 크발피오르두르 해안선을 따라 만들어진 47번 도로를 타고 달리면 주변 피오르 지형을 즐길 수 있다. 크발피오르두르란 '고래 피오르'라는 뜻으로 과거에 이 지역에서 고래가 자주 출몰해서 붙은 이름이다. 크발피오르두르는 피오르의 만 부근에서 글리무르 Glymur 폭포로 갈 수 있는 하이킹 코스와도 이어져있다.

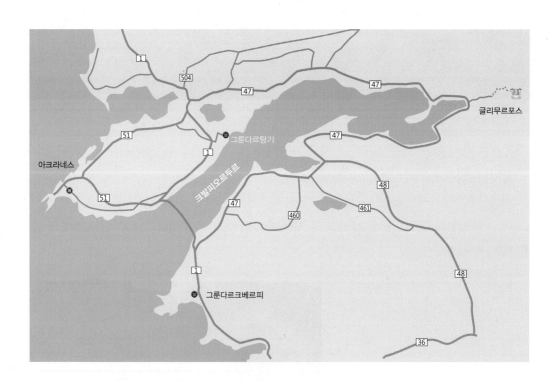

아크라네스 *Akranes*

 가는길

- 아크라네스는 레이캬비크 중심부에서 50 km 거리로 1998년, 해저터널이 개통되면서 접근성이 더욱 높아졌다. 레이캬비크에서 1번 국도를 따라 이동하여 해저터널인 크발피오르두르 Hvalfjörður 터널을 이용하면 약 40분 만에 도착할 수 있다.

- 해저터널을 이용하지 않을 경우, 47번 도로를 따라 피오르를 돌아보며 이동할 수 있으며, 약 1시간 25분이 소요된다.

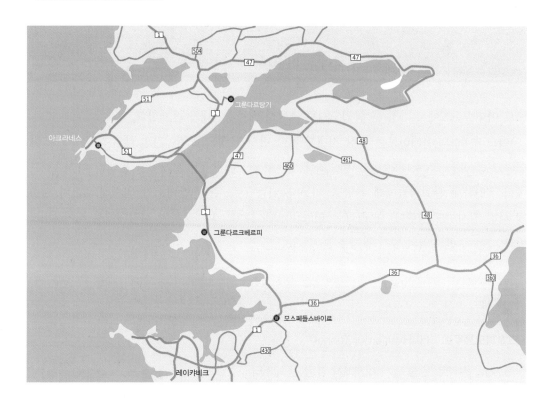

레이캬비크에서 스나이페들스네스반도로 여행한다면 경로 중간에 위치한 아크라네스를 방문하여 아이슬란드 주민들의 삶을 경험할 수 있다. 아크라네스는 아이슬란드에서 사람이 살기 시작한 9세기경부터 이곳에서도 사람이 살았다는 기록이 전해진다. 인구는 약 6,630명

으로 아이슬란드에서 가장 큰 공업도시로 조선소와 공장지대가 존재한다.

아크라네스의 볼거리로는 공장 지대를 지나 바닷가 쪽으로 걸어가면 해안에 연속으로 배열된 브레이딘Breiðin 등대와 올드 아크라네스Old Akranes 등대이다. 브레이딘 등대는 아이슬란드에서 유일하게 관광객들에게 관람을 허용하는 등대로, 관광 안내소가 위치해 있으며 미술 및 사진 전시회도 열린다. 이 등대는 평일 10:00~12:00에 개방하며 전망대에서 레이캬비크만과 마을 주변 지역의 멋진 광경을 볼 수 있다.

 Tip

크발피오르두르 터널 Hvalfjörður Tunnel

∘ 5.7㎞의 길이로, 완공 당시 세계에서 가장 긴 해저터널이었다. 1998년 개통되었다. 터널의 가장 깊은 부분은 해저 165m 깊이에 이른다.

∘ 통행료는 일반 승용차 1,000 ISK, 정기권 사용 시 가격이 할인되며 24시간 이용이 가능하다.

글리무르 폭포Glymur Waterfall

 가는길

•크발피오르두르 지역의 47번 국도를 타고
주행하다 스토리–보튼Stori-botn 이정표가 보
이는 곳에서 우회전을 한 후 약 6분간 직진
하여 보튼사Botnsa 주차장으로 간다. 이곳에서부터 글리무르 폭포로 이어지는 하이킹 코스가
나타난다.

　글리무르 폭포는 높이가 198m나 되는
아이슬란드에서 두 번째로 높은 폭포이며
들어가는 길도 아이슬란드의 다른 폭포들
과는 다르게 험한 편이다.

　폭포에 다다르려면 동굴과 외나무다리
로 강을 건너야 하는 4㎞ 거리의 코스를
걸어가야 하고, 전망 포인트에서 바라보기
만 하려 해도 2시간은 걸어야 한다.

　글리무르 폭포는 아이슬란드의 대표적인 하이킹 코스이며, 이보다 더 길게는 크발페들
Hvalfell까지 이어진 코스도 있다.

Trekking

	Botnsdalur-Glymur-Hvalfell 코스	
거리 및 소요 시간	Glymur(1–3 왕복 코스)	5.5km 3시간
	Hvalfell(1–8 코스)	10㎞ 5시간
고도	828m	

BORGARNES

보르가르네스

가는길

• 아크라네스에서 40㎞ 거리로, 51번 도로로 14㎞ 주행하다 좌회전하여 1번 도로로 26㎞ 이동
하면 도착할 수 있는데 30분 정도 소요된다.
• 레이캬비크에서 해저터널을 이용할 경우 75㎞ 거리로 1시간 정도 소요된다.

보르가르네스는 레이캬비크에서 약 75㎞ 떨어진 서부 아이슬란드의 중심에 위치한 마을이다. 인구는 약 1,800명으로 9세기경부터 바이킹이 처음으로 정착해서 살기 시작한 도시이다.

아이슬란드 정착의 역사를 보여주는 세틀먼트 박물관The Settlement Center이 있어 전시회뿐만 아니라 레스토랑 겸 카페로 운영되어 많은 관광객들이 찾고 있다. 이곳은 백야가 끝나면 오로라를 볼 수 있는 곳으로도 굉장히 유명하여 날씨가 도와준다면 아이슬란드의 멋진 오로라를 두 눈에 담을 수 있다.

보르가르네스는 방문객들 사이에서 영화 '월터의 상상은 현실이 된다'에 등장하는 파파존스 건물이 있는 곳으로 유명하다. 실제로 파파존스 매장이 아니라서 많은 관광객들이 아쉬워하지만, 또 다른 매력의 게이라바카리Geirabakari 베이커리 라는 카페를 만날 수 있다.

Food

게이라바카리 베이커리 Geirabakari kaffihus (파파존스 건물이 있던 카페)

주소 Þjóðvegur, Borgarnes, Iceland
전화번호 +354-437-1920
영업시간 평일 7:00~18:00, 주말 8:30~17:00

'월터의 상상은 현실이 된다'에 등장하는 파파존스
로 나왔던 곳으로 이른 아침에 커피와 빵을 먹기에
좋다.

 Accommodation

아이슬란드데어 호텔 하마르 Icelandair Hotel Hamar

주소 Golf course-310 Borgarnes, Iceland
전화번호 +354-433-6600
홈페이지 www.icelandairhotels.com

3성급 호텔이며, 보르가르네스 중심가에서 살짝 벗
어난 곳에 위치한다. 오로라를 구경할 수 있으며 호
텔에서 오로라 알람 서비스를 제공한다.

보르가르네스 베드&브렉퍼스트 Borgarnes Bed & Breakfast

주소 Skúlagata 21, Borgarnes, Iceland
전화번호 +354-779-1879
홈페이지 www.borgarnesbb.is

1성급 호텔이며, 세틀먼트 센터The Settlement Center까지
도보로 5분이면 갈 수 있는 거리에 위치하고 있다.
무선 인터넷 이용이 가능하며 객실마다 전용 욕실
이 있다.

SUPPLEMENT

부록

Iceland

아이슬란드는?

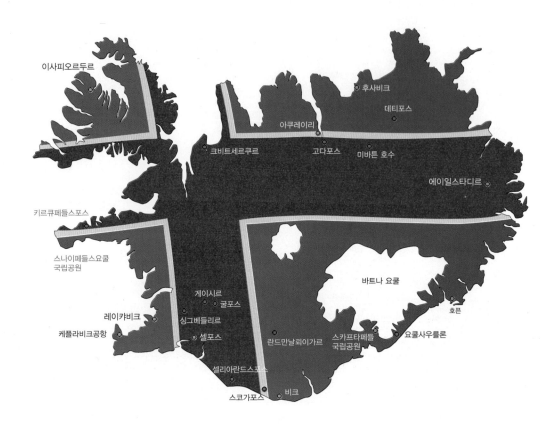

이사피오르두르
후사비크
데티포스
아쿠레이리
크비트세르쿠르
고다포스
미바튼 호수
에이일스타디르
키르큐페들스포스
스나이페들스요쿨
국립공원
바트나 요쿨
게이시르
호픈
굴포스
레이캬비크
싱그베들리르
케플라비크공항
셀포스
란드만날뢰이가르
스카프타페들
국립공원
요쿨사우를론
셀리아란드스포스
스코가포스
비크

아이슬란드는 북유럽의 섬나라로 스칸디나비아반도, 영국, 아일랜드와 그린란드 사이 바다 한가운데에 있다. 일반적으로 북유럽의 서북쪽 끝으로 간주한다. 수도는 레이캬비크이며 국토면적 103,001㎢로 대한민국 남한과 가장 비슷한 국가이다. 헌법상 대한민국의 면적은 223,170㎢지만 대한민국이 실제로 지배하는 남한의 면적은 100,210㎢이다. 국토 면적 순위에서 아이슬란드는 108위, 대한민국은 109위이다.

유럽 국가들과 대한만국의 면적을 비교해 보고 싶으면 아이슬란드와 비교하면 된다. 남한의 면적을 100이라고 가정한다면, 아이슬란드 영토는 102.8 정도가 된다. 그런데도 인구 수는 고작 35만 명 정도밖에 되지 않는다.

수도 레이캬비크의 인구는 교외까지 합쳐 20만여 명으로 인구가 수도권에 편중된 점에서도 남한과 닮았다. 두 번째로 큰 도시인 아쿠레이리의 인구는 1만 7천 명 정도이다.

서경 15도 자오선이 아이슬란드 동쪽 끝 부분을 지나기 때문에 원래대로라면 UTC −1 시간을 적용해야 한다. 아이슬란드 서쪽 끝부분에 가까운 수도 레이캬비크를 기준으로 한다면 UTC −1.5시간이어야 한다. 그러나 아이슬란드는 실제 한 시간이 넘는 차이를 감수하고 영국과 똑같이 UTC +0시간대를 사용한다. 그리고 북유럽임에도 서머타임을 쓰지 않는다.

면적	103,001㎢
인구	336,535명(2018년)
수도	레이캬비크
인종 구성	아이슬란드인 92.04%, 폴란드인 3.63%, 기타 4.33%
정치 체제	의원 내각제
GDP	194억 4,400만$(2016년)
1인당 GDP	59,724$(2016년)
GDP	186억 3,100만$(2017년)
1인당 GDP	59,724$(2017년)
수출	56억 달러
수입	48억 달러
HDI	0.899(2014)
공용어	아이슬란드어
화폐 단위	크로나ISK
국가	Lofsöngur(찬가)

역사

고대에 지중해 여행자들이 아이슬란드를 발견했을 가능성이 있으나, 초기 정착민들은 아일랜드의 은둔자였던 것으로 보인다. 이 은둔자들은 9세기 말에 이교도 노르웨이인들이 도착하자 섬을 떠난 것으로 전해진다. 초기 아이슬란드 기록에 따르면, 최초의 영구적인 노르웨이인 정착지는 874년 지금의 레이캬비크 자리에 자영농장을 세웠던 잉골뷔르 아르나르손 Ingolfur Arnarson과 그의 아내에 의해서 이루어졌다. 이후 정착민의 수는 9세기 말이 되면서 증가했고 그들은 대부분 노르웨이 태생이었다. 930년경에 이르러 아이슬란드 국회인 알싱Althing과 함께 아이슬란드 연방이 형성되었다. 10세기에 기독교가 전파되었으며 알싱은 선교사업을 지원했던 것으로 알려져 있다. 1000년에 이르러서는 나라 전체가 그리스도교화 되었다. 10세기부터 노르웨이는 아이슬란드를 정복하려 했는데, 13세기 아이슬란드 내전이 일어나자 아이슬란드 귀족들은 노르웨이의 통치(1262~1264)를 받아들였다. 1380년 덴마크와 노르웨이의 통합으로 아이슬란드 지배권이 덴마크로 이양되었다. 종교개혁이 있기까지 아이슬란드는 정치적으로 비교적 독립해 있었으나 17세기 중엽 덴마크 왕실이 통제권을 강화한 후부터 아이슬란드의 경제가 쇠퇴했으며 독점권을 얻으려는 격렬한 투쟁 때문에 무역이 크게 줄어들었고, 기근과 역병으로 인구가 감소하였다.

19세기에 욘 시구르드손^{Jón Sigurðsson}의 노력으로 아이슬란드 독립운동이 일어났다. 아이슬란드 국회인 알싱이 다시 수립되었고 부분적으로 현대화가 이루어졌다. 1874년 덴마크 왕 크리스티안 9세는 아이슬란드에 자체의 헌법을 허용했으나, 1904년이 되어서야 아이슬란드는 레이캬비크에 자체의 국민정부를 갖게 되었다. 이어서 1918년 연합법에 따라 군주제와 공동의 외교정책에서만 덴마크와 연합하는 완전한 독립국가가 되었다. 1940년대에 독일이 덴마크를 점령한 동안 영국과 미국 군대가 아이슬란드를 점령하여 전략적인 공군기지로 이용하였다. 그동안 덴마크와 연합국의 형태로 덴마크의 지배를 받아온 아이슬란드는 제2차 세계대전 중 이러한 지배를 벗어나게 되었다. 1944년 5월 25일 알싱은 덴마크로부터 독립에 관한 국민투표를 거쳐 1944년 6월 17일 아이슬란드공화국을 선포하였다.

아이슬란드의 전후 문제는 주로 아이슬란드 해역에서의 어업권에 관한 것이었다. 특히 영국을 비롯한 이웃 국가들과 잦은 충돌 후 마침내 320㎞ 어업전관수역이 설정되었다. 1993년 1월에는 유럽경제지역^{EEA, European Economic Area}에 가입하였다.

[한국과의 관계]

남·북한 동시 수교국으로서 한국과는 1962년 10월 외교 관계를 수립했으며, 1970년 4월에 사증^{査證} 면제 협정이 체결되었다. 북한과는 1973년 7월에 수교했다. 2016년 현재 영주권자인 한국 교민은 6명이다. 2017년 현재 아이슬란드로의 수출은 56.5억 달러, 수입은 47.8억 달러이다

사회

과거에는 핀란드만큼이나 청소년 자살 문제가 심각했으나 현재는 많이 줄어들어 2000년 기준으로 연간 21.8명이었다. 인구는 적고 이민도 거의 오지 않았던 나라이기 때문에 시대를 거슬러 올라가면 아이슬란드인들은 대부분 가까운 친척들이다. 그러나 아이슬란드인들은 성을 쓰지 않기 때문에 친척인지 알기도 힘들다. 아이슬란드는 사촌 간 결혼이 합법이며 상대방이 친척인지 아닌지 알려주는 앱까지 등장했다. 최근에는 아이슬란드에도 이민자가 많아져 이민자가 인구의 6.7%(2017년)를 차지하고 있다. 많은 순서대로는 폴란드인(43.7%)과 리투아니아인(7.4%), 덴마크인(4.2%), 독일인(3.9%), 라트비아인(3.1%) 순이다.

일반적으로 교통사고나 범죄가 거의 없다시피 하다는 이야기가 있지만, 약간 과장된 면도 없지 않다. 범죄율은 2009년 기준 10만 명당 0.3명꼴로서 세계적으로도 가장 낮은 수준으

로 1년에 몇 건 정도 일어나는 수준이지만 교통사고는 생각보다 잦은 편이다. 다만 교통사고 대부분은 아이슬란드 외곽의 거친 도로를 여행하는 여행자들에 의해서 일어난다.

아이슬란드는 북대서양에 있는 섬으로 자유와 평등을 가장 중요한 요소로 여기는 진보적이고 평화적인 국가이다. 아이슬란드는 삶의 질, 남녀평등 및 민주주의에 대한 측정치의 최상위 순위를 계속 유지하고 있으며, 건강관리, 교육 및 인터넷 가용성과 관련하여 세계에서 높은 순위를 얻은 국가 중 하나이다.

종교

아이슬란드의 종교 인구 비율은 다른 유럽국가보다 훨씬 높은데 기독교인 비율이 루터파, 성공회 등 기독교 교파를 합치면 80% 가까이 된다.

아이슬란드는 11세기 중반부터 12세기까지 서서히 기독교화 되었는데, 16세기 전까지만 해도 다른 유럽국가처럼 가톨릭 지역이었다. 그러나 덴마크가 16세기 종교 개혁 이후 루터파 국가가 되자 덴마크의 통치를 받는 아이슬란드에서도 루터파 교회가 공식 국교로 채택되었다. 현재에도 전체 인구 중 국교인 아이슬란드 복음주의 루터교회Hin evangelíska lúterska kirkja의 신자가 71.55%(2016년 기준)이며, 독립 루터교회 계열까지 합치면 76.37%(2016년 기준)에 달한다. 다만 국교인 아이슬란드 루터교회의 신도 수는 조금 과장되었다. 아기들은 태어나자마자 관례에 따라 신도로 등록되지만 등록된 신도의 절반 이상은 교회에 나가본 적도 없다. 국교인 아이슬란드 루터교회에 정기적으로 출석하는 비율은 11% 정도이다.

알싱-세계에서 가장 오래 된 국회

초기의 아이슬란드 사회는 지역적 조직이 있었다. 국왕이나 그에 상응하는 국가수반이 없었으며 분쟁 및 기타 중요한 문제는 지역 협의회에서 논의되고 해결되었다.

930년에 알싱Althing이 창설되어 관습법이 제정되었다. 현지의 수장과 추종자들은 매년 6월에 싱그베들리르에서 만나 이곳에서 법안을 통과하고 법적 소송을 진행하였다.

세계에서 가장 젊은 나라

아이슬란드는 대서양에서 비교적 큰 섬으로 가장 가까운 이웃 나라 그린란드와는 286km 떨어져 있으며, 페로섬은 420km, 스코틀랜드는 795km, 노르웨이는 950km 거리 순으로 떨어져 있다. 아이슬란드는 영국 다음으로 유럽에서 두 번째로 큰 섬이며 세계에서 18번째로 큰 섬이다. 이 섬 자체는 헝가리와 포르투갈, 켄터키와 버지니아와 거의 같은 크기인 103,001㎢에 이른다.

아이슬란드는 동서로 500km, 남북으로 300km에 걸쳐 있다. 해안선은 4,970km이며, 200 해리 마일의 배타적 경제 수역을 유지하고 있다. 10일 정도의 시간이 있다면 아름다운 해안 도로를 따라 섬 주변을 운전하여 일주할 수 있다.

아이슬란드의 지형

국토의 80% 정도가 사람이 살지 않는 지역으로 아이슬란드는 대부분 고원, 산봉우리이며 그 외 비옥한 낮은 지형으로 이루어져 있다. 유럽에서 가장 큰 바트나요쿨을 포함하여 길고 깊은 피오르와 빙하가 분포하고 있으며 폭포, 간헐천, 화산, 검은 모래 해변 및 뜨거운 수증기를 분출하는 용암 지대가 특징이다.

크반나달스흐뉴퀴르

아이슬란드에서 가장 높은 봉우리는 해발 2,119m의 크반나달스흐뉴퀴르Hvannadalshnjúkur 이고, 지표는 빙하(12,000㎢), 용암 지형(11,000㎢), 모래(4,000㎢), 물(3,000㎢), 목초지 (1,000㎢) 등으로 덮여 있으며, 국토의 11% 이상이 빙하로 덮여있다.

약 2천 5백만 년 전에 형성된 아이슬란드는 지구상에서 가장 젊은 육지 중 하나이며 세계에서 가장 활발하게 활동하는 화산이 있는 곳이다. 이 섬은 유라시아 판과 북아메리카 판의 경계인 대서양 중앙 해령Mid-Atlantic Ridge 위에 존재한다. 마지막 대규모 화산폭발은 2010년 에이야피아들라요쿨 화산과 2011년 그림스보튼Grímsvötn화산에서 일어났다. 아이슬란드에는 1963년 화산 폭발로 형성된 세계에서 가장 젊은 해저 화산섬인 수르트세이Surtsey섬이 있다.

화산 VOLCANOES

아이슬란드를 남북으로 가로지르는 깊은 계곡은 대서양 중앙 해령에 의해 만들어진 열곡대이다. 대서양 중앙 해령은 길이 40,000㎞에 달하는 긴 해저산맥으로, 활발한 화산활동에 의해 새로운 지각이 만들어지고 있으며 해령의 동쪽은 유라시아 판, 서쪽은 북아메리카 판에 해당된다. 대서양 중앙 해령이 지나가는 아이슬란드 열곡대는 화산활동에 의해 새로운 지각이 만들어지면서 연간 약 2.5㎝의 속도로 넓어지고 있다.

따라서 아이슬란드는 지구상에서 가장 화산 활동이 활발한 지역 중 하나로 꼽히며, 평균적으로 매 5년마다 화산 활동을 경험한다. 중세 이후, 지구 표면을 덮은 모든 용암의 1/3이 아이슬란드에서 분출했다. 세계 역사상 가장 규모가 큰 용암 분출은 1783년 여름, 바트나요쿨 남서쪽의 라카기가르^{Lakagigar}에서 일어났는데 이 때 쏟아져 나온 용암의 양이 14㎢였다고 한다. 이러한 지질학적 활동은 아이슬란드의 산악 지형, 검은 용암지대, 지열 풀^{Pool}, 간헐천과 같은 특징적인 지형을 만들었다.

아이슬란드 사람들은 화산활동으로 얻은 지열발전, 멋진 화산 지형 등의 장점과 화산 활동으로 인한 피해를 모두 안고 살아가는 법을 배웠다. 아이슬란드는 친환경 재생에너지인 지열 에너지를 활용하여 주택 난방에 필요한 에너지의 90%를 충당하고 있는데, 이는 가장 저렴하고 깨끗한 형태의 에너지 중 하나이다. 온천은 거의 모든 곳에서 발견할 수 있

지열발전소

으며, 화산지대에서 빙하가 녹아 생성된 물은 수력발전에 이용되고 있다. 따라서 아이슬란드는 세계에서 가장 오염이 적은 국가 중 하나가 되었다.

이 모든 지구 내부의 에너지가 지구의 지각 바로 아래에 있기 때문에 삶에 대한 안전은 아이슬란드에서 가장 중요한 문제이다. 모든 지진 활동은 자세히 모니터링되며, 사회적 인프라는 자연재해를 처리하도록 설계되어 심각한 재해는 매우 드물다.

아이슬란드의 문화

북대서양의 한가운데에 위치한 아이슬란드는 10세기에 스칸디나비아와 영국 제도의 이민자들이 정착하여 살기 시작한 곳이다.

아이슬란드의 지리적 위치 때문에 19세기 말까지 유럽과 미국에서 현대 문화의 영향을 거의 받지 못해 고립되었고 이는 극한의 자연 환경과 결합되어 적응력이 강한 아이슬란드인을 만들어 냈다. 가족 관계가 끈끈하고 전통에 대한 자부심과 자연과의 유대감이 강하다. 따라서 아이슬란드 문화는 관습과 전통에 강

하게 뿌리를 두고 있다. 그러나 오늘날의 아이슬란드 사회는 현대적이고 진보적이다. 작은 나라인 아이슬란드는 삶의 수준이 높고 정치적으로 자유롭고 환경에 대한 지속 가능한 발전과 헌신에 적극적으로 기여했다.

아이슬란드 문학LITERATURE

고대에서 중세까지는 스칸디나비아반도 문학의 대부분을 아이슬란드 필사본이 차지할 만큼 문학 활동이 활발하였다. 10세기와 11세기의 존경받는 아이슬란드 시대의 서가에서 시작하여 스토리텔링과 문학에 대한 독특한 전통을 발전시켰다. 이를 바탕으로 아이슬란드는 1955년 노벨상 수상자 할도르 락스네

스Halldór Laxness를 비롯한 많은 재능 있는 작가를 배출했다. 세계에서 처음으로 비영어권 도시인 아이슬란드의 수도인 레이캬비크가 2011년 유네스코 문학창의도시로 지정된 것은 우연이 아니다.

아이슬란드 문화의 초석은 고대 아이슬란드의 사가Icelandic Sagas로 거슬러 올라가는 문학 전통을 낳은 아이슬란드 언어이다. 폭력적인 혈투, 전통, 가족 및 인물에 대한 이야기가 주를 이루는 강한 문학 전통은 여전히 현대 아이슬란드에서 번영하고 있다. 아이슬란드 작가들은 세계 어느 나라보다 많이 책을 출판한다. 또한 번성하는 음악과 급성장하는 영화 산업을 자랑하고 있으며 아이슬란드식 디자인은 시대를 앞서가고 있다.

아이슬란드의 기후와 기온

☁️ 아이슬란드 날씨

아이슬란드는 빛과 어둠의 땅이기도 하다. 햇빛이 거의 24시간 지속되는 긴 여름철과 단 몇 시간의 햇빛으로 낮이 짧은 겨울철이 상존한다.

아이슬란드의 기후는 열대성·북극성 기류, 그리고 멕시코 만류와 동그린란드 극 해류의 영향을 받는다. 동그린란드 극 해류를 따라 때때로 북극 유빙이 밀려오지만, 멕시코 만류가 그 영향을 완화하기 때문에 같은 위도상의 다른 나라보다 훨씬 온난한 기후를 가진다.

내륙 산악지역을 제외한 7월의 평균기온은 11℃ 정도이며 1월 평균기온은 0℃이다. 연평균 강수량은 남동지역의 4,100㎜ 이상부터 중북부지역의 406㎜에 이르기까지 다양하다.

아이슬란드에는 사계절이 있지만, 날씨가 하루 중에도 자주 바뀌어서 이런 말이 있다. "날씨가 맘에 들지 않으면 5분만 기다려라." 날씨가 변화무쌍한 아이슬란드이기에 가능한 말이다. 많은 사람이 아이슬란드는 일 년 내내 엄청 추운 나라로 알고 있지만, 실제는 그렇지 않다. 아이슬란드는 갖고 있는 이름보다 훨씬 온화한 날씨를 가지고 있다. 아이슬란드 서쪽과 남쪽을 흐르는 멕시코 난류가 카리브해에서 따뜻한 해수를 가져오기 때문이다. 하지만 대서양의 따뜻한 기류는 북극의 찬 공기와 만나 기상 변화가 잦은 날씨를 불러오기도 한다. 이러한 이유로 나라 전체적으로 바람이 많이 불고 남쪽은 북쪽보다 비가 많이 오는 기후를 가지고 있다.

🌡️ 아이슬란드의 기온

아이슬란드의 기온은 방문하는 시기에 따라, 얼마나 따뜻하게 입었는가에 따라 다르게 느껴지는데, 생각보다 온화한 기온이라도 체감온도는 낮다.

레이캬비크의 겨울철 평균기온은 약 1~2℃이고 여름철 평균기온은 약 10℃이다. 그러나 실제 겨울철 레이캬비크의 기온은 −10℃까지 떨어지기도 하며 영상 10℃까지 올라가기도 한다. 여름에는 7℃까지 낮아지거나 25℃까지 높아지기도 한다.

아이슬란드의 남쪽에 위치한 수도 레이캬비크는 북쪽과는 아주 다른 날씨를 갖고 있다. 북쪽의 가장 큰 마을인 아쿠레이리의 경우 일반적으로 따뜻한 여름철 기온은 약 11℃이고 추운 겨울에는 약 0℃의 기온으로 눈이 계속 내리기도 한다.

아이슬란드의 서부 피오르에 위치한 이사피오르두르의 경우, 겨울에는 가끔 폭설로 인해 접근할 수 없기도 하다. 서부 피오르와 북부, 동부에 위치한 여러 마을에서 이런 일이 발생한다.

온도만 따지자면 아이슬란드의 겨울은 캐나다나 러시아보다는 따뜻하고 심지어 뉴욕이나 발트해 연안 국가들보다도 따뜻하며 우리나라의 겨울철 평균 온도보다도 높다. 여름에는 가끔 따뜻한 날이 있지만 더운 날은 없으며 우리나라의 가을철 정도의 기온을 보인다. 최고 기온으로 기록된 온도는 동부 지방에서 1939년 측정되었던 30.5℃이다. 일 년 내내 온화하고 뉴욕처럼 여름과 겨울의 급격한 온도 차이는 없다.

🎗 기온과 복장

여름철 날씨 및 복장

성수기이자 한여름인 7~8월에도 따뜻한 날의 낮 기온이 15℃를 넘지 못한다. 아침 기온은 영상 3~7℃ 내외이며, 낮 기온은 영상 7~14℃ 정도이다. 하지만 바람이 부는 경우가 많으므로 바람에 의해 체감 온도가 떨어지는 것을 고려해야 한다. 북쪽은 'sunny north' 라는 별명이 있을 정도로 날씨가 좋은 편이나 남서쪽은 날씨가 자주 흐리고 비가 오는 편이다. 따라서 여름철 아이슬란드 일주를 계획한다면 옷을 초가을에서 겨울까지 넉넉하게 준비하는 것이 좋고 아울러 모자나 장갑도 준비하는 것이 좋다. 경험한 바에 의하면 해가 비쳐서 따뜻하다가도 바람이 불면 추워진다.

추천 상의 가벼운 내의, 긴 팔, 울 제품의 스웨터, 카디건, 바람막이 점퍼, 겨울용 후드티, 패딩(바람이 강해서 생각보다 추움), 우비

추천 하의 가벼운 내의, 긴 바지. 내륙으로 여행 시에는 더욱 철저한 여행준비가 필요하다. (내의와 여벌의 양말, 방수 신발 등)

겨울철 날씨 및 복장

아이슬란드 날씨는 일변화가 심하여 한마디로 말하기 어려우며 그날그날에 따라 다르다고 보는 것이 더 맞다. 12월과 1월은 같은 겨울이지만 기온의 차이가 조금 나서 1월이 다소 따뜻한 편이다. 12월은 영하 7℃~영상 2℃ 내외, 1월은 영하 4℃~영상 5℃ 내외이다.

겨울철 평균기온은 0℃이지만 바람이 불고 눈이 오면 상상하기 힘들 정도로 추워지기도

한다. 또한, 추운 날과 따뜻한 날에 따라 기온 차가 꽤 심한 편이며 체감온도는 영하 20℃까지 떨어지기도 한다. 그러나 대체로 한국의 한겨울 추위와 비교하면 따뜻한 편이다.

추천 상의　내의, 기모 긴 팔, 경량 패딩, 두꺼운 패딩, 우비, 장갑 및 모자

추천 하의　내의, 긴 바지

기타 필요 물품

- 수영복(필수)과 수건
- 선글라스, 선크림(여름엔 필수)
- 안대(밝을 때 잠을 잘 못 자는 사람들은 필수)
- 전기 플러그 : 유럽 표준(220V)
- 험한 지형을 위한 등산화와 잦은 비와 폭포 관람을 위한 우비

아이슬란드에서의 운전 정보

OECD 국가 중 가장 교통이 안전한 나라는 어디일까? 만 명당 0.5명으로 인구 1명당 교통사고 발생률 세계 최저가 아이슬란드이다. 이마저도 관광객들의 운전 사고가 70% 이상을 차지한다. 참고로 우리나라의 사고 발생률은 만 명당 3.2명으로 세계 3위이다. 따라서 한국식의 '빨리빨리' 운전을 버리면 더욱더 안전한 여행이 될 수 있다.

아이슬란드 사람들은 양보가 습관화되어 있어 어느 차선에서든 방향지시등이 들어와 있는 차가 보이면 우선 자신의 차 속도부터 줄인다. 아이슬란드에서는 다소 거칠고 양보 없는 운전은 자제하고, 여유를 가지고 양보해 가며 운전하는 것이 좋다.

기본 정보

① 통행 방향과 운전석 : 통행 방향은 우리나라와 같아서 우측통행이고, 운전석은 좌측에 있다.

② 제한 속도 : 일반적으로 도시 내에서는 50㎞/h, 포장도로는 90㎞/h, 비포장도로는 80㎞/h이다. 하지만 이는 규정 속도일 뿐이므로 도로 사정에 따라 알아서 속도를 더 줄여야 한다. 특히 비포장도로에서나, 눈이 오거나 비가 오는 변화무쌍한 날씨의 아이슬란드에서는 더욱 안전운전에 유의하여야 한다.

③ 전조등은 밤뿐 아니라 낮에도 종일 켜야 하는데, 이것은 유럽 다른 나라도 마찬가지이다. 차종에 따라 시동을 켜면 자동으로 켜지게 되어 있다. 따라서 차에 타면 시동을 켜고 습관적으로 제일 먼저 전조등이 켜져 있는지 확인한다.

④ 안전벨트 : 당연히 안전벨트는 매야 하며, 신호위반과 과속과 음주운전은 법적으로 금지되어 있다.

⑤ 좌회전은 보통 비보호이며 신호등이 있는 곳에서만 신호를 지킨다.

⑥ 라운드어바웃Roundabout은 우리나라에서 흔히 보기 어려운 운행방법이라 만나게 되면 처음에는 당황할 수 있다. 운전 방법은 다음과 같다.

- 기본은 원을 돌고 있는 회전 차량이 우선이다.
- 라운드어바웃 입구에 가면 일시 멈춘다.

- 왼쪽을 보고 원을 도는 차가 있으면 계속 기다렸다가 차가 없으면 왼쪽 지시등을 켜고 진입한다.
- 내가 나갈 출구 가까이 가면 오른쪽 지시등을 켜고 진출한다. 요즘은 신호등이 있는 라운드어바웃도 있으니 신호를 보고 진입하면 된다.

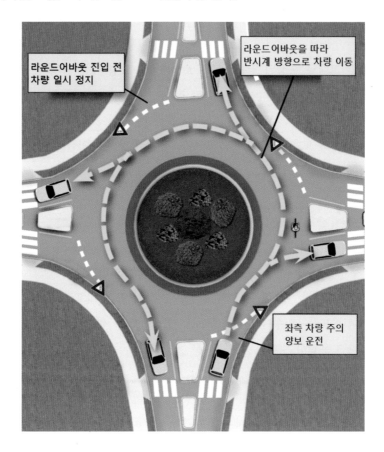

⑦ 양보하기 : 좁은 길을 만나면 양보하기는 기본이다. 반대 차로에서 양보해준다고 끝없이 꼬리물기를 해서는 안 된다. 사실 끝없이 꼬리물기할 만큼의 차도 없지만 서너 대만 넘어도 이쪽에서 멈추고 반대 차로에 기다리는 차량이 지나가게 하는 것이 이곳의 매너이다. 물론 지나면서 살짝 손인사하는 것도 예절이다.

⑧ 터널 : 아이슬란드의 동쪽이나 북쪽에서 운전할 때에는 지형상 산악지대가 많아 터널을 만날 수 있다. 이 터널은 심지어 일 차선이기도 한데, 이런 경우 곳곳에 차량을 피할 수 있는 공간이 있어 기다리거나 양보하며 천천히 가면 된다. 또한, 레이캬비크와 아

크라네스 사이에도 터널이 하나 있는데 이곳은 수중 터널이자 유료터널이다. (통행료는 약 10,000원 정도)

⚠ 도로의 종류와 도로기호
도로의 종류

① 포장도로Paved Road

포장도로는 말 그대로 포장된 일반적인 도로이다. 큰 도심 내 시가지의 포장도로를 운전할 때는 위험성 없이 운전할 수 있다. 흔히 링 로드Ring Road라고 불리는 1번 도로나 두 자릿수 도로들이 대부분 포장도로이다. 그러나 도로가 자연에 그대로 노출되어 있기 때문에 노면에 자갈이나 모래들이 흔히 있을 수도 있어 이것들로 인한 사고의 위험성 때문에 렌트카 회사에선 자갈보험을 요구하기도 한다.

② 비포장도로/자갈 도로Gravel Road

아이슬란드에는 포장이 되어 있지 않은 도로들이 많다. 어느 정도의 길은 닦여있지만, 포장이 되지 않은 도로이다. 이 도로에서는 속도를 줄이면(속도는 40~50km/h 정도가 적당) 어렵지 않게 운전할 수 있다. 그러나 일부 자갈이 많은 비포장도로를 운전하는 데는 어려움이 있어 속도를 낼 수 없다. 이 도로는 일반적으로 세 자리 번호로 이루어진 도로들로 서행한다면 운전하는 데 무리가 없다.

■ **말비크 엔다르**Malbik Endar **(End Of Tarred Road)**
이 도로기호는 포장도로에서 비포장도로로 바뀔 때 보이는 표지판인데 미리 속력을 줄이고, 비포장도로 운전에 대비해야 한다.

③ 보조도로Back Road Maintained By Government

자갈 도로와 비포장도로 중간 개념의 길 정도로 승용차는 운행이 어렵다. 사실상 사륜구동 차량만을 위해 만들어진 길이라고 할 수 있다.

④ 산악도로Mountain Road

대부분 아이슬란드 내륙지방에 있는 도로로 사륜구동 차량만이 진입이 허용된다. 비포장도로와 비슷한 개념이지만 도로번호 앞에 알파벳 'F'가 붙어 있다.

⑤ 비포장도로Off-Road

말 그대로 도로가 아닌 일반 산악 지형으로 승용차는 진입이 허용되지 않는다. 주로 내륙 산악지대에 있는 이 도로는 보통의 사륜구동 차량도 진입을 통제하기도 한다.

날씨에 따른 도로의 통제

① 승용차

포장도로 중에도 비가 많이 오거나 빙하가 많이 녹으면 잠기는 도로가 있다. 문제는 겨울인데, 바람이 많이 불거나 눈이 내리게 되면 승용차는 포장도로가 아닌 대부분 도로에서 통제된다. 눈이 내리는 겨울에는 도심지 내의 도로와 1번 도로를 제외한 나머지 도로는 포기하는 것이 좋다.

② 사륜구동 차량

사륜구동 차량은 눈이 많이 내려도 일부 산악 도로를 제외하고는 대부분 이동할 수 있다. 이 경우도 눈이 쌓인 정도를 확인하고 움직여야 한다.

	■ **이들파이르 베구르**Illfær Vegur (Difficult Road) 4륜구동 차량 외 진입금지
	■ **오브루아다르 아이르**Óbrúaðar Ár (Unbridged River) 얕은 개울은 일반적인 사륜구동 차량이라면 지나갈 수 있다. 그렇지만 이 길은 사륜구동 차량 중에서도 차체가 높은 차량만이 가능하고, 승용차는 지나갈 수 없다.

도로의 상태

① 좌우 경사

중앙선을 기준으로 좌우 차선의 바깥쪽으로 갈수록 경사가 낮아진다. 그래서 운전을 하다 보면 차가 바깥쪽으로 기울어 있다는 느낌이 들 수도 있다. 반대편 차량이 없는 경우 살짝 중앙선을 넘어서 달리면 좀 더 편안한 느낌이 들 수 있으나 반대편 차량을 주의 깊게 살펴야 한다.

- **슬리사스바이디**slysasvæði(Accident Site)

차선 간격이 좁다는 의미의 기호이다. 반대쪽에 차량이 온다고 도로 바깥쪽으로 붙으려다가 차가 차선 바깥으로 나갈 수도 있으니 조심해야 한다.

② 사각지대

아이슬란드의 땅 자체가 평평하지 않아 도로 자체에도 경사가 많고, 커브나 언덕도 많아 사각지대가 많다. 언덕이나 커브 길 때문에 도로 상황을 볼 수 없다면 속도를 줄여야 한다. 만약 어두울 때 이런 사각지대를 만나게 되면 꼭 전조등을 깜빡여서 자신의 존재를 알려주는 것도 안전한 운전방법이다.

- **블린드하이드**Blindhæð(Blind Rise)

언덕을 기준으로 도로가 기울어져 건너편 차량이 보이지 않는 경우를 말한다.

③ 일차선 다리

- **에인브레이드 브루**Einbreið Brù(Single-Width Bridge)

이 다리들의 대부분이 차 한 대만이 지나갈 수 있다는 것이다. 양방향 차량 중 한대가 양보해서 번갈아 지나가야 한다. 물론 아이슬란드 사람들은 양보를 잘한다.

■ **에인브레이트 스리트라우그**Einbreitt Slitlag **(Single-Width Surface)**

1차선 폭을 가진 도로로 두 대가 교행 시 바깥쪽은 도로 밖에 위치하게 되므로 천천히 주행한다.

④ 자갈 기호

아이슬란드 도로에서 가장 크게 불편함을 겪는 부분이 바로 자갈이다. 자갈이나 모래는 차량과 노면 사이의 마찰을 줄여 차량이 쉽게 미끄러지게 한다. 특히, 자갈이 많은 비포장도로를 지날 때는 절대적으로 조심해야 한다. 반대 차선에 차량이 없는 경우 도로 중앙으로 주행하는 것도 요령이다.

■ **니뢰그드 클라이딩**Nýlögð Klæðing **(Newly-Laid Road Surface)**

반대편 차량에 의해 자갈이 튀는 것 주의!

⑤ 과속 방지턱

■ **언이븐 로드**Uneven Road **(울퉁불퉁한 도로)**

인공적인 과속 방지턱이 아닌 아이슬란드의 지형상 자연스럽게 생거난 것으로, 과속방지턱 표지판을 보면 서행하는 것이 좋다.

🚘 **주유소 정보**

① 아이슬란드는 한국처럼 주유소가 많지 않으니, 주유소의 위치는 운전 전에 잘 점검하고 기름이 떨어지기 전에 주유해야 한다.

② 아이슬란드는 95Oktan, 96Oktan, 98Oktan, Disel 등의 연료를 사용한다. 대부분

승용차는 우리가 사용하는 휘발유인 95Oktan를 사용하면 된다.

③ 아이슬란드의 주유소는 거의 모두 셀프로 운영된다. 금액 지급 방법은 주유소에 따라선 계산 후 주유하거나 선 주유 후 계산하는 두 방식이 있다. 거의 모든 곳에서 카드 계산이니 카드를 준비하고 카드 비밀번호를 꼭 확인한다. 선 주유 후 계산은 그냥 주유하면 되는데, 이때는 마지막 단위를 잘 맞추는 것이 좋다. 주유가 끝나면 가게로 들어가서 주유 탱크 번호를 말하고 계산하면 된다.

④ 겨울엔 주유소 이용도 원활하지 못하다. 얼어있는 길로 인해 주유소 오르막을 오르지 못하거나 주유 펌프가 어는 경우도 있으니 기회 있을 때마다 여유 있게 미리미리 주유하는 것이 좋다.

🚧 기타 운전 중 주의 사항

① 과속단속 : 차량이 많지 않아 과속하기 매우 쉽다. 특히 모든 터널 안에도 과속 카메라가 설치되어 있으며 단속되면 범칙금이 약 40만 원 정도이다. 마을이 시작되는 표지판이 나오면 속도를 줄인다. 제한 속도가 90㎞/h에서 50㎞/h로 줄어든다.

② 횡단보도 : 아이슬란드에서는 차량과 사람이 사고가 나면 무조건 100% 차량의 잘못이다. 횡단보도가 있거나 사람이 건너가려는 경우 무조건 속도를 낮추어 안전 운행을 하도록 한다.

③ 동물 : 동물은 대부분 양이나 말인데 치게 되면 차량이 손상을 입을 수 있으니 주의한다.

④ 이정표 : 표지판이나 이정표가 한번 나오면 지나치지 말고 꼭 확인하고 기억한다. 도로에는 우리나라처럼 이정표가 많지 않으니 주의한다.

1	
Egilsstaðir	701
Isafjorður	533
Akureyri	426
Borgarnes	107

네모 속에 1이 있는 것은 현재 1번 국도 상에 있다는 의미이며, 아래는 아쿠레이리까지의 거리는 426㎞가 남았다는 의미이다.

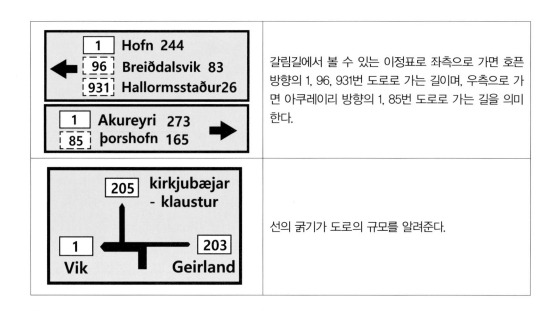

1 Hofn 244 **96** Breiðdalsvik 83 **931** Hallormsstaður26 ← **1** Akureyri 273 → **85** þorshofn 165	갈림길에서 볼 수 있는 이정표로 좌측으로 가면 호픈 방향의 1, 96, 931번 도로로 가는 길이며, 우측으로 가면 아쿠레이리 방향의 1, 85번 도로로 가는 길을 의미한다.
205 kirkjubæjar - klaustur ↑ **1** ←　← **203** Vik　Geirland	선의 굵기가 도로의 규모를 알려준다.

🚚 자동차 렌트 요령

① 피오르 지형을 포함한 링로드 일주를 한다면 반드시 사륜구동 차량을 선택한다.

② F로드나 비포장도로를 타야 하는 내륙 여행을 계획했다면 반드시 사륜구동 차량을 선택해야 한다.

③ 여름이나 겨울에 레이캬비크에서 요쿨사우를론까지 여행을 계획했다면 이륜 소형차를 선택해도 된다. 단, 겨울에는 이륜차량일 경우 징 타이어가 필수이다.

④ 차를 받으면 꼼꼼하게 확인해야 한다. 밤인 경우에도 라이트를 이용해서 확인하고 사진 찍어서 렌터카 서류에 꼭 표기를 해두어야 한다. 출발 전, 유리에 돌멩이에 의한 스크래치가 있나 사전 확인이 필요하다. 확인하지 않았을 경우 업체에 따라서는 나중에 6만 ISK를 수리비로 청구히기도 한다.

⑤ 타이어가 새것인지, 홈이 충분히 남아있는지 확인한다. 사후에 타이어만 별도로 수리비를 청구하기도 한다.

⑥ 보험의 경우 될 수 있는 대로 전체를 보장하는 풀 보험에 가입해야 안심하고 운전할 수 있다. 아이슬란드는 우리나라보다 예상치 못한 사고와 자연재해가 많이 일어나는 곳이다. 어떤 보험에 가입하든 worldwideinsurance에서 면책보험은 꼭 따로 드는 것이 좋다.

아이슬란드에서 인상 깊은 주상절리 명소

아이슬란드는 진정으로 지질학적으로 놀라운 장소이다. 지질학자들에게 이 섬은 지구상의 어떤 장소보다 더 다양한 연구 장소를 제공하는 중요한 원천인 곳이다. 현무암 주상절리는 지질학의 경이로움 중 하나로 가장 인기 있는 관광 명소로 자리매김하고 있다. 현무암질 용암에서 기원된 이 아름다운 구조가 세계 여러 곳에서 발견되지만, 그 중 아이슬란드는 아름다운 현무암 주상절리를 발견할 수 있는 최고의 장소일 것이다. 현무암 주상절리는 예술가와 디자이너에게 영감을 불어 넣어 때때로 레이캬비크의 유명한 하들그림스키르캬 교회와 같이 신성한 수준까지 이르게 한다.

현무암 주상절리 TOP 10

아이슬란드의 많은 현무암 주상절리 중에서 최고의 10개를 선택할 때, 다음과 같은 2가지 주요 전제를 가지고 선정하였다. 첫째는 직접 방문하여 보았을 때 심미적인 감동이 커야 하고, 둘째는 주상절리까지 접근하기가 쉬운 장소이어야 한다. 이 기준에 의해 선정한 10개 장소 중 4~5개는 이미 아이슬란드에서 가장 많이 찾는 관광 명소이다. 나머지 장소도 자연의 경이로움에 놀라기에 충분한 곳이다.

① 요쿨달루르의 스투드라길 협곡_{Stuðlagil canyon in Jökuldalur}

아이슬란드 북동부 요쿨달루르 계곡에서 새롭게 발견된 스투드라길_{Stuðlagil}은 아마 아이슬란드에서 가장 아름다운 현무암 기둥 중 하나일 것이다.

청록색의 푸른 강 주변의 대성당과 같은 높은 일자로 형성된 절벽은 숨이 막힐 정도이다. 협곡 아래로 내려간다면, 다른 세계 또는 다른 차원에 들어간 느낌이 들게 된다. 현무암 주상절리의 여러 형태는 사진작가와 더불어 모든 이들에게 장엄하고 독특한 즐거움을 줄 것이다.

② 레이니스피아라_{Reynisfjara}

아이슬란드를 방문하는 관광객들이 가장 좋아하는 이 지역은 불과 수년 전까지만 해도 매력적인 장소가 아니었다.

여름철 레이니스피아라를 방문하는 여행객은 거의 아이슬란드인뿐이었다. 그러나 지금은 입소문을 타고 레이니스피아라가 아이슬란드의 주요 관광 명소 중 하나가 되었다. 그중에서도 레이니스피아라의 가장 흥미로운 부분 중 하나는 레이니스드랑가르_{Reynisdrangar}이다. 레이니스드랑가르는 검은 해변 옆의 현무암 주상절리에서 멀지 않은 곳에 위치한 시스택_{sea stack}*이다. 레이니스피아라에서는 현무암 주상절리에 올라가 사진을 찍는 사람들로 항상 붐비고 있다.

※ **시스택**_{sea stack} 해안 지층이 파도에 의해 분리되어 남은 일부이다. 외돌개, 촛대바위, 등대바위 등으로 불리는 것은 대부분 시스택에 해당한다.

③ 게르두베르그^{Gerðuberg Cliffs}

스나이페들스네스반도 초입부 페닌술라^{Peninsula}의 게르두베르그는 높이가 12~14m이고 지름이 약 1.5m인 수천 개의 현무암 기둥이 거의 믿을 수 없을 정도로 규칙적인 절벽이다.

이곳은 놀라운 자연 지질 구조의 형성을 볼 수 있는 완벽한 장소이다. 도로에서 보면 풍경의 다른 절벽처럼 보이지만 접근하여 보면 자연의 경이로운 아름다움이 펼쳐진다.

절벽 위에 올라 남쪽을 바라보면 엘드보르그^{Eldborg}와 스나이페들스요쿨까지 멋진 사진을 찍고 여유로운 시간을 보낼 수 있는 완벽한 장소이기도 하다.

④ 흘리오다클레타르^{Hljóðaklettar}

흘리오다클레타르는 아이슬란드에서도 독특한 주상절리를 가진 암석 군집 지역이다. 특이하게 만들어진 현무암 주상절리는 메아리처럼 소리가 부딪쳐 반사하여 들리는 반향음과 잔향을 만드는 곳이다.

기둥은 360도 회전 각도로 놓여 있어서 전달되는 소리를 선명하게 들려준다. 이 주변에는 또한 주상절리 동굴과 마치 성 같은 주상절리 절벽 사이의 미로를 발견하게 된다. 원기둥형 현무암 주상절리가 방사상으로 배열된 현무암 장미^{basalt rosettes}도 만날 수 있다. 용암 장미는 기둥을 형성하는 용암 기류가 모든 방향에서 동시에 냉각될 때 생성되는데 그 모습은 매우 인상적이다.

⑤ 카울프스하마르스비크 Kálfshamarsvik

카울프스하마르스비크는 아이슬란드의 북쪽 지역 스카기 Skagi 반도의 북서쪽 해안에 있는 작은 만이다. 이곳은 레이니스피아라와 마찬가지로 해변 옆에 형성된 또 하나의 커다란 현무암 주상절리지만 그 형태는 매우 다르다.

수직의 주상절리가 아닌 바다를 향해 달리듯이 누워 펼쳐진 주상절리의 모습이 새롭고 흥미로운 명소를 만들었다. 많은 현무암 주상절리를 포함한 특이한 암석들이 카울프스하마르스비크를 아이슬란드에서 가장 흥미로운 볼거리 중 하나로 만든 것이다. 해안에서 보는 흥미로운 전경과 다양한 각도로 펼쳐진 주상절리가 만든 모습은 사진작가들에게 특별한 관심의 대상이 된 곳이다.

⑥ 알데이야르포스 Aldeyjarfoss

알데이야르 폭포는 북부 바르다르달루르 Bardardalur 계곡의 위쪽에 위치한다.

스바르티포스와는 달리 알데이야르포스는 거대한 바트나요쿨 빙하가 녹아 흐르는 스칼판다플료트강 Skjálfandafljót R 에 의해 물이 공급되어 폭포가 거침이 없다. 강물은 현무암 주상절리의 주요 작품인 절벽에서 강하게 떨어진다. 마치 울타리처럼 길게 드리워진 주상절리와 그 위를 덮고 있는 괴상한 현무암 덩어리들이 묘한 조화를 이룬다.

아이슬란드에서 가장 아름다운 폭포 중 하나이지만 접근하기 어려운 면이 있다.

⑦ 드베르그함라르 Dverghamrar

가파른 절벽인 드베르그함라르는 아이슬란드 남부 지역 1번 링로드 옆에 위치한 멋진 보석 중 하나이다. 만약 1번 링로드를 따라 자신이 직접 차를 운전하는 여행인 경우라면 아주 쉽게 현무암 주상절리를 볼 수 있는 완벽한 장소이다.

멋진 풍경으로 둘러싸여 있어 피크닉과 휴식을 위해 멈추기에 좋은 장소이기도 하다.

단지 몇 분이면 걸어서 전체를 한 바퀴 돌면서 감상할 수 있는 곳으로 힘들이지 않고도 만족감을 얻을 수 있는 최고의 장소이다.

⑧ 스바르티포스 Svartifoss

스카프타페들 국립공원 내에 있는 스바르티 폭포는 주차장에서 1시간 내외의 시간으로 갈 수 있는 곳이다.

현무암 주상절리 절벽, 힘차게 물줄기가 내리는 폭포, 이 두 개의 장엄한 자연이 하나가 되면서 가장 확실한 놀라움을 주는 절경이 되었다. 스바르티포스는 아이슬란드에서는 수량이 작은 폭포일 뿐이

지만, 넓게 펼쳐진 현무암 주상절리를 배경으로 물이 떨어지는 모습을 보고 있노라면 엄청난 기쁨이 가슴을 가득 채우게 된다.

떨어지는 폭포수가 적을지라도 현무암 주상절리 절벽은 주상절리만으로도 아름답고 가치가 있는 곳이다.

⑨ 아르나르스타피 Arnarstapi

스나이페들스네스반도의 작은 마을인 아르나르스타피에서 헤들나르까지 많은 사람들이 하이킹 코스를 걷는 데는 여러 가지 이유가 있다. 그 이유 중 하나는 해변에서 많은 현무암 기둥을 볼 수 있기 때문이다.

이 트레일은 걷기에 어렵지 않은데다가 많은 볼거리가 있다. 볼거리의 대부분은 절벽에 군락을 이루고 살고 있는 새들이다. 또한, 모든 사람들에게 매우 흥미롭고 감흥을 주는 매력이 바로 현무암 주상절리 절벽이다.

⑩ 스투드라포스 Stuðlafoss

요쿨달루르 Jökuldalur 골짜기에 새로 발견된 스투드라길 Stuðlagil 협곡은 스투드라포스와 현무암 절벽 때문에 주목을 받았다. 스택은 반대로 생성되었지만, 스바르티포스와 비슷한 면이 있다. 작은 폭포와 현무암 기둥이 형성되어 조합된 작은 절벽이기도 하다.

Science Plus

아이슬란드의 화산

아이슬란드에는 얼마나 많은 화산들이 있을까? 가장 큰 폭발은 언제 있었고, 이 폭발로 인한 재산, 인명 피해는 어떠할까?

아이슬란드는 대서양 중앙 해령 위에 위치해 있기 때문에 약 130여 개의 많은 활화산과 휴화산들이 있다. 이 나라는 두 개의 지각판 사이에 있어 무려 30개의 활화산이 활동하고 있다.

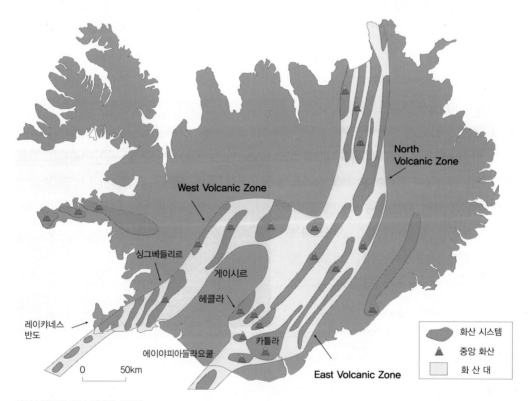

아이슬란드의 화산 지대와 시스템.
화산 폭발 가능성이 있는 지역(밝은 황색) : 이들 지역은 서부 화산대, 동부 화산대, 북부 화산대로 나눌 수 있다. 스나이페들스 화산 지대는 웨스트 아이슬란드의 중앙 반도를 형성하고 있다.
화산 지역의 주요 활동 지역(적색) : 이들은 대부분 화산 분출, 용암 순상지, 다양한 형태의 단일크레이터와 같은 단일 분출로 형성된 화산 지역이나 분출 지역이다.

2010년 3월 20일과 4월 14일 두 차례에 걸쳐 폭발하여 유럽에 항공 대란을 일으켰던 에이야피아들라요쿨Eyjafjallajökull 화산의 이름은 들어보았을 것이다. 화산폭발지수(VEI) 4를 기록한 4월의 폭발은 0.11㎦의 다량의 화산재를 분출한 엄청난 재난이었지만, 과거에 있었던 아이슬란드의 대규모 화산 폭발과 비교하면 빙산의 일각에 불과하다.

아이슬란드 남부의 에이야피아들라요쿨 화산 옆에 위치한 카틀라Katla 화산은 아이슬란드에서 가장 위험한 화산 중 하나이다. 가장 최근에 일어난 카틀라화산 폭발은 2014년 8월에서 2015년 3월까지 바트나요쿨 빙하 북쪽의 내륙지방인 바르다르분가Bardarbunga 홀루흐뢰인Holuhraun에서 일어났다. 그러나 아직까지 아이슬란드에서 직접적으로 용암에 의해 화산 피해를 입어 사망한 사람은 없다는 것이 신기하다. 그러면 아이슬란드의 치명적인 화산들을 만나보자.

▷ 에이야피아들라요쿨

2010년 3월 20일, 에이야피아들라요쿨 화산이 180년 동안 휴면 상태에서 깨어 일어나 아이슬란드 남서부 무인 지역에 용암을 분출하기 시작했다. 이때 빙하가 녹아 발생한 화산재 홍수로 800명이 대피해야 했다. 두 번째 화산 분출로 발생한 거대한 화산재가 대서양 상공 11㎞까지 올라간 뒤, 바람을 타고  유럽 상공 전역을 뒤덮었으며 유럽의 많은 지역에서 영공이 폐쇄되었다. 북서 유럽의 항공기 운항에 지장을 주어 4월 15일부터 4월 21일까지 6일간 수천 명의 여행객들의 발이 묶였다.

그해 5월에 다시 화산 폭발이 발생하여 두 달 가까이 항공기 10만여 편의 운항이 차질을 빚었고 승객 800만 명의 발이 묶이는 등 유럽 전역에 극심한 항공 대란이 일어났다.

화산 활동에 의해 매일 몇 번의 지진이 계속되었고 화산 학자들은 화산을 가까이서 관찰할 수 있었다. 2010년 8월 이후 에이야피아들라요쿨 화산은 다시 휴면 상태로 들어갔다.

에이야피아들라요쿨 화산은 성층 화산으로 굳은 용암, 테프라tephra*, 부석과 화산재의 많은 층에 의해 만들어지는 원뿔형 화산이다. 에이야피아들라요쿨 화산이 위험한 것은 정상에 있는 빙하 때문에 용암과 얼음이 만나 폭발적이며 많은 화산재를 발생시키기 때문이다.

에이야피아들라요쿨 화산의 하부에 있는 큰 마그마 체임버chamber(저장소)가 용암을 제공하는데, 이 마그마 체임버는 대서양 중앙 해령에서 마그마를 공급받는다. 에이야피아들라요쿨 화산은 헤클라Hekla, 카틀라 및 그림스보튼Grimsvotn과 같은 화산을 포함하여 아이슬란드 전역에 걸친 화산 체인의 일부로, 인근에 있는 카틀라 화산은 에이야피아들라요쿨 화산과 밀접한 관련이 있다.

에이야피아들라요쿨 화산의 분출은 훨씬 크고 강력한 화산인 카틀라 화산의 분출로 이어졌다.

▶ 그림스보튼Grimsvötn 화산

그림스보튼 화산은 현무암 화산으로 아이슬란드에 존재하는 30개의 활화산 중에서 가장 높은 화산 폭발 빈도를 가지고 있으며, 남서-북동 방향으로 화산이 배열된 균열계가 있다.

1783년에서 1784년 사이에 일어나 기후에 거대한 영향을 미친 라키Laki 화산은 그림스보튼 화산과 같은 균열 시스템의 일부였다. 그림스보튼 화산은 1783년 라키 화산과 동시에 분출했지만 1785년까지 쉬지 않고 계속 분출했다. 화산의 대부분은 바트나요쿨 빙하 밑에 있기 때문에 용암 분출은 순식간에 얼음을 녹이며 물과 접하여 빠르고 거대하게 폭발하며 엄청난 화산재 구름을 뿜어내었다.

2011년 5월 21일 여러 번의 지진을 동반한 분출이 시작되어 20㎞ 높이의 화산재 구름을 치솟게 하였다. 그 결과 아이슬란드와 영국, 그린란드, 독일, 아일랜드 및 노르웨이에서 900여 회 비행이 취소되었다.

---

* **테프라**tephra 분화 시에 방출되어 공중을 날아 퇴적한 화산재로 테프라 쇄설물들이 퇴적된 층을 분석해 보면 테프라를 분출·생성시킨 화산체를 알게 되고, 따라서 화산의 분출과 폭발 시기를 분석할 수 있는 기준이 된다.

▶ 스카프타우르렐다르Skaftáreldar (스카프타의 불)

아이슬란드 역사상 가장 치명적인 분화는 스카프타우르렐다르Skaftáreldar(스카프타의 불)에서 1783~1784년 발생하였다. 1783년 초 바트나요쿨의 그림스보튼 화산체의 일부에서 일어나 바트나요쿨 빙하의 북쪽을 녹였다. 6월 8일 라카기가르Lakagigar(라키의 분화구)라

는 한 무리의 분화구에서 화산 분출이 시작되었다. 때마침 내리는 비로 용암과 화산분출물은 계곡을 타고 흐르는 강한 화산이류를 만들었다.

이 라카기가르 분화로 인해 약 9,350명 정도가 사망했는데, 원인은 용암과의 직접적인 접촉으로 인해서가 아니라 기후 변화와 화산재의 독성 성분으로 인한 가축들의 폐사 등의 간접적 요인들이었다. 이로 인해 아이슬란드 가축의 50%가 죽었고, 나라 전체가 기근에 휩싸였다.

화산 폭발의 후폭풍으로 북반구 전체에 이산화황이 뿜어져 나와 기온이 떨어져 전 세계에 영향을 주었으며, 이로 인해 유럽 지역은 작물들이 잘 자라지 못했고 인도에서는 가뭄이 발생했다. 이 화산 폭발로 인해 전 세계적으로 약 6백만 명의 사람들이 사망한 것으로 추정되는데, 이는 아이슬란드 화산폭발 중 가장 무서운 것이었다.

1783년의 라카기가르 분화는 단일 분화 사상 가장 많은 용암을 분출했을 뿐만 아니라 가장 치명적이었던 분화였다. 그렇지만 현재 라카기가르 주변 지역은 숨이 멎을 정도로 아름다운 경관을 자랑한다. 이 화산은 라카기가르에서 스카프타페들로 가는 트레킹 투어를 한다면 만나볼 수 있다.

▶ 헤클라 화산Hekla volcano

레이캬비크에서 차로 2시간 거리인 아이슬란드 남서쪽에 위치한 헤클라 화산은 아이슬란드에서 가장 유명한 활화산 중 하나로, 중세 시대에는 이 화산을 '지옥으로 통하는 관문'으로 불렀다.

헤클라 화산의 분화는 다른 화산과 마찬가지로 변화가 심하고 예측이 어렵다. 분출이 며

칠 동안 지속되는 경우도 있었고, 수년간 지속되는 경우도 있었다. 일반적으로 다른 화산과 마찬가지로 헤클라 화산도 오랫동안 분출이 없을수록 더 큰 규모의 화산 폭발이 일어났다. 874년 아이슬란드에 처음으로 정착민이 거주한 이래 헤클라 화산은 9년에서 121년 간격으로 20번 이상 분화했다.

가장 큰 규모는 1104년에 일어난 폭발로 아무런 징조도 없이 갑자기 분출하여 엄청난 양의 용암과 분출물들을 내뿜었다. 1300년에서 1301년에 걸쳐 일어난 폭발에서는 스카가피오르두르Skagafjörður와 플료트Fljót 지역이 심각한 피해를 입었고, 그 해 겨울 500명이 넘는 사람들이 목숨을 잃었다. 그 후 40년 뒤 다시 일어난 폭발에서는 수많은 소들이 죽음을 당했다.

1693년 헤클라 화산에서 가장 파괴력이 큰 폭발이 일어났다. 화산 분출물들이 화산재 폭풍과 쓰나미를 일으켜 수많은 농장들이 파괴되고 야생동물들도 많이 사라졌다. 이후, 헤클라 화산은 약 60년 이상 휴화산 상태로 있다가 1845년 갑자기 엄청난 기세로 폭발했다. 국토 전체에 독성 화산재를 흩뿌렸고, 수많은 가축들이 죽었다. 가장 최근의 폭발은 2000년 2월 26일에 있었지만, 다행히 피해는 크지 않았다.

헤클라 화산은 란드만날뢰이가르Landmannalaugar 트레킹을 한다면 만날 수 있다.

▶ 카틀라 화산Katla volcano

카틀라 화산은 아이슬란드에서 위험한 화산들 중 하나로 손꼽는다. 아이슬란드 남쪽 미르달스요쿨Mýrdalsjökull 빙하 안에 있는 이 화산은 분출 시 용암이 빙하를 녹여 무서운 화산재 홍수를 불러와 많은 집들과 농장들이 파괴되었다.

카틀라 화산은 930년에서 1918년 사이에 13~95년 정도의 틈을 두고 약 20번 가량 분화했다. 최근에 있었던 큰 폭발은 1918년에 있었지만, 화산학자들은 곧 큰 폭발이 한 번 더 올 것이라 말하는데, 폭발이 일어난다면 분명 큰 재난이 될 것이다.

대부분의 화산 폭발들은 빙하 홍수로 이어졌는데, 1934년에 있었던 큰 규모의 균열 분출은 지난 만 년 동안 가장 큰 용암 분출이었다. 아이슬란드 사람들은 1974년 아이슬란드 링로드가 건설되기 전에는 카틀라 화산 앞을 지나기를 무서워했다. 그 이유는 빙하로 인한 이류가 잦아 깊은 강을 건너야 했기 때문인데, 1918년에 발생한 빙하가 녹은 이류는 특히나 위험했다.

카틀라 화산은 쉽게 접근하기 어려워 등산을 해서 올라가거나 헬리콥터를 타고 접근해야 한다. 남부의 1번 링로드를 타고 레이캬비크에서 2시간 반 가량 달려 스코가포스에 도착한 후 스코가포스에서 소르스모르크 Thórsmörk 쪽으로 하이킹을 하다보면 핌보르두하울스Fimmvörðuháls라 불리는 길이 나오는데, 그 길을 가면서 카틀라 화산의 경치를 감상할 수 있다.

여행에 필요한 아이슬란드어

인사 표현

Halló [할로] 또는 Hæ [하이]	안녕하세요
Góðan daginn [고단 다인]	안녕하세요(좋은 하루 보내세요)
bless bless [블레스 블레스]	안녕히 가세요
Gaman að kynnast Þér [가만 아드 킨나스트 시예르]	만나서 반가워요

의사 표현

Já [아우]	예
Nei [네이]	아니오
Gott [고트]	좋다
Takk Fyrir [탁 피리르] * fyrir 생략 가능	감사합니다
Afsakið [아프사키드]	실례합니다
Fyrifgefðu [피리프게프뒤]	미안합니다
Hjálp [하울프]	도와주세요
Ég veit ekki [예흐 베이트 에끼]	몰라요

숫자

einn [아이든]	1	sex [섹스]	6
tveir [트베이르]	3	sjö [시외]	7
þrir [쓰리르]	3	átta [아우타]	8
fjórir [피오리르]	4	níu [니우]	9
fimm [핌]	5	tíu [티우]	10

의문문

• Hvar er ~~? / 장소 묻기

(예) Hvar er snyrtingin? [크바르 에르 스니르틴긴]　　　　화장실이 어디에 있습니까?

• 가격 묻기

(예) Hversu mikið [크베르쉬 미키드]　　　　　　　　　　얼마에요?

건물 / 표시

Kirkja	교회	Snyrting Baðherbergið	화장실(욕실)
Safn	박물관	Inngangur	입구
Skáli	매점, 스낵바	Útgangur	출구
Markaðurinn	마켓	Sjúkrahús	병원
Opið	열림	Apótek	약국
Lokað	닫힘	Bannað	금지구역
Norður	북쪽	Austur	동쪽
Suður	남쪽	Vestur	서쪽

지형과 관련한 단어들

Lon	라군	Hraun	용암 지대
Mörk	숲	Hver	지열 지대
Bjarg	절벽	Jökull	빙하
Dalur	계곡, 협곡	Tephra	암석, 돌
(예) Vesturdalur		Tjörn	연못
Eyjan	섬	vatn	호수
Fjall	산	(예) myvatn	
Fell	바다와 인접한 산	Vík	만 (bay)
Foss	폭포	(예) Husavík, Dalvík, Reykjavík	
(예) Gullfoss, Godafoss, dettifoss, selfoss			

아이슬란드어 표기법

아이슬란드어를 처음 접했을 때의 느낌은 단어가 발음하기도 어려워 쉽게 입에 익지 않는 데다가 같은 명칭을 저마다 다른 표기법으로 표기하여 지역 이름을 알기가 무척이나 어려웠다. 더군다나 아이슬란드어는 현 외래어 표기법에서 다루지 않고 있기 때문에 더욱 더 혼란스러웠다.

일반적으로 우리가 많이 들어보고 눈에 익은 단어도 있지만, 책마다 기준이 없이 상황에 따라 다르게 표기하는 글들을 보고 표기할 때의 기준이 필요함을 느꼈다. 외래어를 우리글로 쓸 때에는 원래 발음을 살려서 적되, 우리 귀에 들리고 우리 입으로 말할 수 있는 대로 적어주면 된다. 이에 따라서 가급적 원어가 들리는 대로 표기하려고 노력하였다. 그래서 우리는 낯선 발음일지라도 책을 기술할 때 다음과 같은 규칙으로 표기하기로 한다.

자음	모음 앞	자음 앞 어말	예시
b	ㅂ	브	Biblían [비블리안], blússa [블루사], lamb [람브], kvabba [크바바]
d	ㄷ	드	deild [데일드], andlit [안들리트], hræddur [흐라이뒤르]
		적지 않음 (ds)	Rögnvaldsson [뢰근발손]
dds	드ㅅ	즈	Oddsson [오드손], Oddskarð [오즈카르드]
ð	ㄷ	드	iða [이다], hlið [흘리드], maðkur [마드퀴르]
		적지않음 (ðs)	Davíðsdóttir [다비스도티르]
f	ㅍ (어두)	ㅍ (자음 앞, ff)	fólk [폴크], loft [로프트], afhenda [아프헨다], flaska [플라스카], sjálfsagður [샤울프사그두르], sveifla [스베이플라], afmæli [아프마일리], kaffi [카피], skúffa [스쿠파]
	ㅂ (모음 사이, l과 모음 사이)	브 (어말)	hafa [하바], hnífur [흐니뷔르], sjálfur [샤울뷔르], líf [리브], af [아브], prófa [프로바], gulrófa [귈로바], dúfa [두바]
fn	프ㄴ	픈	efni [에프니], nafn [나픈], jafnvel [야픈벨]
		ㅁ (d, t 앞)	hefnd [헴드], nefnt [넴트]
g	ㄱ (어두, gi, gg, lg, 모음 사이)		gata [가타], Geir [게이르], gifta [기프타], Helga [헬가], gluggi [글뤼기], bygg [비그], saga [사가], auga [외이가]
	적지않음 (모음 뒤와 i, j 앞)		lagi [라이이], segja [세이야], snigill [스니이들]

자음	모음 앞	자음 앞 어말	예시
g	기* (æ 앞)		Gætirəu [가이티르뒤]
		그	gleymdi [글레임디], Grænland [그라인란드], sigla [시글라], sagna [사그나], sagði [사그디], fagran [파그란], Agnes [아그네스], mörg [뫼르그]
		흐 (모음 뒤 어말)	lag [라흐], og [오흐]
		ㄱ (모음 뒤 gs, gt)	hugsa [획사], dragt [드락트], sagt [삭트]
gi	기*		gjóla [굘라]
h	ㅎ		höfn [회픈]
		흐	hlæja [흘라이야], hrökkva [흐뢰크바], hné [흐니에]
		ㅋ (hv)	hvíld [크빌드], hvalur [크발뤼르]
hj	히*		hjóla [횰라]
k	ㅋ	ㅋ	taka [타카], kvöld [크뵐드], leikhús [레이크후스], kynskiptingur [킨스키프팅귀르], aðsókn [아소큰], ekki [에키], slökkva [슬뢰크바]
	키* (æ 앞)		skæri [스카이리]
kj	키*		þykja [시캬], Reykjavík [레이캬비크]
ks	ㄱㅅ	ㄱ스	ríks [릭스]
kt	ㄱㅌ	ㄱ트	sjúkt [슉트]
l	ㄹ, ㄹㄹ	ㄹ	land [란드], mold [몰드], hagl [하글]
ll	들ㄹ	들	sæll [사이들], alla [아들라], Þingvellir [싱그베들리르]
	ㄹ, ㄹㄹ (외래어, 복합어, 일부 애칭)	ㄹ (d, s, t 앞, 외래어, 복합어)	tillaga [틸라가], Kalli [칼리], Palli [쌀리], felldi [펠디], fjalls [피알스], allt [알트] (예외: Halldór [하들도르], Halldóra [하들도라])
m	ㅁ	ㅁ	mjög [미외흐], mótmæla [모트마일라], heimsókn [헤임소큰]
mm	ㅁㅁ	ㅁ	sammála [삼마울라], fimm [핌]
n	ㄴ	ㄴ	Kjartan [캬르탄]
ng	ㅇㄱ	ㅇ그	þungur [숭귀르], svöng [스뵈잉그]
		ㅇ (파열음, s 앞)	lengd [레잉드], svangt [스바웅트], ungs [웅스]
ngl	ㅇㄹ	ㅇ글	England [에잉란드], unglingum [웅링귐], tungl [퉁글]
nk	ㅇㅋ	ㅇ크	banki [바웅키], sankað [사웅카드]
nkl	ㅇㄹ	ㅇ클	línklæði [링라이디]

자음	모음 앞	자음 앞 어말	예시
nn	ㄴㄴ	ㄴ	kanna [칸나], enni [엔니], vinna [빈나], brunnur [브뤼누르], tönn [퇸]
	드ㄴ (á, í, ó, ú, ý,æ, ei, ey, au 뒤)	든 (á, í, ó, ú, ý, æ, ei, ey, au 뒤)	einn [에이든], fínn [피든], þjónn [시오든], brúnn [브루든], grænn [그라이든], Spánn [스파우든] (하지만 정관사형 어미로 nn이 붙은 경우에는 ㄴㄴ/ㄴ으로: ánni [아운니], brúnni [브룬니])
p, pp	ㅍ	ㅍ	pabbi [파비], skips [스키프스], september [세프템베르], depla [데플라], opna [오프나], uppi [위피]
r	ㄹ	르	reyna [레이나], akra [아크라], berð [베르드]
rl	르들ㄹ	르들	karl [카르들], Sturla [스튀르들라], kerling [케르들링그]
	를ㄹ (복합어 경계에서 r+l이 나타남)		alvarlegur [알바를레귀르], varlega [바를레가], fjarlægð [피아를라이그드], erlendis [에를렌디스]
rn	르드ㄴ	르든	þarna [사르드나], barn [바르든]
	르ㄴ (복합어 경계에서 r+n이 나타남)		sumarnótt [쉬마르노트]
s, z	ㅅ	ㅅ	sök [쇠크], foss [포스], snigill [스니이들]
sj	시*		Esja [에샤], sjór [쇼르]
t	ㅌ	트	takk [타크], oft [오프트], batna [바트나], ætla [아이틀라], hætta [하이타], þreyttur [스레이튀르], nótt [노트]
ts	ㅌㅅ	츠	útsýni [우트시니], lofts [로프츠]
v	ㅂ	브	vinkona [빙코나]
x	ㄱㅅ	ㄱ스	öxi [왹시], ölduvíxl [욀뒤빅슬]
þ	ㅅ	스	þunnur [쉰뉘르], þriðji [스리드이]
j	이		ljós [리오스], letja [레티아], spyrja [스피리아]
ja	ㅑ, ㅑ		Fjaðrárgljúfur [피아드라우글리우푸르]

자음	한글	예시
a	ㅏ	tengja [테잉갸]
	ㅏ우 (ng, nk 앞)	langur [라웅귀르]
	ㅏ이 (gi, gj 앞)	lagi [라이이]
á	ㅏ우	hjálp [햐울프], ásbyrgi [아우스비르기], Kálfaströnd [카울파스트뢴드], Grjotagjá [그리오타가우]
au	ㅚ이	auga [외이가], laust [뢰이스트], þau [쇠이], Hraunfossar [흐뢰인포사르]
e	ㅔ	sperra [스페라], geysir [게이시르], drekka [드레카]
	ㅔ이 (ng, nk, gi, gj 앞)	lengur [레잉귀르], þegja [세이야]
é	ㅖ (어두, 모음 뒤, h 뒤)	éta [예타], hérna [헤르드나]
	ㅣ에	hné [흐니에]
i	ㅣ	stinga [스팅가]
í	ㅣ	ískra [이스크라], íslenska [이슬렌스카]
o	ㅗ	drottning [드로트닝그]
	ㅗ이 (gi, gj 앞)	flogin [플로이인]
ó	ㅗ	kólna [콜나], fjórir [피오리르], nógir [노이르]
u	ㅜ	Hvitserkur [크비트세르쿠르], Glymur [글리무르], Bjólfur 볼부르], Bildudalur [빌두달루르]
	ㅜ이 (gi, gj 앞)	flugið [플루이이드]
ú	강한 ㅜ	lúðrar [루드라르]
y	ㅣ	syngja [싱갸]
ý	ㅣ	rýrna [리르드나]
æ	ㅏ이	æfing [아이빙그]
ö	ㅗ	skagafjörður [스카가피오르두르], Grundarfjörður [그룬다르피오르두르]
	ㅚ	vöðvi [뵈드비]
	ㅚ이 (ng, nk, gi, gj 앞)	þröng [스뢰잉그], blönk [블뢰잉크], lögin [뢰이인]

참조/https://namu.wiki/w/, 협조/올라프스피오르드르 인포메이션

참고 문헌 및 사이트

참고문헌

- Gudmundsson, A., 2017, The Glorious Geology of iceland's Golden Circle, Springer.
- Outline of Geology of Iceland

  https://www.agu.org/meetings/chapman/2012/bcall/pdf/Chapman_Outline_of_Geology_of_

  Iceland.pdf
- Þorleifur Einarsson, 1994, Geology of Iceland: Rocks and Landscape
- Jón Gauti Jónsson, 2014, Geology of Iceland

참고사이트

- 싱그베들리르의 지질 https://blog.naver.com/kwontor55/221066987387
- 아이슬란드 발음 https://namu.wiki/w/
- 인스파이어드 바이 아이슬란드

  https://www.inspiredbyiceland.com/about-iceland/history-heritage/
- 카페 아이슬란드 http://cafe.naver.com/cafeiceland
- 히트 아이슬란드

  https://hiticeland.com/iceland/notes/10-most-interesting-impressive-and-fascinating-basalt-

  column-attractions-in-icelandrkdlem
- 가이드 투 아이슬란드 https://guidetoiceland.is/ko/
- 론리 플래닛 https://www.lonelyplanet.com/iceland
- Hot spot http://hotpoticeland.com
- Visit Reykjavík https://visitreykjavik.is/
- Visit South Iceland https://www.south.is/
- Visit West Iceland https://www.west.is/
- Visit East iceland https://www.east.is/
- Visit Westfjords Iceland https://www.westfjords.is/

- 구글 플레이 앱 Icelandic Traffic Signs

- 아이슬란드 기상청 http://en.vedur.is/

- 아이슬란드 환율정보 http://isk.kr.fxexchangerate.com/asia/

- 오로라 예보 http://www.aurora-service.eu/aurora-forecast/

- 도로상황 http://www.vegagerdin.is/english, http://www.road.is/

지구과학 교사들의

아이슬란드
지질답사여행

초판 1쇄 인쇄 2018년 10월 18일
초판 1쇄 발행 2018년 10월 25일
지은이 박진성(대표저자)

펴낸이 김양수
편집·디자인 이정은
교정교열 박순옥

펴낸곳 도서출판 맑은샘
출판등록 제2012-000035
주소 경기도 고양시 일산서구 중앙로 1456(주엽동) 서현프라자 604호
전화 031) 906-5006
팩스 031) 906-5079
홈페이지 www.booksam.kr
블로그 http://blog.naver.com/okbook1234
이메일 okbook1234@naver.com

ISBN 979-11-5778-338-0 (03450)